中国特色
标准化创新之路

体制与政策研究

廖丽 程虹 著

中国社会科学出版社

图书在版编目(CIP)数据

中国特色标准化创新之路：体制与政策研究／廖丽，程虹著 .—北京：中国社会科学出版社，2021.12

ISBN 978 - 7 - 5203 - 9503 - 8

Ⅰ.①中… Ⅱ.①廖…②程… Ⅲ.①标准化—工作—研究—中国 Ⅳ.①G307.72

中国版本图书馆 CIP 数据核字（2021）第 274073 号

出 版 人	赵剑英
责任编辑	程春雨
责任校对	王佳玉
责任印制	王　超

出　　版	中国社会科学出版社
社　　址	北京鼓楼西大街甲 158 号
邮　　编	100720
网　　址	http://www.csspw.cn
发 行 部	010 - 84083685
门 市 部	010 - 84029450
经　　销	新华书店及其他书店

印刷装订	北京君升印刷有限公司
版　　次	2021 年 12 月第 1 版
印　　次	2021 年 12 月第 1 次印刷

开　　本	710×1000　1/16
印　　张	15.25
字　　数	252 千字
定　　价	86.00 元

凡购买中国社会科学出版社图书，如有质量问题请与本社营销中心联系调换
电话：010 - 84083683
版权所有　侵权必究

前　　言

建设中国特色的创新型国家是事关全局的重大战略决策。党的十九大报告明确指出，创新能力不够强是我国现在面临的困难和挑战之一。要加快建设创新型国家。创新是引领发展的第一动力，是建设现代化经济体系的战略支撑。从 2020 年到 2035 年，我国的发展目标之一是跻身创新型国家前列。2021 年 10 月，中共中央、国务院印发了《国家标准化发展纲要》。《纲要》指出，标准是经济活动和社会发展的技术支撑，是国家基础性制度的重要方面。标准化在推进国家治理体系和治理能力现代化中发挥着基础性、引领性作用。新时代推动高质量发展、全面建设社会主义现代化国家，迫切需要进一步加强标准化工作。到 2035 年，结构优化、先进合理、国际兼容的标准体系更加健全，具有中国特色的标准化管理体制更加完善，市场驱动、政府引导、企业为主、社会参与、开放融合的标准化工作格局全面形成。

此外，国务院印发的《质量发展纲要（2011—2020 年）》明确提出要夯实质量发展基础，加强标准化工作。加快现代农业、先进制造业、战略性新兴产业、现代服务业、节能减排、社会管理和公共服务等领域国家标准体系建设。实施标准分类管理，加强强制性标准管理。缩短标准制修订周期，提升标准的先进性、有效性和适用性。积极采用国际标准，增强实质性参与国际标准化活动的能力，推动我国优势技术与标准成为国际标准，积极参与制修订影响我国相关产业发展的国际标准，提高应对全球技术标准竞争的能力。完善标准化管理体制，创新标准化工作机制，加强标准化与科技、经济和社会发展政策的有效衔接，促进军民标准化工作的有效融合。构建标准化科技支撑体系和公共服务体系，健全国家技术标准资源服务平台。

无论是《国家标准化发展纲要》中提出的保证标准的先进性和效能性，推动我国技术标准成为国际标准的目标，还是国务院印发的《质量发展纲要（2011—2020年）》中提出的一系列标准化工作任务，都显示了标准作为当代社会和经济发展的重要支撑，作为保证我国质量安全的技术支撑，在维护市场秩序、社会稳定和推进技术进步方面起着重要的作用；也暗含了我们必须以崭新的符合社会主义市场经济和时代背景的标准化之路，来增强标准在加快我国经济转型升级中的作用。

在标准化事业中，我国标准化领域的国家机关、技术委员会、行业协会以及企业的机构设置和管理权限划分必须适应当前的市场经济体制。新型的国际贸易竞争主要是以标准化为手段，提升国家竞争能力的竞争。标准化战略已经成为各国建立国际贸易壁垒，维护本国产业安全，促进本国对外贸易的一种策略方式。在现今的国际竞争中，一国如果想要掌握游戏规则的主动权，拥有最核心的国际竞争力，就需要拥有国际标准的制定权。因此，我国在加工贸易转型升级的过程中需要重视标准的作用，并且将标准化战略作为我国转变经济发展方式的重要策略。只有构建了一套科学合理的标准化体制，我国质量安全和社会经济发展才能得到保障，标准化及标准化战略才能有效实施。

标准化体制是标准化活动开展的组织方式、管理方式和运行方式的总称，它是标准化活动有效开展的组织和制度保证。市场经济条件下，有效的标准化体制是多个标准化主体在战略思维的指导下都能有效地发挥作用，这在本质上是一项统一的系统工程。标准化体制创新能够影响我国的行政管理活动，通过标准化的行政管理模式推动我国行政管理的规范化和便捷化。此外，标准化有利于市场竞争，其重要作用就在于推动规模经济的发展，为竞争提供广泛空间。规范有序的标准化战略，有利于促进先进的生产技术在市场中的推广应用，提升产品质量，优化市场结构，消除障碍，推动市场竞争。一套科学合理的标准化体制将通过明晰我国标准化领域中政府、行业协会及企业的分工和职责，使标准的制修订和实施监督得到保障，使标准在市场发展中的积极作用得到有效发挥，从而加快我国经济发展方式的转变。中国特色标准化创新之路的研究，是一个典型的政策性研究，这一研究需要既符合国际最新发展的趋势，又符合中国特有的国情。更为重要的是，这一研究必须在基础理论上有所突破，真正厘清标准化体制中关键要素之间的关系。本书探索的主要内容如下：

第一，标准的基础理论研究。

在市场经济发展的过程中，标准不再仅仅是一种规范性文件，而是已经成为国家宏观管理的一种"治理"手段。国家的宏观调控需要大量的自由市场竞争，但市场失灵无法避免，尤其是在健康、安全、环保等领域。完全靠政府管理这么多复杂的事务又做不到，所以政府往往通过颁布大量的法律法规对社会予以规制，而法律本身具有稳定性和滞后性，制定起来也复杂烦琐。在完全的自由市场竞争和国家强制性法律法规间，标准作为一种自愿性的强制手段，就成为国家宏观治理的一个重要方式。比如，2012年4月，国务院公布《校车安全管理条例》，国家质量监督检验检疫总局、国家标准化管理委员会批准发布《专用校车安全技术条件》（GB24407-2012）和《专用校车学生座椅系统及其车辆固定件的强度》（GB24406-2012）两项强制性国家标准，为国家法律提供了必不可少的技术支撑。

标准和经济增长之间的关系不是简单的要素投入产出的关系，而是应基于"制度"的视角进行考察。对标准的研究，不能够只基于对经济增长贡献率的研究。这种研究没有理论框架的支撑，也没有标准研究的深度。纯粹应用数学的方法分析标准和经济增长之间的关系并不能够从根本上揭示两者之间的关系。深入考察标准和经济增长之间的关系需要有更加坚实的理论基础和框架作为支撑。当前，标准要成为我国经济转型和经济发展模式转变的抓手，它首先得建立在一种促进经济发展的激励约束相容的机制里面，如果缺乏这个机制，标准就不能很好地发挥作用。标准与经济增长的关系要从"制度"的角度来加以研究，而非仅仅通过对经济贡献率的衡量。

标准的本质属性是市场属性。理论上看，标准是一种市场的选择，市场本身就是一种秩序，这种秩序建立在自愿、协商一致的基础上。事实上，标准产生之初，是对某种技术的经验总结，标准是建立在自愿基础上的强制，这种强制比单一的政府强制更有效；或者说，标准是建立在一种"愿意"的基础上，是一种"内生"的强制，比"外生"的强制效果更好。

标准的利益机制设计非常重要。标准、标准的制定者和使用者是否存在利益关系决定了该标准的实施效果是否良好。严格来说，政府制定的标准应该基于公共利益。真正和这些标准利益最相关的是市场主体，是市场主体所组成的行业组织。标准的利益和三个主体有关：一是企业，形成企业内控标准、事实标准；二是协会、研究机构、商业组织等，统称为团体，形成团体标准；三是公众，形成公共利益标准。涉及公共利益的标准，团体和企业一般不去做，应该交由国家管治。

第二，国外标准化体制的一般性研究。

中国特色标准化体制要符合中国国情，同时也一定要符合国际惯例，符合标准化发展的一般性规律。对美国和欧盟的标准化体制进行实证研究后，得出国外标准化体制的一般性规律表现在：首先，社会不同主体的共同治理。共同治理是当前国际上一致认可的治理方式，其原因就在于社会的风险越来越具有不确定性，而基于认识、能力、资源的有限性，政府无法全面防范风险。私人主体愿意通过自律的方式规制风险，从成本的角度认为自我规制与参与政府规制可以降低成本，提高效率。其次，标准、技术法规和合格评定的有机结合。基本要求是技术法规的核心，标准是基本要求的细化和符合基本要求的途径，合格评定程序则对符合基本要求予以证明。再次，公开、公平、公正的标准制定程序。为了保证公正的标准制定程序能认真执行，美国ANSI建有上诉机构、机制和程序，受理关于各协会（标准制定组织）在制定标准过程中由于执行公正程序出现偏差而引起的上诉，以确保国家标准能真正按照公正的标准制定程序制定出来，具有科学性、合理性、适用性，符合用户和市场要求。最后，标准制定体制以企业为主体、协会为核心，并且综合性的标准化协调机构在其中发挥重要作用。由于企业主体及行业协会众多，标准之间经常发生交叉重叠，此时，就需要综合性的标准化协调机构。

第三，中国标准化体制的实证研究。

纵观中华人民共和国标准化发展史，我国先后颁布的《工农业产品和工程建设技术标准管理办法》（1962年）、《中华人民共和国标准化管理条例》（1979年）和《中华人民共和国标准化法》（1988年制定，2017年修订）三部重要的法律法规及其若干配套规章制度，分别确立了我国不同时期的标准化体制，基本形成了具有中国特色的标准化体制。在我国市场还不是很成熟的阶段，政府这只手发挥了非常有效的作用。我国标准体制根据科技发展和市场需求不断丰富和完善，单一强制性标准体制改革为强制性标准与推荐性标准并存的体制。标准由原来的服务于生产向服务于经济社会全面发展转变。标准化管理体制由政府一元化领导逐渐发展为政府主导、市场参与、统一管理与分工负责相结合。标准的具体组织形式由政府主导编制逐渐转变为由技术专家组成的技术委员会、工作组等编制，并且在2017年《标准化法》修订后，诸如行业联盟类的社会团体也开始加入制修订标准的工作中。但是我国标准化体制仍然存在一些挑战，主要表现在：国家标准修改慢，容易滞后；受到宏观经济体制的制约；与社会丰富、多样化的需要不适应；社会不同组织发育不完善；社会自我创新能力不足；未充分发挥市场在资源配置中的作用；缺乏为制定团体标准的社会团体提供沟通的平台。

第四，中国标准化体制的借鉴研究。

回溯我国医疗卫生体制改革，我们发现标准化体制与医疗卫生体制之间存在诸多相似性，主要包括：其重点都是基于"政府—市场"的关系，构建新的治理模式。两者都存在信息不对称问题，比如医疗卫生体制改革中存在医患之间的信息不对称，医疗服务机构与监管机构的信息不对称等问题；而标准化体制改革中存在标准制定机构和标准执行方之间的信息不对称等问题。同时，多头管理是改革症结所在。此外，改革的最大目标都是兼顾公平与效率。目前，我国的医疗卫生体制改革逐步走向公共利益的回归路径。坚持"公共医疗卫生的公益性质"已被政府确立为新医改的核心原则，以恢复公立医院公益性的医改试点工作已经展开；而且医疗卫生体制的改革是一项整体性的系统工程，一定要用系统性思维来看待新医改中政府主导的路径选择。从医疗卫生体制改革中可以借鉴的经验包括明确政府的职责范围、政府购买服务、市场化运作、采用信息化方式、保证公平与效率的平衡。国家的医疗卫生体制回归到保"基本"、保"基础"，国家标准化体制改革也一定要有"底线"思维，即国家只能管"基本"。

第五，中国特色标准化体制的模式设计。

在对国内外标准化体制实证分析的基础上，结合医疗卫生体制改革的经验，我们认为，中国特色标准化体制的模式设计是共治模式，即在政府主导下，充分发挥政府、社会、市场共同的作用，推进标准化事业发展。正如国务院总理李克强在国务院机构职能转变动员电视电话会议上指出的那样，即便是公共服务，也可以通过市场化的方式来供给，"凡适合市场、社会组织承担的，都可以通过委托、承包、采购等方式交给市场和社会组织承担"；也正如2012年10月《国务院关于第六批取消和调整行政审批项目的决定》提出的"新两个凡是"那样,"凡公民、法人或者其他组织能够自主决定,市场竞争机制能够有效调节,行业组织或者中介机构能够自律管理的事项,政府都要退出。凡可以采用事后监管和间接管理方式的事项,一律不设前置审批"。可以说,标准化体制改革问题,实质上就是标准化职责在政府、社会、市场之间的优化配置及相互关系问题,即标准化共同治理结构及关系问题。

第六,政府、社会组织和企业在我国标准化体制中的定位研究。

政府在我国标准化体制中主要有两项重要职能,一是整个国家标准化活动的管理者;二是具体国家标准的制定者,鼓励和支持团体标准的制定和发展。我国社会组织发展的趋势是同一行业中发展多个行业组织,这必然会导致在同一行业中有多个行业组织制定多个与本行业组织有关的标准。不同团体的标准相互竞争,企业自愿选择,市场优胜劣汰,这与国家改革社会组织管理制度、探索一业多会、引入竞争机制的大方向一致。但所有这些标准必须建立在公平公正的基础上,这就需要政府的监管。技术委员会更多应设立在中立的第三方,技术委员会必须由政府公平监管,政府通过监管强化退出机制。政府还应加大标准化事业发展的公共服务力度,包括为消费者提供咨询平台,为社会提供标准化教育。除了标准制定职能外,标准的宏观调控、标准秩序的监督、标准的公共服务等,也是国家标准管理的重要职能。企业则是标准化工作的主体,应提升企业标准化意识,建立以需求为根本的企业标准化模式;同时,企业标准化工作要分清阶段,循环运行。要突出行业协会在标准化中的作用,培育有效竞争的社会组织,鼓励行业协会积极承担秘书处的职责,消费者也要在标准化活动中拥有参与权、知情权和监督权。

第七,中国特色标准化体制的创新设计。

要坚持标准、计量、合格评定相统一的质量技术支撑体系。首先,标准、计量、合格评定三者具有内在联系、密不可分。从系统工程角度看,计量是标准制定及执行过程中的重要基础,标准是合格评定的主要依据,合格评定又是推动标准实施、提高标准化和计量管理水平的重要途径。其次,标准、计量、合格评定是现代质量基础设施的三大支柱,共同保障市场监督管理目标的实现。联合国工业发展组织(UNIDO)和国际标准化组织(ISO)将标准、计量与合格评定(其核心是认证认可)定义为现代质量基础设施的三大支柱,三者之间相互关联、密不可分、相得益彰。最后，标准、计量、合格评定的统一管理是国际上发展中国家的主流做法。建立中国特色社会主义市场经济体制下的标准体系，在目前需要保持强制性与推荐性标准相结合的标准体系。强制性标准是我国标准体系的重要组成部分，强制性标准是技术法规在我国的重要表现形式。要逐步将强制性标准转为国家标准模式，国家标准代表国家层面的公标准，体现公共利益，围绕健康、环保、安全等WTO规定的五大正当目标。此外，将推荐性标准转化为由市场和社会主导的团体标准模式。标准制定过程中应当充分发挥行业协会和企业的作用，为行业协会和企业建立提供信息和反馈意见的通畅渠道，这不仅有利于以真实完备的信息作为标准制定的基础，也有助于推动标准的贯彻执行。

改革开放以来，我国标准化建设取得了很大成就，我国标准化法治体系不断健全，标准数量和质量大幅提升，标准体系日益完善，标准化管理体制和运行机制也更加顺畅；但在市场经济不断推进的过程中，标准化建设也要与时俱进。把这本书献给读者，是为了与大家共同探索中国特色的标准化创新之路。由于该研究只是对一段研究的总结，相关内容还有待完善和继续深化，文中难免有不当之处，还望读者不吝指正。

目 录

第一章 基础理论研究 …………………………………………（1）
    第一节 标准与质量的关系 …………………………………（1）
    第二节 标准的属性 …………………………………………（3）
    第三节 标准和经济增长 ……………………………………（10）
    第四节 标准和标准化组织 …………………………………（17）
    第五节 标准的分类 …………………………………………（20）

第二章 国外标准化体制比较研究 ……………………………（24）
    第一节 美国标准化体制 ……………………………………（24）
    第二节 欧盟标准化体制 ……………………………………（42）
    第三节 国外标准化体制一般性研究 ………………………（60）

第三章 中国标准化体制的演变、特点和挑战 ………………（65）
    第一节 中国标准化体制的演变 ……………………………（65）
    第二节 中国标准化体制的特点 ……………………………（73）
    第三节 中国标准化体制面临的挑战 ………………………（80）

第四章 中国标准化体制与医疗卫生体制比较研究 …………（86）
    第一节 标准化体制与医疗卫生体制的相似性分析 ………（86）
    第二节 医疗卫生体制改革的路径和方法 …………………（95）
    第三节 医疗卫生体制改革可以借鉴的经验 ………………（98）

第五章　中国特色标准化体制的模式设计
——共治模式 …………………………………………（104）
 第一节　中国特色标准化体制的现实依据 ………………（104）
 第二节　共同治理是中国特色标准化体制的基本理论 ……（111）
 第三节　建立政府、市场与社会共同治理的标准化
    模式 …………………………………………………（126）
 第四节　共同治理理论在中国标准化工作中的运用：
    广东联盟标准案 ……………………………………（129）

第六章　政府、社会组织和企业在中国特色标准化中的具体设计 ……………………………………………………（134）
 第一节　政府科学引导中国标准化事业 …………………（134）
 第二节　鼓励社会组织参与标准化活动 …………………（139）
 第三节　发挥企业在标准化工作中的主体作用 …………（151）

第七章　中国特色标准化体制的创新设计 …………………（165）
 第一节　中国特色标准化体制发展的趋势 ………………（165）
 第二节　坚持标准、计量、合格评定相统一的质量技术支撑
    体系 …………………………………………………（169）
 第三节　建立中国特色社会主义市场经济体制下的标准
    体系 …………………………………………………（172）

第八章　政策研究 ……………………………………………（176）
 第一节　法律与标准的契合模式研究 ……………………（177）
 第二节　团体标准研究 ……………………………………（189）

附　录 …………………………………………………………（195）
 中华人民共和国标准化法 …………………………………（195）
 团体标准管理规定 …………………………………………（203）
 国家标准化发展纲要 ………………………………………（209）

参考文献 ………………………………………………………（219）

后　记 …………………………………………………………（231）

第一章　基础理论研究

开展标准化活动所需要的组织体制、管理体制和运行体制被统称为标准化体制。标准化体制能够为标准化活动的有效开展提供组织上和制度上的保证。[①] 标准化体制规范的是参与标准化活动的主体之间的关系。目前，参与标准化活动的主体通常包括政府、社会组织和企业这三个主体。标准化体制明确了这三个主体在标准化活动中分别应当承担的职责，并且在全国范围内组织和开展标准化活动。通常认为，标准化体制由以下三个方面构成。第一，标准体制。标准体制解决标准是强制性的还是自愿性的，以及从使用范围上现行标准应当分为几级这两个问题。第二，标准化工作管理体制。标准化工作管理体制是在各个标准化活动主体之间划分权责的制度。换言之，这一体制的目的是界定和明确标准化活动中，政府、社会组织以及企业之间的关系。第三，制定标准的具体组织形式。[②] 深入研究标准体制问题是探讨标准化体制问题的第一步，而深入研究标准体制问题离不开对标准本身的界定和思考。

第一节　标准与质量的关系

人们对质量概念的认识是一个不断深入的过程。质量管理专家朱兰提出：产品质量是指"产品的适用性"，即在使用时，产品能够成功地满足客户何种程度的需求。[③] 这一定义解释了产品质量的两个构成要素，即使

---

① 罗海林、杨秀清：《标准化体制改革与竞争问题研究》，《西部法学评论》2010 年第 2 期。
② 徐京悦：《我国标准化体制评介》，《中国标准化》2001 年第 7 期。
③ ［美］约瑟夫·M. 朱兰、约瑟夫·A. 德费欧主编：《朱兰质量手册——通向卓越绩效的全面指南》（第六版），焦叔斌等译，中国人民大学出版社 2014 年版，第 5—6 页。

用要求和满足程度。但是，顾客在不同时间、不同环境下，会对同一类型的产品提出不同的质量要求。ISO8402将质量定义为"反映实体满足明确或隐含需要能力的特性总和"①。这一定义表明对产品的需要可以被分为"明确"和"隐含"这两种类型。"明确的"需要通常在合同中被明确地规定，而"隐含的"需要则多出现在合同环境以外的其他环境中，需要被识别和确定。在许多情况下，需要随时间而改变，这就要求定期修改规范。

随着质量管理理论的进一步发展，2015年版的ISO9000标准没有和ISO9000：2000一样直接将质量定义为"一组固有特性满足要求的程度"②，而是采取了间接描述的方式来对质量进行定义。2015年版的ISO9000标准将质量的特征描述为："一个关注质量的组织倡导一种文化，其结果导致其行为、态度、活动和过程，他们通过满足顾客和其他有关的相关方的需求和期望创造价值"，"组织的产品和服务质量取决于满足顾客的能力以及对有关的相关方预期或非预期的影响"，并且"产品和服务的质量不仅包括预期的功能和性能，而且还涉及顾客对其价值和利益的感知"。③ 2015年版本的ISO9000标准比之前的版本更加强调了消费者对产品或服务的质量的主观评价："满足顾客的能力以及对有关的相关方预期或非预期的影响"就是强调质量是顾客的需求和相关方的预期或非预期被满足的程度。但是，产品的"预期的功能和性能"表达的仍然是符合标准的性能。因此，虽然随着质量定义的演变，对质量的评价越来越倾向于主体的满意度，但是，符合固有特性即符合标准的程度，仍是评价质量好坏的关键指标。

标准是通过文字描述的方式表现出的产品质量。产品标准通常被称作"质量标准"，是表述、界定、保证产品质量的标准；产品标准根据产品的主要用途，对产品的牌号及化学成分、组织结构、性能指标、外形尺寸、允许误差、表面质量等做出明确、具体的规定，同时还对产品的检验方法和检验规则以及产品包装、运输条件等做出统一规定。④ 在一定程度

---

① ISO，"ISO8402：1994"，ISO Website，https：//www.iso.org/standard/20115.html.
② ISO，"ISO9000：2000"，ISO Website，https：//www.iso.org/standard/29280.html.
③ ISO，"ISO9000：2015"，ISO Website，https：//www.iso.org/standard/45481.html.
④ 童磊、丁日佳：《基于信息不对称的技术标准作用分析》，《工业技术经济》2004年第5期。

上，标准规定的各项要求综合决定了产品质量的优劣。此外，标准的另一个作用是作为尺度衡量产品的质量。产品标准在生产和流通领域中的主要职能表现为，产品标准是企业组织生产的技术依据，是供需双方交货、验收的技术依据，是产品质量的表述和界定，是衡量产品质量的尺度。对产品来说，其固有特性就是产品的质量特性，而产品标准是表征产品的质量特性的最佳方式。因此，一旦企业在标识上表明了所采用的质量标准，就表明企业生产的产品符合一定的质量特性，表明企业向用户和消费者对产品质量做出的承诺和保证。标准更是提高质量的重要保证。产品质量的好坏，表现在机械、物理等性能是否能满足消费者的需要，其中，包括对产品的外观、造型的需求，即产品的适用性、可靠性和经济性。产品的质量标准就是对产品的质量作出具体的技术规定，也就是说，质量标准是产品质量必须达到的目标，离开了质量标准规定的目标进行生产，质量就无法保证。①

因此，标准是质量的依据。标准是评价产品质量的尺度，如果缺乏标准，就无法评价质量的好坏。② 标准水平的高低，决定着产品质量的优劣。标准是质量的最低要求，高质量就需要高标准。同时，标准也是检验质量的依据。质量离不开标准，若离开标准，就谈不上质量。

第二节 标准的属性

一 标准的本质属性是市场属性

标准作为一种信号，能够减少市场交易中的信息不对称，降低交易成本。根据"柠檬市场"（The Market for Lemons）理论，在信息不对称的市场中，容易出现劣币驱逐良币和市场失灵的现象，在极端情况下甚至会导致市场逐步萎缩。③ 市场交易中信息不对称包括了质量信息的不对称。在产品市场中，特别是最终消费品市场中，消费者并不具备关于产品价格、质量、特性、效能等方面的充分认识。要获得这些知识，有时需要花费很

---

① 王淑霞：《论质量与标准的关系》，《大众标准化》2008年第1期。
② 丁昌东：《论标准与质量的关系》，《大众标准化》2009年第11期。
③ G. Akerlof, "The Market for 'Lemons': Quality Uncertainty and the Market Mechanism", *The Quarterly Journal of Economics*, Vol. 84, No. 3, August 1970, p. 488.

大精力，甚至即使花费很大精力也难以得到，从而丧失了交易的可能。从这个意义上来说，使用价格机制是有成本的，这个成本通常被称为"交易费用"。交易费用如果过高，会给消费者和商家两方都造成负担。因此，为了解决商品交易中信息不对称的问题，减低交易成本，在实施标准的同时，也需要建立某种信息公开制度，敦促企业提供与产品和服务有关的信息，产品认证及类似的制度安排就是适应这种需要而产生的，如产品认证制度、信息标识（标签）制度、企业自我声明制度等。[①] 既然产品质量是满足需要的程度，那么产品质量能否满足消费者也就只能留给消费者自己去判断，问题是必须要为消费者提供必要的质量信息。这种信息揭示了产品的性能特征。而为了保证质量、效能等产品特征的一致性，就要使产品满足一定的要求，标准正是所有这些要求的体现。因此，不论是产品认证、信息标识还是企业的自我声明，都必须以某种标准为依据。

标准是市场经济的产物，标准的自愿实施是企业市场行为的一种具体表现，市场经济的利益机制和责任机制是推动企业自愿实施标准最基本的激励机制。近代标准化起源于工业革命时期。为了提高生产效率，企业在内部实施生产分工和协作制度。而在这个过程中，必然会出现产品零部件的通用性和互换性的问题。为了解决这个问题，企业开始在内部制定统一、规范的生产标准。在此基础上，由产业内部各个企业自主建立和参加的民间组织开始出现。这些民间组织的任务是协调产业利益。为了实现这一目的，这些民间组织在考虑市场需求和各个企业间通用技术的基础上，制定了统一的产品标准，并且这个标准得到各个企业的共同遵守和执行。这种依靠民间组织、在市场中形成的自愿性标准是最早被大规模遵守的标准的形式。这种自愿性标准通过契约的方式，产生法律效力。[②]

发达国家技术标准的发展过程是自下而上的。最初，仅仅是企业为了提高生产效率，形成和扩大规模化效应，并且解决不同企业之间的互联互通问题而开始制定企业内部或者部分企业间通行的标准；经过一段时间的发展后，开始出现负责制定自愿性标准的民间标准组织协会；后来，为了促进生产和经济发展，政府开始重视标准的制定与管理。但是，工业社会标准化的基本形式仍然是活跃在市场中各个领域的民间组织自行制定自愿

---

① 李爱仙、金明红、赵京新：《发达国家推动技术标准有效实施的机制探讨》，《世界标准化与质量管理》2006年第10期。

② 王平：《从历史发展看标准和标准化组织的性质和地位》，《中国标准化》2005年第6期。

性标准。市场需求是推动标准化发展的真正动力。① 没有市场需求，就没有标准。民间组织形成标准的程序各有不同，但是从总体上来说，这些程序都遵循公开透明、协商一致的原则。这种做法能够保证标准为绝大多数的生产企业所接受。而当标准不再满足需求的时候，则需要对原有的标准进行修订或者指定新的符合市场需求的标准。标准这种随着市场需求的变化而变化的特征，是其具有活力并且能够发挥作用的根本原因。标准应当与科技和产业的发展水平相一致。过高和过低的标准都会对技术和产业的发展产生负面的影响。过高的标准会导致准入门槛和生产成本过高，导致大部分企业要么因为达不到准入门槛而无法生产，要么因为过高的成本投入而无法盈利——这种情况最终会导致个别强势企业在产业内的垄断；而过低的标准则不能够促进技术和产业的发展。②

二 标准的多样性

从市场经济的主客体角度而言，市场经济由市场主体和市场客体构成。市场主体在市场经济活动中行使权利和承担义务。法律对市场主体的行为起到规范和约束作用。③ 市场客体则是指在市场上被交换的物品和劳务，包括成千上万种的商品和服务。这些商品和服务的质量参差不齐。为了保证市场上的商品和服务能够至少达到某一质量水平，就需要标准发挥作为衡量商品质量尺度的作用。标准作为对产品或商品判别的准则、质量检验的依据，使得生产和贸易中的商品有了评判的"基准"，并且为同类商品之间的兼容性和互联性提供了保障。④ 而市场经济中存在的大量不同类型的商品需要大量不同类型的标准来对其进行规范。标准作为某些群体认同的一种秩序，是市场的选择，有市场行为就会有标准。市场经济的主体和客体都具有多样化的特点。市场主体的多样化决定了标准供给的多样性，不同的市场主体会提供不同的标准。市场客体的多样化，则决定了保证商品或劳务质量水平

---

① 王平：《再论标准与标准化组织的地位和作用（二）——国家、国际标准化组织的产生发展以及 WTO 的影响》，《标准科学》2011 年第 3 期。
② 王平：《从历史发展看标准和标准化组织的性质和地位》，《中国标准化》2005 年第 6 期。
③ 钟海见：《从市场经济角度看标准化工作的重要性》，《中国质量技术监督》2011 年第 9 期。
④ 《国家质量技术监督局李忠海副局长在地方标准化工作座谈会上的讲话》，《中国标准化》2000 年第 4 期。

的标准的多样性,包括产品标准、服务标准、环境标准、工程标准等不同类型的标准。

从消费者需求的角度而言,随着社会经济的发展、人均文化水平的提高,消费者的价值观、审美观以及需求呈现多元化、多样化的特点。消费者需求的多样化决定了即使是同一产品,不同消费主体的需求层次也不同,不同层次的产品则需要不同的标准。产品不仅要在功能和效用上即产品的核心层面满足消费者的需求,还要在产品的包装、价格、设计、商标等有形层面,以及产品售后这样的延伸层面满足消费者的需求。后两者是为了满足消费者除了核心需求以外的需求,这能够增强产品在市场上的竞争优势。如果用同一标准生产一样的产品,显然无法满足不同层级消费者的需要。

从市场竞争和标准的质量角度而言,竞争是市场经济的本质之一,市场的竞争能够实现优胜劣汰,使得优秀的产品或技术胜出,落后的产品或技术被淘汰。市场经济需要不同类型标准生产出来的产品,按照市场经济的竞争法则,淘汰那些不符合市场需要的标准,从而促进科学技术的发展。

三 标准的强制性和自愿性

通常认为,标准的产生方式有强制和自愿两种。在我国现行的标准体系中,存在着强制性标准,而这些强制性标准实质上是一种行政命令。因此可以发现,所谓"自愿"产生标准只是相对于通过行政命令产生标准的一种说法,它实际上是一个权利概念。① "权利"意味着行为主体能够自行决定自己的行为,但同时这些行为产生的后果、责任和义务需要由行为主体自行承担。因此,"自愿"也并不意味着主体的行为是完全不受限制的。民事法律,特别是合同法与侵权法,对所谓"自愿"标准的实施起着基础作用。②

权利的实现设定了相应的义务和责任。行为主体要承担自己的行为导致的后果。市场经济中,各个市场主体通过合同等方式来确定彼此之间的

---

① 李爱仙、金明红、赵京新:《发达国家推动技术标准有效实施的机制探讨》,《世界标准化与质量管理》2006年第10期。
② [美]小贾尔斯·伯吉斯:《管制和反垄断经济学》,冯金华译,上海财经大学出版社2003年版,第167—221页。

权利义务关系，以反映市场主体间的利益关系，并且保护市场主体的合法利益。"自愿"性质标准的实施基础源于这种权利义务关系。因为，标准实际上是对企业行使财产权利的一种限制。如果不经企业同意而强制要求企业实施某项非强制性标准，就是侵犯了企业的财产权利。因此，标准的自愿实施需要以标准本身就具有自愿实施的性质为前提，即标准本身就是协商的产物，符合法理的公正原则。①

而这一权利义务关系也使得标准的实施能够是自愿的。企业拥有决定是否实施某项标准的权利的同时，也承担了由此产生的义务及所派生出的责任。以美国为例，《产品责任法》规定了企业对产品应承担的责任：一旦造成消费者的损失，企业将有可能对消费者进行巨额赔偿。但通过实施标准，企业可以获得抗辩的权利，或者企业可以把承担巨额赔偿的责任转移给保险公司或者其他相关责任人。这说明标准的实施能够降低企业在经营中面临的风险。而另外一个例子是欧盟对于市场准入的规定。欧盟要求进入欧盟市场的产品需要达到欧盟标准。如果企业生产的产品无法达到欧盟标准的要求，这些企业就需要承担由此产生的失去欧盟市场的后果。可以发现，如果企业不实施具有自愿性质的标准，也需要承担由此带来的各种法律后果。这些法律后果对企业的行为具有强大的约束力。因此，所谓自愿实施的标准仍然是具有强制力的。但这种强制力是一种来自于企业"内心"而非外在要求的强制力。②

因此，当标准为自愿性标准时，标准一方面因为企业基于"合同"的权利义务关系而被自愿遵守，另一方面因为强制性认证或信息标识制度（比如出口欧盟需要加贴 CE 标识，出口美国需要加贴 UL 标识）的引入而具有了事实上的强制性。

四 自愿性标准具有强制性特征

（一）自愿性标准具有内生的强制性

如上所述，自愿性标准无论是在制定层面还是实施层面，主体因为在

---

① 李爱仙、金明红、赵京新：《发达国家推动技术标准有效实施的机制探讨》，《世界标准化与质量管理》2006 年第 10 期。

② 中国标准化研究院编著：《国家标准体系建设研究》，中国标准出版社 2007 年版，第 157 页。

市场经济中的权利义务关系而具有协商一致和发自"内心"的强制力。这种强制力是一种内生模式，不同于行政命令式的强制性标准，该强制性标准是一种外在拉动模式。

两种模式具有不同的效果，见表1-1：

表1-1　　　　　　　　内生模式与拉动模式的比较

项目	内生模式	拉动模式
国家的整体竞争实力	强	一般
政府介入的程度和模式	弱、间接介入，外围辅助	强、直接指导产业的发展路线，相对比较忽视外围辅助
产业整体竞争力提升的模式	建立在基础性创新基础上的自发型模式	建立在低层次创新基础上的追赶型模式
国家创新体系	层次感强，能够对持续的科技创新活动提供支持	自上而下地推进创新，难以对持续的创新活动提供支持
企业的能力是否能够为其提供足够的创新动力	能够	较弱
标准的形成	主要以自下而上的方式由企业发起	主要以自上而下的方式贯彻政府的战略意图
标准的主体（制定的主体和标准的效力）	制定主体多元化，标准采用多为自愿	倾向集中式，制定主体以政府为主，效力以强制性为主
标准对于产业竞争力的宏观效果	影响不大，但事实标准有力地促进企业的创新活动	影响较大，是追赶型发展模式下进行"追赶"的重要手段

资料来源：中国标准化研究院编著：《标准化若干重大理论问题研究》，中国标准出版社2007年版。

（二）以ISO14000环境质量标准体系为例[①]

ISO14000系列标准规定了环境管理体系的标准。它绘制了组织可以遵循的框架，从而帮助实施该标准的公司或组织建立有效的环境管理系统。对于需要管理其环境责任的组织而言，ISO14000系列标准是一个实用的工具。截至2018年12月31日，ISO14001：2015已颁发了307059项有效认证，并且被181个国家30万多个组织实施。[②] ISO不具备任何强制

[①] 参见吕晓莉《国际非政府组织公共权力的运作分析——以国际标准化组织（ISO）为例》，《公共权力与全球治理——"公共权力的国际向度"学术研讨会论文集》，中国政法大学出版社2011年版，第273—290页。

[②] ISO, "The ISO Survey of Management System Standard Certifications", ISO Open Text Content Server (September 2020), https://isotc.iso.org/livelink/livelink? func=ll&objId=18808772&objAction=browse&viewType=1.

手段，ISO14000标准也是自愿采用的标准，但基于下述原因，ISO14000标准具有事实上的强制效果。

一是该国际标准由参加制定的各国协商一致达成。20世纪80年代起，美国和欧洲的一些企业为承担社会环境责任，开始建立企业自有的环境管理体制。1992年在巴西的里约热内卢召开"环境与发展"大会，会议通过了《21世纪议程》等文件，标志着在全球建立清洁生产、减少污染、谋求可持续发展的环境管理体系的开始。① 原先担心的某个国家草案成为国际标准的替代性方案的情况并没有出现。产生这种各方都较容易接受的结果的根源在于各种参与主体的主观一致的交互作用，各方把极大的权威性赋予了一个参与者可以相互交换信息、表达、批评、辩论的"公共舞台"，那么各方协商一致的产物自然会受到各方的遵守。

二是该国际标准具有专业性的权威力量。ISO不是一个国际政府间组织，而是一个国际非政府组织。工作性质的高度技术性和与市场的高度相关性，使得参与ISO运转的技术专家和企业的经营管理人员明显要比来自其他部门的人员活跃。比如，大约400名来自美国工业（包括化学、石油、电子和咨询公司）的代表中，只有大约20名代表来自政府和公共利益团体。ISO本身像是一个超大的行业技术协会，技术专家承担了这里的主要工作。它们根据企业和消费者的需求制定相应的政策，合理的技术考虑是决定政策的最终依据，比如在发展战略中，ISO将企业称为最终用户，将消费者称为标准受益者，其目的是让消费者最终受益。ISO的主要进程都为工业代表和技术专家所垄断。工业代表是"日程安排者，所有数据来源提供者，标准设置过程的发起者"，而具体的谈判则由相关领域的技术专家来完成。ISO的运行机制以满足工业领域的技术需求为直接驱动力，为了保证最大可能地实现这一目标，ISO努力使自身掌握的满足标准化需求所必要的资源被最优化地利用，要求参与者必须具备高度的专业化知识，以及自行支付参与成本的能力。

三是该国际标准体现了协商各方利益的均衡。由于各国自行设立的EMS标准互不兼容，从而妨碍了国际自由贸易的顺利进行，在缺乏协调的情况下，过度的保护政策反而会损害各国从经济全球化中可能得到的收

---

① United Nations, "United Nations Conference on Environment and Development, Rio de Janeiro, Brazil, 3–14 June 1992", United Nations Website（March 2021），https：//www.un.org/en/conferences/environment/rio1992.

益。因此，标准制定者们是在接受以避免贸易壁垒为目标的前提下开始具体谈判的，谈判的根本目的在于避免某种特定结果——由于各国 EMS 标准不统一而造成技术性壁垒，这符合"共同背离困境"，即行为主体必须通过接受或同意一系列规则或惯例协调它们的政策，以避免双方都不愿看到的后果。① 在 ISO14000 谈判中，标准制定者们处于协调博弈的状态，博弈各方的主导战略都不是背叛或欺骗，因为背叛或欺骗带来的收益对各方来说都不是最佳选择。

除了均衡发达国家的利益之外，ISO14000 也考虑到发展中国家的要求。在 ISO14000 制定过程中，发展中国家开始的"热情"并不高，随着对谈判进程和组织机制日渐深入的了解，发展中国家逐渐认识到未来采用 ISO14000 环境质量标准能够给自身发展带来的好处，也变得积极起来。这意味着，ISO 体制在某种程度上，提供了一个"学习的场所"，使部分发展中国家认识到，在共同利益的分配中，它们正在获得更多的份额。

因此，ISO14000 标准在世界范围内得到了广泛的采用，对于那些参与 ISO 标准谈判的相关方而言，参与谈判这一行为本身就说明这些相关方是这些标准的潜在需求者，这正是 ISO 体制的高效之处。由需要这种产品的人来决定是否生产这种产品，这样标准一旦进入实质性的制定阶段，它的"前途"已经有了最基本的保证。对于那些没有参与标准制定或者起初持观望态度的相关方来说，当其他相关方采用 ISO14000 后，很可能意味着对自己极为不利的贸易壁垒正在形成；而且同具备 ISO 标准的产品相比，自己的产品可能更缺乏市场的影响力，所以对于同样从事国际贸易的部门来说，很可能在"如果不加入，就可能被淘汰在外"的盘算下接受 ISO 的标准。正是这种根植于市场的需要，由利益相关方协商达成一致的自愿性标准，其内生的强制力效果更好。

第三节　标准和经济增长

一　标准是市场经济的基础性制度装置

从发达国家的历史经验来看，现代市场经济产生、发展和成熟离不开

---

① 李小娟：《论货币政策国际协调的机制及其选择》，《亚太经济》2006 年第 3 期。

重要的制度要素。市场自由竞争所形成的自发秩序，也就是市场的基础性制度，如价格机制、（自由进入与退出的）竞争机制，这一类秩序是市场主体在自由交往过程中所形成的、约定俗成的、大家共同遵守的规则或准则，市场主体可以从遵守规则中获得收益，而不遵守这些秩序也不会遭到外在的强制惩罚，这一类制度是不成文的内化于市场主体的文化或惯例。由立法机构或政府所制定的强制秩序，即成文的法律、法规或政府条例，其主要目的是保护私有产权，保证交易的公平性，如物权法、反垄断法等，这种秩序是市场主体所必须遵守，并且不遵守将受到强制性惩罚的制度。要使市场经济良好运行仅有这两方面的制度设计还不完整，在市场自发秩序和外在的强制秩序之间，还需要有一种类似于发动机联动轴的制度装置——那就是介于强制和自发秩序之间的一种规则，即我们通常所称的标准。标准可以是外在强制的，也可以是自发形成的，它的作用在于市场主体遵守它可以获得正收益。

市场经济发展的历史表明，完全的自由竞争会导致市场的无序和混乱。这是早期市场经济发展的特征之一。美国在19世纪末至20世纪初所经历的就是这样一种情形，自由市场经济盛极一时，但市场秩序的种种问题相继爆发，如假冒伪劣产品横行、质量安全事故频发等；而完全靠强制的成文法，也难以达到规范市场主体行为的目标，因为政府的理性也是有限的，随着交易的复杂性不断提高，依靠法律来控制市场秩序也越来越难，并且立法程序复杂，执法也有成本，任何立法机构都不可能对所有的市场行为进行立法，用法律来解决万变的市场中可能出现的问题。当出现以上两类问题时，就需要有大量的介于法律与市场自由秩序之间的规范，即标准，来建立起正常的市场交易秩序。

二 标准是成熟市场经济制度的重要组成部分

改革开放的历史经验表明，市场经济是促进我国经济实现不断增长的基本前提，我国正是在不断完善市场经济的过程中，实现了一次又一次的大跨越。回顾我国的市场化改革，一方面是市场的不断开放，首先是产品市场，随后是要素市场，通过市场的建立激活了市场主体的活力；另一方面是基于市场经济的法律建设，不断地建立和修订与市场经济相适应的法律用以规范市场主体的行为。但毋庸讳言，我国当前的市场经济仍然是不成熟和不完善的，其主要表现不仅在于市场开放的领域和程度不够，以及与市场相关的法律制度不够完善。更为重要的是，在强制的成文法与市场之间有效联结的"技术性"规范，即标准，还不够成熟和完善。

改革开放以来，我国进行了很多领域的改革，政府不断地从各个领域退出，虽然在程度和领域上，与现代市场经济相比还有很大的差距，但总体的趋势是政府对经济的干预趋于减少，市场主体的作用逐步增强，政府从一个全能的"干预式政府"逐步转变为仅为市场提供基础性服务的"监管型政府"。在这一过程中，由政府所让渡的领域就需要有大量的社会组织来承接。社会组织并不具有政府公权力这样的强制力，其发挥作用的根本在于能够形成一套所有人都认可的规范或准则，即所谓的标准。标准的制定和修改是根据社会组织成员的自身利益来作出的，不遵守标准的成员将受到其他成员的抵制而利益受损。因此标准的发展，是我国政府职能转变、市场经济走向成熟的基本前提。标准化的不断完善，实际上是单一的政府管理向多元的社会管理体制迈进的必由之路。国外发达经济体的发展经验表明，社会组织通过制定行业内标准（或联盟标准）能够对组织内的个体行为进行很好的约束，与政府和市场力量一起达到共同治理的目的。在这方面，标准在提高产品质量、提升服务质量、改进工作方法、维护社会弱者权益、加强环境保护等多个领域都发挥了极为重要的作用。

从质量治理的角度来看，标准也起着不可替代的作用。为了提高我国的质量水平，政府一方面制定了大量法律法规对企业的生产行为进行规范，加大质量违法行为的惩戒；另一方面加强企业的诚信意识的培育，在整个社会营造诚信经营的文化氛围，充分发挥企业的自律作用。但是在法律与企业自律之间还需要有一套行之有效的标准化体系才能够使这两个手段有效发挥作用。我国的质量法律法规不可谓之少，其对于质量违法行为的惩罚也比较严厉，但是如果具体实行时缺乏相应的标准或标准实施不力，就无法执行到位；另一方面，企业或行业自律也要有标准可循，我国的行业协会等社会组织之所以没有很好地发挥其行业自律的功能，很重要的原因之一是其在标准制定方面发挥的作用较弱。

因此，标准是我国市场经济发展的重要制度保障，只有不断地完善标准化工作，才能形成有序的市场经济。

三 标准是促进小微企业发展的重要支撑

各国经济发展的经验表明，除少数行业以外，大部分行业都是中小微企业占多数的产业组织形态，并且小微企业的比重不断增加。[①] 因而，甚至有学者将小微企业的发展情况作为市场经济是否成熟的重要评判标准。[②] 我国小微企业被认为是经济发展的"轻骑兵"[③]，并且第四次全国经济普查显示，我国小微企业的规模不断扩大，增速相对于全行业的平均速度而言较高：在2018年年末，全国小微企业资产总计27.9万亿元，比2013年年末增长了64.6%，高于全国商贸企业资产总计增速9.9个百分点；全国小微企业在2018年全年实现营业收入40.0万亿元，比2013年增长了77.6%，高于全国商贸企业收入增速33.9个百分点。[④] 此外，根据2018年央行行长易纲出席第十届陆家嘴论坛时的发言，小微企业为全国提供了80%以上的就业，70%以上的专利发明权，60%以上的GDP和50%以上的税收。[⑤] 可见，小微企业对于我国经济的持续稳定发展有着极为重要的作用。而在小微企业的发展过程中，标准起着至关重要的作用。小微企业受限于自身的实力，往往无法进行技术创新，从而也就无法进行标准的创新。

一项复杂的技术，一旦标准化以后，就可以被大量的小微企业所模仿，从而使得产品在确保质量的前提下实现规模化生产，进而实现产业的规模化，才有可能让小微企业分享成本降低的正外部性。我国温州一个村生产的打火机部件可以行销全球，一个镇生产的笔芯可以占据全世界一半以上的份额，靠的就是产品标准化，使其产品能够与其他产品兼容。因而

---

① OECD, "Small and Medium-sized Enterprises, Local Strength, Global Reach", OECD Policy Brief (June 2000), http://www.oecd.org/cfe/leed/1918307.pdf.

② Ceren Erdin and Gokhan Ozkaya, "Contribution of Small and Medium Enterprises to Economic Development and Quality of Life in Turkey", *Heliyon*, Vol. 6, No. 2, February 2020, p. 2.

③ 施向军：《我的名字叫"小微"——中国小微企业生存现状面面观》，《中国检验检疫》2012年第8期。

④ 《小微商贸企业快速增长——第四次全国经济普查系列报告之十四》，国家统计局网站，2019年12月20日，http://www.stats.gov.cn/tjsj/zxfb/201912/t20191220_1718680.html，2020年12月6日。

⑤ 中国人民银行：《易纲行长在"第十届陆家嘴论坛（2018）"上的主旨演讲——关于改善小微企业金融服务的几个视角》，中国小额信贷联盟，2018年6月15日，http://www.chinamfi.net/News_Mes.aspx?type=16&Id=59903，2020年12月6日。

从某种程度上说小微企业无须在技术创新领域进行太大的投入，只要遵守行业内的技术标准就可以获得规模化的收益。一般而言，由大企业进行技术和标准的创新，由小微企业来进行产品的生产是市场经济发展的一般规律。只有技术创新没有规模化生产的经济必然是不可持续的，但只有规模化没有技术创新的经济是没有活力的。大企业和小微企业分别在技术创新和规模化生产上具有优势，而要促进这样一种转化，就必须让标准充分地发挥作用。标准化的战略主要有两种：一种是标准引领战略，即进行标准的制定和创新；另一种是标准追随战略。我国的大企业应主要定位于标准引领，而小微企业主要定位于标准追随。良好的标准化服务，是小微企业获得市场份额，实现标准追随的前提。

我国质量发展过程中所面临的一个主要问题就是监管对象过多，即在各行业领域中存在着大量的小微企业。由于小微企业通常采用低标准或没有标准，它们往往无法保证产品的质量。如果能够对小微企业提供良好的标准服务，让其参与到我国标准化的进程中来，用标准来对其产品质量进行规制，使得其与生产高质量产品的"激励—约束"相容，则可以大大减轻监管的压力，对于我国经济的健康持续发展有着极为重要的意义。

四　标准是我国加强宏观管理有效性的重要手段

政府的宏观调控是现代市场经济不可或缺的重要手段，无论是经济过冷还是过热都需要政府的调控。同时，保护生态环境、节约自然资源等公共利益的实现也只能依靠政府的宏观调控政策。世界各国宏观调控的手段几乎是相似的，但不同的经济体宏观调控的效果却相差甚远，其主要原因就在于调控的政策从设计到实施需要具体执行的方法或"技术"，这就是我们所称的标准。成熟的市场经济体之所以能够较为灵活地应变市场波动，以适度的调控手段达到调控的目标，很大程度上是因为标准起着至关重要的作用，一旦有新政策的出台都会有相关的标准配套跟进，从而能够对怎样达到以及是否达到调控目标进行很好的评判。

近年来，我国为应对国内外的冲击制定了很多宏观调控政策，就需要有一套标准体系来加以配套，标准实际上成为我国宏观调控体系的重要内容。例如，在校车安全成为社会关注的焦点之后，我国政府出台了具有法规性质的《校车安全管理条例》，同时出台了《校车安全标准》，条例中的条文需要援引标准,这一标准的出台完全是为了支撑条例的执行,如果没有标准,校车生产者和使用者就无法达到条例中所规定的各项要求。

此外,标准在经济领域的调控也日益重要。习近平总书记在党的十九大报告中指出我国经济发展已由高速增长阶段转向高质量发展阶段。在这个阶段,我国需要在经济发展的同时,加快生态文明体制改革,推进绿色发展、着力解决突出环境问题、加大生态系统保护力度和改革生态环境监管体制。① 为实现这一目标,国家在各个层面制定了大量的实现转型的纲领性文件与政策,如党的十九大报告提出加快生态文明体制改革的要求,发改委等相关部门制定了节能减排、环境保护的政策等。与此同时,我国还制定了节能减排的国家标准来实现这些调控目标。2006年我国开始大力实施节能减排的宏观政策,同时颁布了相应的节能减排标准。仅从标准与宏观调控政策出台的时间就可以看到这两者之间的紧密关系。从我国标准统计数据来看,现行的国家标准中和环保有关的国家标准共有454个,其中,有374个是2006年以后制修订的。② 这些标准对节能减排政策的具体实施具有不可替代的作用,我国的风电、电动汽车等节能产业都在新的标准体系实施以后得到了较大的发展,一些落后的产能也被新标准所淘汰。但是,也应该看到,我国的标准化工作与转变经济发展方式的总体要求相比仍有较大的差距,还需要出台大量的与政策相配套的标准。

我国经济发展的实践表明,标准在支撑宏观调控政策方面起着越来越重要的作用。在我国的调控体系中,要尽量减少行政干预式的调控,就必须更加重视标准化的工作。因此从某种意义上,宏观调控只有通过行之有效的标准才能对市场主体的行为起到调控作用,标准化建设应进入国家宏观调控政策体系之内。

五 标准是促进科技创新成果的纽带和桥梁

科技创新是一个经济体的核心竞争力,但科技创新能否取得成功很大程度上取决于其能否转化为可以市场化的成果。而标准在科技成果转化过

---

① 习近平:《决胜全面建成小康社会 夺取新时代中国特色社会主义伟大胜利——在中国共产党第十九次全国代表大会上的报告》,人民出版社2017年版,第50—52页。
② 《信息查询》,全国标准信息公共服务平台,2020年12月24日,std.samr.gov.cn/gb/search/gbAdvancedSearch? type = std,2020年12月24日。

程中充当着桥梁和纽带。标准是将科技创新能力转化为市场成果的关键要素。我国的电动汽车、风电、光伏发电、核电、生物质能、半导体照明等产品领域都体现了标准与科技创新的良性互动关系。同时我国也有不少反面的教训，例如有些领域的技术水平已经处于国际领先，但由于没有及时抢占标准化的先机而错失了占领市场的良机。在高度信息化和网络化的当下，知识传播的速度越来越快，技术更新换代的周期也大幅度缩短，这使得核心技术在市场争夺中的重要性比起以往有一定程度的下降。企业垄断核心技术的难度随着知识传播速度的加快和技术更新速度的提高而上升。因此，在当下，如果希望能够在市场争夺中获得优势，提高市场占有率，需要做的是抢占标准制定的权利，扩大技术的应用范围，使得技术的使用者在该标准内形成"锁定"效应，从而获得网络外部性收益。

六 标准化是提升经济供给能力的基础性战略

一国的长期经济增长取决于其供给能力，即经济生产和创造产出的能力。标准化能够促进产品生产的大规模化，从而使得供给能力更大规模地增长。通过供给的不断增长，可不断地改善民生，提高经济发展的质量。我国是世界上最大的发展中国家，虽然2019年中国GDP总量达到了世界第二的水平，但是人均值仅达到世界平均的65%左右[①]，处于世界第70名左右[②]，发展经济、提高经济发展水平仍然是摆在面前的头等大事。我国的科技水平与发达国家相比仍有较大差距，靠技术创新来提高经济发展的总量在短期内无法取得成效，而我国的资源、环境条件约束不断显现，人口红利渐渐消失，未来进一步提升经济发展的手段应主要放在质量的提升上，质量是提升我国供给能力、促进经济发展的核心。一些企业通过标准的提升提高了供给能力，在我国经济发展的实践中有很多案例。比如，格力空调实施超过国家乃至国际标准的"格力标准"，2017年，格力家用空调全球市场占有率达到21.9%，居世界首位。[③] 在极为激烈的竞争环境下，格

[①] "China GDP Per Capital", Trading Economics (December 2020), https://tradingeconomics.com/china/gdp-per-capita.

[②] World Bank, "GDP Per Capital", The World Bank-data (December 2020), https://data.worldbank.org/indicator/ny.gdp.pcap.cd?most_recent_value_desc=true.

[③] 林志文：《格力电器董事长董明珠：对"中国制造"永怀一颗赤子之心》，《中国妇女报》2018年12月22日第1版。

力之所以能够持续保有全球家用空调市场占有率第一的成绩,并且产品还打入了美国、欧洲等发达国家的市场,就是通过标准提高自身竞争能力。

标准与经济发展的理论架构见图1-1。

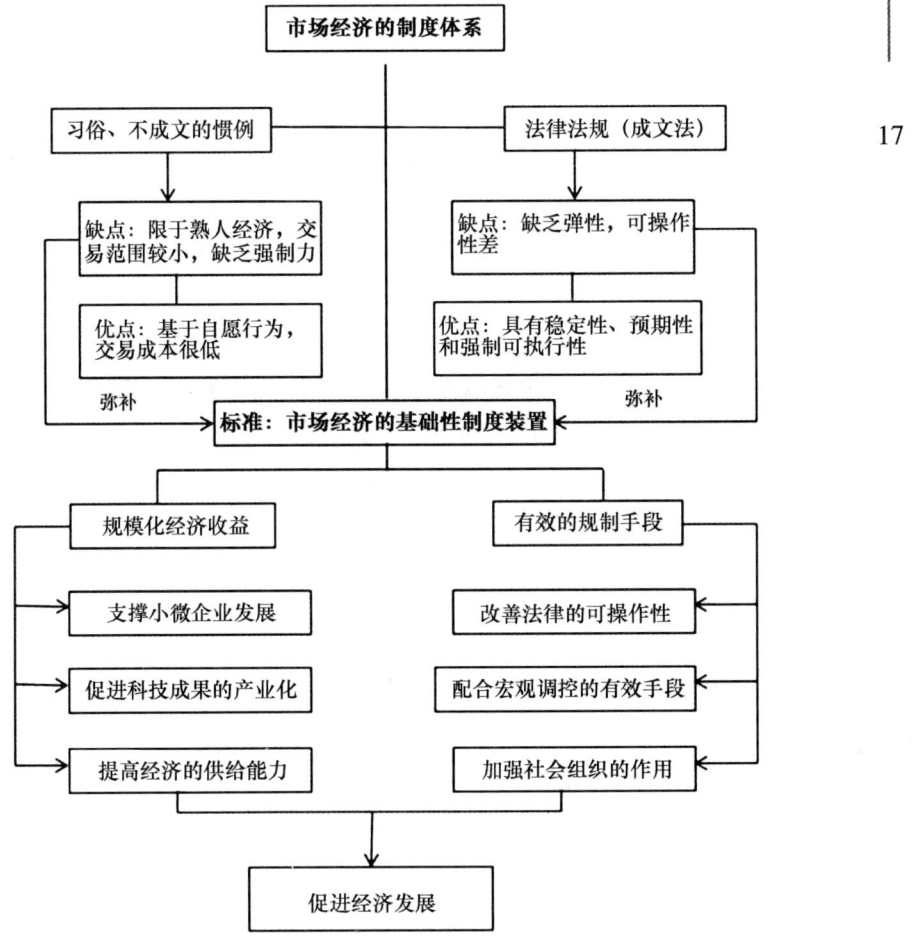

图1-1 标准与经济发展的理论架构

资料来源:笔者自制。

第四节 标准和标准化组织

一 标准和标准化组织的关系

国家标准GB/T 20000.1-2014《标准化工作指南第1部分:标准

化和相关活动的通用词汇》将标准定义为："通过标准化活动，按照规定的程序经协商一致制定，为各种活动或其结果提供规则、指南或特性，供共同使用或重复使用的文件。"该定义等同转化 ISO/IEC 第 2 号指南的定义，所以也是 ISO/IEC 对标准的定义。WTO/TBT 规定："标准是被公认机构批准的、非强制性的、为了通用或反复使用的目的，为产品或其加工或生产方法提供规则、指南或特性的文件。"上述定义，从不同侧面揭示了标准这一概念的含义，但标准是由公认机构批准的特征则是一致的。

标准化机构负责制定、批准和颁布作为规范性文件的标准。按上述定义，标准化机构即是公认机构。公认机构可分为由政府授权的机构、公认的国际组织机构、行业协会以及其他标准制定组织机构。国际标准由国际标准组织制定，区域标准由区域性标准组织制定，国家标准由国家行政机关制定，行业/协会标准由行业协会等第三方机构制定，联盟标准由两家以上的企业组成联盟即社团法人制定。此外，单一组织制定单一标准，企业标准由企业自身制定。

二 标准化组织的类型

由于市场经济需要大量不同类型的标准，而标准的制定、批准和发布离不开标准化组织，这就决定了标准化组织的多样性。标准化组织主要包括以下几类：国际组织和区域性组织、政府部门或政府授权的组织、第三方机构、联盟、单一组织（企业）。

（一）国际组织和区域性组织

国际标准是由全球性的国际组织制定的标准，能够制定国际标准的组织包括国际标准化组织（ISO）、国际电工委员会（IEC）、国际电信联盟（ITU）等。此外，由食品法典委员会（CAC）、国际计量局（BIPM）、世界卫生组织（WHO）等专业组织制定的、经国际标准化组织认可的标准，也可视为国际标准。国际标准为世界各国所承认并在各国间通用。

区域性标准则是由区域性标准化组织制定和发布的，此类标准在该区域内各成员之间通用。这些标准化组织基于各种原因形成，比如泛美标准化委员会（COPANT）是由于地理上的毗邻关系而形成的，而欧洲标准化委员会（CEN）则是因为欧盟成员国在政治和经济上有共同利益。

（二）政府部门

在发达国家，标准通常以技术法规的形式体现出来，其涉及的领域多与人类的健康安全、人身财产安全、卫生环保等公共利益相关，这些公共利益是无法依靠私有企业制定标准的。这主要是为了保证人类最基础的健康、安全和财产等方面的需要能够得到实现。[1] 美国和欧盟负责制定标准的政府部门制定标准时的目标都是为了保护公共利益，并且，他们在制定标准的过程中，会尽量避免让标准对私有企业产生影响。这种做法能够避免部分企业因为政府机构制定的强制性标准而获得竞争优势。

（三）第三方机构

第三方机构是指除政府和企业之外的协会、学会、研究机构等。比如，美国材料与试验协会、美国石油学会、国家标准技术研究院等第三方标准制定机构；欧洲电子元器件协会、英国标准协会、法国标准协会、德国标准化学会等政府认可授权的民间机构，负责自愿性标准的制修订工作。

（四）联盟

两个或两个以上的相互独立的企业，为了能够在某些方面采取一致行动，通常会选择通过签订合同等方式结成联盟。[2] 为了提高联盟内企业的竞争力，各方会通过协商一致等方式，制定统一的、在联盟成员内部通用的企业产品标准。在经过联盟批准之后，这些产品标准能够作为规范性文件被联盟成员共同和重复使用。为了提升产品质量，提高联盟内企业在行业中的竞争力，联盟在制定标准的时候，通常会将标准设定得高于国家标准。这种做法有助于促进产业结构升级。[3]

目前企业联盟标准有两种形式。一种是几家企业主导生产，还没有全行业铺开，形成联盟后引领行业规范发展。这种形式主要在高端新型产

---

[1] 周浒：《刍议政府在标准化活动中的职能转变》，《世界标准信息》2008年第4期。
[2] 中国社会科学院语言研究所词典编辑室：《现代汉语词典》，商务印书馆1996年版，第785页。
[3] 张帆：《传统产业集群联盟标准的形成动因》，《改革与战略》2014年第4期。

业，如闪联、电子商务企业标准联盟、AVS 专利联盟、MPEG－2 联盟等。① 另一种是产品早已形成产业，为了规范不正当竞争，由行业协会或主要企业牵头发起组建，主要为了淘汰落后生产力，如中国的低碳产业联盟。团体标准也主要是由联盟制定。

（五）企业

企业负责标准的执行，但是在部分情况下，企业也会参与标准制定。比如，在经济全球化的背景下，标准成为企业在市场上获得竞争力，进一步占有市场份额的重要武器。如微软、高通公司等国际巨头都形成了自身的法定标准或事实标准，获取了大量的垄断利润。国内一些集团公司也积极实施标准化战略，如广东志高空调有限公司参与国家标准、行业标准等近 20 项，成为空调领域著名品牌之一②；广东吉熙安电缆附件有限公司参与制定了 9 项国家标准、行业标准和地方标准，部分标准还含有该公司的技术专利，具有良好的市场发展前景③；佛山市南海区骏达经济实业有限公司研制开发的汽车轮胎保险装置，将多项发明专利转化到交通行业标准，并得到了广泛应用，提升了品牌形象和知名度④。企业争取标准话语权，既可以充分体现社会责任，服务经济发展，树立行业地位，又可以取得市场竞争优势，树立品牌形象。

第五节 标准的分类

基于不同目的，依据不同的准则，人们对标准进行了各种划分，形成了不同的标准种类。同时，随着科技的发展和新生事物的出现，标准的种类也在不断增多，标准分类问题变得复杂和困难，出现了各种分类方法。

国际上最流行的标准分类方法为法定标准和事实标准。法定标准又分

---

① 张希华、李冰祥：《全球能源互联网发展合作组织中的专利池构建》，《科技与法律》2018 年第 2 期。

② 《广东志高空调有限公司实施技术标准战略之路》，中国质量新闻网，2011 年 11 月 10 日，http://www.cqn.com.cn/zgzlb/content/2011－11/10/content_1381814.htm，2020 年 12 月 5 日。

③ 《广东佛山市大力推进技术标准战略的启示》，中国质量新闻网，2012 年 7 月 30 日，http://www.cqn.com.cn/zgzlb/content/2012－07/30/content_1604906.htm，2020 年 12 月 5 日。

④ 黄志海：《为交通安全提供有力保障——叶俊杰汽车轮胎保险装置获发明专利》，《中国发明与专利》2006 年第 6 期。

为国际标准、国家标准、行业标准和地方标准[1]，而事实标准则分为独家垄断标准和联盟标准。独家垄断标准通常是独家垄断机构或者企业自己制定的，这种标准的所有者、管理者、使用者都是同一个主体，其他机构相对于这个独家垄断机构或企业并没有竞争力；而联盟标准的所有者、管理者和使用者则是分离的，联盟标准通常为联盟成员通过协商一致的方式共同制定，由联盟所有并且进行管理，联盟成员则是联盟标准的使用者。同时，联盟标准又分为开放标准和封闭标准。开放标准意味着标准能够通过授权、许可等方式对联盟外的企业开放，开放标准的开放程度和开放方式都会对标准以及标准的参与者产生影响，而封闭标准则不允许联盟成员以外的企业使用。[2]

根据使用目的的不同，可以分为八种标准，包括基础标准、术语标准、测试标准、产品标准、过程标准、服务标准、接口标准以及数据要求。[3] 根据潜在使用者/标准开发者来分类，标准分为国际标准、行业标准、政府标准、企业标准。根据要求的方式，标准分为性能标准和设计标准。[4]

按照使用的约束力，分为强制性标准及自愿性标准。这是最常见的标准分类方式。强制性标准由政府各个层级管制机构来规定，通常是对公共健康与安全、消费者保护、环境保护、国家安全或其他类似方面进行规定；自愿性标准是由国内外自愿协商机构制定或采用的标准。这些自愿协商机构基于一致同意的程序（基本一致并非全体一致）公开、平衡各方利益且有上诉程序。[5]

但是，基于我国现行的标准体制，标准化管理中还存在一些问题。比如标准化管理体制以及相关的法律法规计划经济色彩浓厚，不能适应市场经济的需求；标准化管理没有和市场需要、企业实践等方面相结合，只是被动接受和应付相关部门的标准化检查；企业在标准化方面认识、管理、

---

[1] 赖英旭、赵轶文、杨震、李健：《可信计算领域技术标准分析——从事实标准与法定标准比较出发》，《信息技术与标准化》2012年第6期。

[2] 刘杰、张水锋：《制定联盟标准是企业争夺标准话语权的核心环节》，《中国标准导报》2008年第2期。

[3] 《ISO/TC130在中国——印刷标准化发展论坛》，《印刷工业》2009年第10期。

[4] 张利飞、曾德明、张运生：《技术标准化的经济效益评价》，《统计与决策》2007年第22期。

[5] 李春田：《标准分类理论研究新进展及其意义》，《中国标准化》2012年第1期。

实践混乱，使得标准化成为企业的负担而非工具。① 这些都反映出了标准化管理中公权力干预私权利的问题。

但同时，也存在私权利借助公权力谋取私利的现象。比如，为了能够激励单位和个人参与标准制定，在出版的国家标准中会列出参与标准制定的单位和个人。而在市场经济的背景下，存在企业在广告中直接宣称自己为"国家标准起草单位"的现象。这种广告能够让这些企业获得竞争优势，但是也会伤害国家标准的公信力，削弱标准的公正性。这些问题的出现，最主要的原因是我国依然延续计划经济时代的观念，将标准作为一种维护公共利益，维护公共秩序的需要，以一种行政命令的方式公布，要求企业遵守，而没有尊重标准本身的市场属性，即标准是在市场中形成的一种经验总结，需要为企业或一个组织利益服务。

因此，从指定标准的目的这个角度来说，标准可以被分为两大类：一类是为社会服务的"公共标准"，简称"公标准"；一类是本组织的"自有标准"，简称"私标准"。

一　公标准

公标准是使用了公共资源进行指定的标准，此类标准的制定目的是维护公共秩序，保护公共利益，为全社会服务；而在我国，公标准应该是指为维护公共利益，需要在全国范围内统一的基础、通用、方法、关键共性技术，以及国家重大战略产业和产品的技术和管理要求的标准。

公标准的特征主要包括：使用公共资源，即用公共的财政支出制定标准；目的是为了谋取最佳公共利益，即公标准的制定是为了社会整体公共利益的需要，而不是单个企业或组织的需要，是一种公权力的体现；程序上体现公平、公开和公正的原则，即公标准的标准内容面向全社会公开，标准制修订过程要公开，相关利益方要广泛参与，要基于协商一致和充分协调的原则制定，并且接受纳税人的监督；内容严格限定在 WTO 五大正当目标的范围内，即保障国家安全、保障人的生命和健康、保障动植物生命和健康、保护环境、防止欺诈。②

---

① 李春田：《标准分类理论研究新进展及其意义》，《中国标准化》2012 年第 1 期。
② 李春田：《标准化概论》（第六版），中国人民大学出版社 2014 年版，第 20—21 页。

二　私标准

私标准是利用非公共资源制定的标准，具有独占性质。私标准的制定是为了制定标准的本组织的利益，比如提高本组织的竞争力、获取最大利益等。

私标准的特征主要包括：使用非公共资源，即私标准是企业内部或者一个组织以独立的经济主体的经营性支出制定的；目的是为本企业或本组织利益的市场竞争服务，通过制定和实施标准，提高本企业或本组织的市场竞争力，获得竞争优势；可以纳入专利以提高标准竞争力，即私标准可以将企业的发明、创造、专利纳入相关标准，提升企业的核心竞争力，并使创新成果得以转化，转变为现实的生产力；具有独占性，即私标准是企业或者组织独占的一种标准，在部分情况下，私标准还具有不公开性，作为属于独立的经济主体（或联合体）的独占资源，具有不可侵犯的性质。[1] 此外，私标准涉及的范围比较广，种类也比较繁多，是标准化最活跃、最具创造力的标准类型。企业或组织会根据自己的技术、经营模式、管理和市场需求制定私标准。

总之，公标准与私标准两者的性质是截然相反的，公标准是为了获得最佳公共利益的标准，这类标准是为了最大多数人的利益，是为了维护整个国家的全面协调和社会经济秩序；私标准则是为了本企业或本组织内部的最大经济利益，是为了提高本企业或本组织的市场竞争力。私标准的性质和特征决定了不能像制定国家标准那样必须按照统一的程序和遵照统一的格式编写，也不能要求私标准像公标准那样公开审理、广泛传播，否则，就是一种公权力干预私权利的表现，最终会压制企业或组织制定私标准的积极性，损害企业或组织开展标准化的积极性。

按制定标准的宗旨对标准进行划分，有利于突出公标准的公开性、公正性、公益性和私标准的独占性、机密性、竞争性[2]，从而根据两种不同标准的性质和特征，制定不同的原则、方法和运作方式，防止公私不分以及公权力侵犯私权利和私权利侵犯公权力。同时，明确公标准代表的是公权力和私标准代表的是私权利，有利于根据两者不同的属性和作用，明确两者的关系和范围，防止互相重复，创建科学合理的标准分类。

---

[1]　李春田：《标准化概论》（第六版），中国人民大学出版社2014年版，第21页。
[2]　李春田：《标准分类理论研究新进展及其意义》，《中国标准化》2012年第1期。

第二章 国外标准化体制比较研究

第一节 美国标准化体制

工业革命后，大机器生产迫切需要提高生产力和运输能力，加之城市化带来人口大量聚集，新的社会问题层出不穷。美国政府开始主导标准的制定以使全国范围内的标准具有一致性。这个阶段的政府主导，主要是基于重大事件进行的事后标准化处理。

一 美国标准化体制的历史发展

19世纪工业革命以后，铁路、工业生产、商品流通、市政建设等各个领域都开始了标准化活动。[1] 以机器大工业为基础的工业生产对快速大量的货物流通需求增强。铁路发明后，铁路运输成为快速、经济和有效的跨越全国运输的方式。而轨道距离标准的统一是实现跨越全国运输的最重要的一步。早期的美国境内旅行常常需要中转几趟不同铁轨标准的火车才可以到达目的地。美国在内战时期深刻体验到统一标准带来的军事和经济优势。于是，美国政府制定了源于英国的4英尺8英寸半的铁轨距离标准，也成为如今最常用的美国铁路标准。[2] 到了20世纪，随着美国城市

---

[1] 廖丽、程虹、刘芸：《美国标准化管理体制及对中国的借鉴》，《管理学报》2013年第12期。

[2] Federal Railroad Administration, "the Association of American Railroads and the US Department of Defense's Defense Standardization Program Office", ANSI (September 2020), https://www.aar.org/wp-content/uploads/2018/10/Rail-Sector-Effective-IT-Procurement-Practices-Final-April-2018.pdf.

化的发展，出现了人口大量聚集的城市中心区域。城市需要一套国家标准来保证随着人口增加而越发复杂的基础设施能够正常运行。标志性事件是 1904 年巴尔的摩的约翰·赫斯特公司地下室起火。当时火顺着建筑蔓延到城市的 80 块区域。纽约、费城和华盛顿立马增援，但每个城市的消防软管接口的标准不一样，只能眼睁睁地看着火焰传播超过 30 个小时，烧毁了约 2500 座建筑。巴尔的摩大火后，美国对全国各地的消防软管接口进行调查。顺应时代的要求，1905 年，确保全美消防安全的消防设备国家标准建立。①

标准的兼容性和互操作性面临了无数类似的挑战。又如直到 1927 年年底，美国不同州的交通信号灯颜色代表的含义是不统一的。在一些州，绿色信号灯意味着"行"，而另一些意味着"停"。信号灯颜色含义不统一，导致只要有从别的州的来访者，就会出现城市交通大面积的瘫痪。所以 1927 年美国州际公路官员协会、国家标准局以及国家安全委员会通过了国家颜色标准代码。②

萨瓦斯指出："当政府活动的成本和公众对高税收的抵制同时上升的时候，公共官员会寻求任何可能缓解财政压力的妙方。"但是，随着创造性做账、增加税收和增加借贷这三种常见的方法成为不被允许的措施之后，政府只能够选择削减公共服务或提高生产率。③ 针对标准化领域，削减标准的服务这种做法是无法被政府和社会接受的。因为标准是国际商业的通用语言，提高国家科技竞争力的最好武器。在 20 世纪 60 年代到 80 年代，美国的产品质量和生产力发展受到来自其他国家的挑战。④ 但是，只依靠政府来提高标准的生产率也是不可能的。首先，科技日新月异，即使美国联邦有众多实验室，也并不能垄断全美乃至全世界所有与标准相关的技术。其次，标准制

---

① 廖丽、程虹、刘芸：《美国标准化管理体制及对中国的借鉴》，《管理学报》2013 年第 12 期；Casey C. Grant, "A Look From Yesterday to Tomorrow on the Building of Our Safety Infrastructure", PE, National Fire Protection Association, ANSI (March 2001), http：//www.ansi.org/consumer_affairs/history_standards.aspx? menuid =5.

② ANSI, "American Standards Association—Through History with Standards", ANSI Website (March 2021), https：//www.ansi.org/about/history.

③ [美] E. S. 萨瓦斯：《民营化与公司部门的伙伴关系》，周志忍译，中国人民大学出版社 2002 年版，第 6 页。

④ NIST, "Malcolm Baldrige National Quality Improvement Act of 1987", NIST Website (November 2019), https：//www.nist.gov/baldrige/malcolm-baldrige-national-quality-improvement-act-1987.

定耗时耗力，政府没有跟随市场导向制定最新最满足需求的标准的能力。因为拥有技术专利或版权并不意味着拥有平衡各方面利益协商一致的标准。标准是一种大量信息的集合体，需要大量人力、时间、财力才能制定、颁布以及认证。

所以，美国在标准化领域同样进行了放松规制的市场化改革，政府不再提供标准的服务，从"划桨"转变为"掌舵"，这既能削减政府主导标准的费用，又能基于标准对科技进步和竞争力的推动作用，提高生产率。

美国标准化体制转变，首先是自上而下从法律开始调整，以保障新的标准化体制，同时又在法律中规定标准的制定要遵循自下而上的市场导向方法。美国标准化体制改革的法律基础为1979年的《美国贸易协定法》。这项法案的出台是基于当时美国希望能够减少国际贸易壁垒，限制联邦政府对标准产生制定过程的参与的考虑。[①] 随后，1980年的《史蒂文森—怀特技术创新法》成立了标准化机构——在商务部设立技术管理局，包括：国家标准与技术研究所、国家技术信息服务中心以及科技政策办公室[②]，并提出为企业特别是小企业提供联邦实验室的技术转移。这一法案为随后的标准化立法奠定了基础。

1993年，美国管理与预算办公室（OMB）发布A-119通告，首次确定联邦政府在监管和采购中适用"自愿性标准"。这一做法在美国标准化改革标志性法案，即1996年的《国家技术转让与推动法案》（NTTAA）中得到明确，法案对标准和合格评定做出详细规定，而且强调标准的知识产权与专利保护。1998年OMB A-119通告对应用标准和合格评定进行了细化。2004年的《标准开发组织促进法》，对标准化制定组织的活动进行规范，放松了对技术标准制定组织的反托拉斯限制。[③]

这一系列的法案确立了美国有关标准化改革的主要方法，重新确立政府在标准领域的角色定位，政府不再主导标准制定，转而依靠市场和社会制定自愿性标准。以下是美国有关标准化的重要法律与政策的演进情况，见表2-1。

[①] 廖丽、程虹、刘芸：《美国标准化管理体制及对中国的借鉴》，《管理学报》2013年第12期。

[②] US Congress, *Stevenson-Wydler Technology Innovation Act of 1980 (Public Law 96-480)*, October 21, *1980*, Washington, D. C.: US Congress, 1980.

[③] 廖丽、程虹、刘芸：《美国标准化管理体制及对中国的借鉴》，《管理学报》2013年第12期。

表 2-1　　　　　　　　美国标准化重要法律与政策

年份	法规	内容概要	影响
1979	《美国贸易协定法》	实施 WTO 技术性贸易壁垒协议（TBT）： 1. 规定国民待遇 2. 定义标准、国际标准、技术法规及标准化活动	从促进国际贸易角度，限制政府参与标准活动
1980	《史蒂文森-怀特技术创新法》	通过五大途径实现促进技术创新，改善美国经济、环境和社会福祉： 1. 成立技术促进组织① 2. 成立技术合作中心② 3. 联邦技术的转移③ 4. 设立国家技术奖④ 5. 鼓励学术界、企业界和联邦实验室之间人员交流⑤	1. 为标准化立法奠定基础 2. 成立标准化机构 3. 提出为小企业提供联邦实验室的技术转移
1987	《波多里奇质量法》	设置波多里奇国家质量奖： 1. 规定建立、颁布、评定细则 2. 美国国家标准局（NBS）负责组织评审委员会，对参选方进行审计	确立国家标准与技术研究所（NIST）对标准化取得卓越质量成就的组织进行引导激励的地位
1993	《管理与预算办公室A-119通告》	确立联邦参与开发和使用自愿性标准的政策，包括监管、政府采购标准： 1. 依靠自愿性标准 2. 联邦政府机构积极参与标准制定活动 3. 在已有自愿性标准的领域，减少对政府特有标准的依赖⑥	首次确定联邦政府在监管和采购中依靠自愿性标准

---

① Stevenson-Wydler Technology Innovation Act of 1980 (Public Law 96-480), Section5 (a), 1980.

② Stevenson-Wydler Technology Innovation Act of 1980 (Public Law 96-480), Section 6&7, 1980.

③ Stevenson-Wydler Technology Innovation Act of 1980 (Public Law 96-480), Section 11, 1980.

④ Stevenson-Wydler Technology Innovation Act of 1980 (Public Law 96-480), Section 13&17, 1980.

⑤ Stevenson-Wydler Technology Innovation Act of 1980 (Public Law 96-480), Section 3&15.

⑥ Circular No. A-119—Federal Register (Federal Participation in the Development and Use of Voluntary Consensus Standards and in Conformity Assessment Activities), 1998, Supplementary Information (I).

续表

年份	法规	内容概要	影响
1996	《国家技术转让与推动法案》	1. 所有的联邦机构和部门应使用由自愿协调标准机构已制定的或采用的技术标准,① 除非与适用法律不一致,或在其他方面不切实际② 2. 联邦技术的应用与转移③ 3. 强调标准合作研究和开发的知识产权与专利保护④	1. 美国标准化改革标志性法案 2. 对标准和合格评定做出详细规定 3. 强调标准的知识产权与专利保护
1998	《管理与预算办公室A-119修订版通告》	对联邦在开发和使用自愿性标准及合格评定活动的参与作出规定: 1. 界定标准、自愿性标准,标准的分类 2. 规定联邦参与开发、采用自愿性标准的政策 3. 规定合格评定的程序、反馈要求⑤	对NTTAA法案进行细化
2000	《美国国家标准化战略》	1. 第一个国家标准化战略 2. 重申美国标准化体系的基本结构 3. 就战略改革提出建议⑥	
2002	《美国国家合格评定法则》	规定合格评定程序,主要包括标准检测、认证和合格评定等内容⑦	
2004	《标准开发组织促进法》	放松对技术标准制定组织的反托拉斯限制: 1. 界定标准的开发活动 2. 有资质的标准制定者可申请取得有限的反垄断三倍损害赔偿免责权⑧	放松对技术标准制定组织的反托拉斯限制

---

① National Technology Transfer and Advancement Act of 1995 (Public Law 104-113), Section 12 (d) (1).

② National Technology Transfer and Advancement Act of 1995 (Public Law 104-113), Section 12 (d) (3).

③ National Technology Transfer and Advancement Act of 1995 (Public Law 104-113), Section 3.

④ National Technology Transfer and Advancement Act of 1995 (Public Law 104-113), Section 4&5.

⑤ Subject, The office of Management and Budget Circular A-119 Revised, 1998.

⑥ ANSI, Overview of the U.S, Standardization System, https://www.standardsportal.org/usa_en/standards_system.aspx.

⑦ ANSI, U.S, Conformity Assessment System, https://www.standardsportal.org/usa_en/conformity_assessment/conformity_assessment_faq.aspx.

⑧ Standards Development Organization Advancement Act of 2004, http://www.ansi.org/government_affairs/laws_policies/laws.aspx?menuid=6.

续表

年份	法规	内容概要	影响
2005	《美国标准化战略》	1. 对《美国国家标准化战略》（2000年版）进行修订 2. 承认全球化背景下，为满足利益攸关方需求而设计标准的必要性，而不考虑国家边界[①] 3. 最终文件代表标准利益相关者的广泛看法、反映美国标准体系的多样性[②]	

资料来源：刘芸《参与主体视角下我国标准对交易的促进效应研究》，博士学位论文，武汉大学，2017年；ANSI 网站。

除了在宏观领域对标准化改革内容进行规定，美国在军用标准、食品标准、消费品标准等多个具体领域也一致提出"依靠自愿性标准化/私营部门的标准"，见表2-2。

表2-2　　　　　　　**美国具体领域的标准化法律与政策**

年份	法规	内容
1981	《消费品安全法案》	要求消费品安全委员会主要依靠自愿性消费品安全标准，而不是颁布自己的标准[③]
1994	《佩里倡议》	国防部（DOD）改革，首要任务之一将是从军队独有的规格和标准走向依赖私营部门的标准[④]
1995	《健康保险可携性与责任法案》	要求美国卫生和公共服务部门尽可能采用由美国标准学会（ANSI）认可的标准开发机构制定的标准[⑤]
1996	《电信法案》	推动美国联邦通信委员会（FCC）转向依靠私营部门的标准
1997	《食品药品监督管理局现代化法案》	允许在某些情况下，FDA 接受电子医疗器械上市前意见书评估阶段制造商的遵从某些标准的声明；大幅减少医疗器械上市时间；确保基本的健康与安全监管责任得到履行

资料来源：刘芸《参与主体视角下我国标准对交易的促进效应研究》，博士学位论文，武汉大学，2017年；ANSI 网站。

[①] ANSI, United States Standards Strategy, 2005, http://www.strategicstandards.com/files/US.pdf.

[②] ANSI, United States Standards Strategy, 2005, http://www.strategicstandards.com/files/US.pdf.

[③] The Consumer Product Safety Act (PL 92-573) (15 USC 2056 (1), 1972, 10.27, Section (b) (1).

[④] William J. Perry, Memorandum: A New Day of Doing Business, 29 June 1994, https://www.sae.org/standardsdev/military/milperry.htm.

[⑤] The Health Insurance Portability and Accountability Act of 1996 (Public Law 104-191) [S], Section 12 (d) (3), 1995.

自此，美国通过一系列法律巩固了由私营部门承担标准化领导力量的架构，形成了灵活、适应性强的标准体系。

二 美国标准化体制的特征分析

在一系列法律法规基础上，美国形成了市场主导、多元参与及保障公平的现代标准化体制。

（一）市场主导

市场是美国标准化的基础。美国自愿性标准由私营部门和第三部门负责制定，而且美国国家标准只能由 ANSI 认证的标准制定组织制定的标准转化，所以自愿性标准乃至国家标准是由美国私营部门和第三部门制定的。同时，有关标准的合格评定是由 ANSI 认证的认证机构进行的，在标准的认证领域，同样是由私营部门和第三部门主导。另外，大量美国政府特有标准同样由自愿性标准转化而来。根据一系列标准化法案（最主要是 NTTAA）的规定，政府部门和机构尽量要采用自愿性标准。目前，美国政府采用的政府特有标准已经逐年被自愿性标准取代，同时技术性法规也采用多种方式援引自愿性标准。1997 年至 2000 年，美国采用的自愿性标准增加了 10 倍，自愿性标准取代政府特有标准的数量增加了 2 倍。而根据 NIST 最新公布的报告，从 1997 年到 2017 年，只有 94 个新的政府特有标准取代了自愿性标准，其中，只有 73 个取代了私营部门标准。[①]

（二）多元参与

美国标准化活动中，参与主体包括政府部门、私营部门以及第三部门。生产和销售者作为私营部门对标准提出制定目标，标准制定组织作为第三部门负责制定，并经作为第三部门的 ANSI 进行认证，政府部门作为利益相关方参与制定，多元参与主体之间还有 ANSI 及 NIST 积极协调。如 ANSI 是标准化政府和私营部门、私营部门之间沟通的桥梁，促进美国标准化政策发展的同时推进美国标准的国际化。另外，在标准制定或修改的过程中，所有利益相关方都会参与，包括政府代表、制造商、贸易协会、技术专家、

---

① NIST, *Twenty-first Annual Report on Federal Agency Use of Voluntary Consensus Standards and Conformity Assessment*, NISTIR 8223, August 2018, pp. 5–6.

服务组织、消费者等。除了多元参与之外，美国的标准化体系也代表了多元利益。因为标准的制定前提是充分的协商，达成一致，所以在标准的制定过程中考虑了多方的利益，从而保证制定后的标准具有多元代表性。

（三）保障公平

美国的标准化体系同时非常注重保障公平，包括程序公平以及实质公平。从程序公平的角度来说，美国国家标准化机构将公开、平衡、一致和正当程序作为制定标准的基本原则。美国 ANSI 建有上诉机构、相关机制和程序，以受理因为各个标准制定组织在制定标准的过程中违反程序公平而导致的上诉，从而确保公正的标准制定程序能够被执行。此外，因为此类机制的存在，被制定出来的国家标准能够更加具有科学性、合理性、实用性，符合用户和市场的需求。[①] 从实质公平的角度说，美国标准化体系也非常注重保障实质的公平。美国政府通过《技术转移法案》，从技术上扶持地方中小企业，比如免费或低成本地向地方中小企业转移技术，从而保障标准对于弱势企业同样公平。

三　美国标准化体制的主体定位[②]

政府部门、私营部门和第三部门是美国标准化领域的三大部门。在标准化体制内，这三个部门都积极参与标准化活动，并且依据各自职能与角色定位，充分利用自身优势，创造最大效益，同时保障公平。

具体而言，在美国的政府部门中，商务部下属的国家标准技术研究院（NIST）是最主要的标准化参与者。NIST 负责协调政府和各个私营部门之间在标准化问题上的关系，并且 NIST 拥有众多联邦实验室，负责对地方和企业进行技术转移。此外，还有与标准相关的政府部门和机构是标准的使用者。而管理与预算办公室负责对标准化活动进行预算，并对这些政府部门和机构的采用标准化的状况进行监督。在私营部门范围内，企业是标准的利益相关方与使用者，也是标准的制定者。企业一方面参与和其产品与服务相关的标准制定活动，充分表达自己的利益诉求并同其他利益相关方进行协商。另一方面在企业内部

---

① 李凤云：《美国标准化调研报告》（下），《冶金标准化与质量》2004 年第 5 期。
② 参见廖丽、程虹、刘芸《美国标准化管理体制及对中国的借鉴》，《管理学报》2013 年第 12 期。

也制定自己的企业标准,一旦采用后对产品或服务的销售和技术均有成效,还有可能被行业其他企业效仿乃至变成行业标准或国家标准。在第三部门范围内,美国国家标准学会(ANSI)是核心,不仅负责授权标准制定机构也负责对合格评定机构进行认证。同时,第三部门的机构组织也与政府部门、私营部门一样,都是 ANSI 的会员,了解标准信息并指导使用标准。ANSI 不仅协助私营部门之间的沟通,同时也是第三部门和私营部门的沟通桥梁。美国政府部门、第三部门及私营部门在标准化活动中的定位具体见图 2-1:

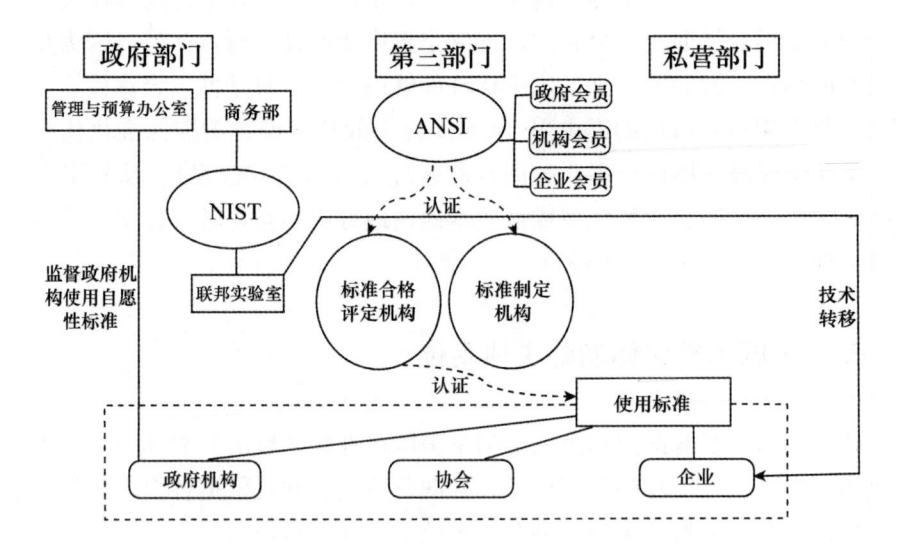

图 2-1 美国标准化体制图谱

资料来源:刘芸:《参与主体视角下我国标准对交易的促进效应研究》,博士学位论文,武汉大学,2017 年。

(一)美国政府在标准化体制中的职能定位

美国标准化体制中的政府机构由两个部分组成:美国国家标准技术研究院(NIST)和与标准相关的部门和机构。

1. 美国国家标准技术研究院(NIST)

NIST 是隶属于美国商务部的一个政府机构,主要有四个方面的职责:研究、保存和维护国家标准;基于各实验室的基础技术研究、开发新技术;对地方中小型企业提供技术和商业支持;设置波多里奇国家质量奖,促进私营部门和政府部门不断提高质量。NIST 的组织架构见图 2-2。

第二章 国外标准化体制比较研究

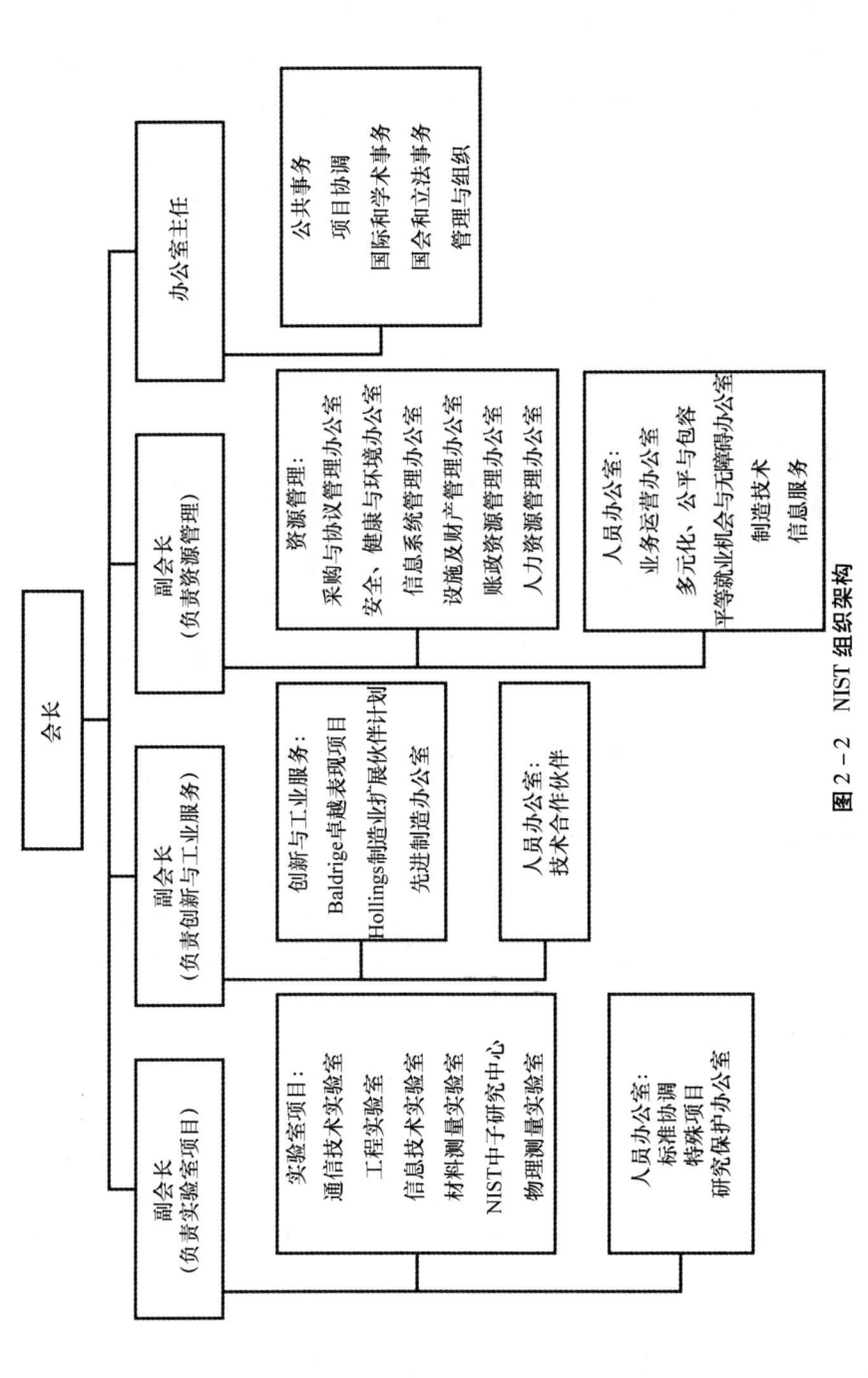

图 2-2 NIST 组织架构

```
                                    会长
        ┌───────────────┬───────────────┬───────────────┬───────────────┐
        │               │               │               │               │
     副会长           副会长          副会长          副会长          办公室主任
  (负责实验室项目) (负责创新与工业服务)(负责资源管理)
```

副会长（负责实验室项目）
- 实验室项目：
  - 通信技术实验室
  - 工程实验室
  - 信息技术实验室
  - 材料测量实验室
  - NIST中子研究中心
  - 物理测量实验室
- 人员办公室：
  - 标准协调
  - 特殊项目
  - 研究保护办公室

副会长（负责创新与工业服务）
- 创新与工业服务：
  - Baldrige卓越表现项目
  - Hollings制造业扩展伙伴计划
  - 先进制造办公室
- 人员办公室：
  - 技术合作伙伴

副会长（负责资源管理）
- 资源管理：
  - 采购与协议管理办公室
  - 安全、健康与环境办公室
  - 信息系统管理办公室
  - 设施及财产管理办公室
  - 账政资源管理办公室
  - 人力资源管理办公室
- 人员办公室：
  - 业务运营办公室
  - 多元化、公平与包容
  - 平等就业机会与无障碍办公室
  - 制造技术
  - 信息服务

办公室主任
- 公共事务
- 项目协调
- 国际和科学事务
- 国会和立法事务
- 管理与组织

资料来源：NIST，"NIST Organization Structure"，NIST Office of the Director（October 2020），https://www.nist.gov/director/nist-organization-structure.

2. 与标准相关的部门和机构

美国与标准相关的部门和机构是指联邦各机构涉及制定、使用标准的部门和机构。虽然美国与标准相关的政府部门和相关机构会制定政府特有标准，但政府各部门和机构都试图通过各种方式，减少对政府特有标准的依赖。同时，NIST发布的数据显示，见图2-3，取代政府特有标准的自愿性标准的数目在1998—2011年一直保持高位，2012年开始大幅度减少。

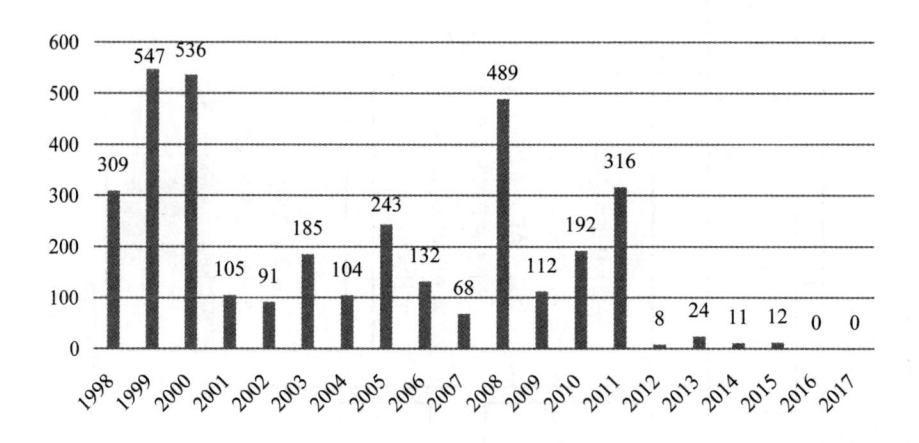

图2-3 每年自愿性标准取代政府特有标准的数量
（1998—2017财政年）

资料来源：1998—2011年的数据来自NIST, *Fifteenth Annual Report on Federal Agency Use of Voluntary Consensus Standards and Conformity Assessment*, NISTIR 7857, August 2010, pp. 1-2。2012—2017年的数据分别来自NIST, *Sixteenth Annual Report on Federal Agency Use of Voluntary Consensus Standards and Conformity Assessment*, NISTIR 7930, August 2013, pp. 1-2; NIST, *Seventeenth Annual Report on Federal Agency Use of Voluntary Consensus Standards and Conformity Assessment*, NISTIR 8001, April 2014, pp. 1-2; NIST, *Eighteenth Annual Report on Federal Agency Use of Voluntary Consensus Standards and Conformity Assessment*, May 2015, pp. 1-2; NIST, *Nineteenth Annual Report on Federal Agency Use of Voluntary Consensus Standards and Conformity Assessment*, NISTIR 8148, September 2016, pp. 1-2; NIST, *Twentieth Annual Report on Federal Agency Use of Voluntary Consensus Standards and Conformity Assessment*, NISTIR 8189, August 2017, pp. 1-2; NIST, *Twenty-First Annual Report on Federal Agency Use of Voluntary Consensus Standards and Conformity Assessment*, NISTIR 8223, August 2018, pp. 1-2。

当前，美国联邦政府非常依赖自愿性标准，即使是政府特有标准，实质也是多个自愿性标准的统一。例如2017年劳工部发布了有关个人防坠落系统的政府特有标准，然而实际上这个政府特有标准是将 ANSI/ALI A14.3 - 2008、ANSI/ASSE A10.32 - 2012、ANSI/ASSE Z359.0 - 2012、ANSI/ASSE Z359.1 - 2007、ANSI/ASSE Z359.3 - 2007、ANSI/ASSE Z359.4 - 2013、ANSI/ASSE Z359.12 - 2009 和 ANSI/IWCA I - 14.1 - 2001 这八个自愿性标准整合为一个标准，以便达到职业安全与健康局（OSHA）的要求。该机构认为，对于受管制的团体而言，使用一种 OSHA 标准比使用数种互相独立的自愿性标准要更为便易。[1]

3. 美国政府的职能定位

在美国标准化体制中，政府充当着合作者、使用者、利益相关方和"守夜人"的角色。在标准产生前，政府通过 NIST 与私营部门合作，将联邦实验室技术向地方企业转移；在标准制定过程中，联邦官员作为利益相关方参与协商讨论，但不决定标准制定最后结果；标准制定机构制定出标准后，政府作为标准的最大使用者，直接或间接引入法律或者用自愿性标准代替政府特有标准；标准被私营部门采用后，发生涉及安全、健康、环保等公共性问题时，政府则对标准制定组织和制造商进行处罚。

首先，美国政府不是标准主导者。政府完全退出自愿性标准领域，自愿性标准的制定及合格评定交由美国国家标准学会（ANSI）来管理，而政府特有标准也逐渐为自愿性标准所取代。其次，美国政府是合作者，在标准领域与私营部门和第三部门建立公私合作伙伴关系。比如，NIST 的联邦实验室与私营部门及第三部门合作并积极推动联邦实验室的技术向地方企业特别是中小企业转移。在很多技术委员会里，政府和私营部门的代表作为"平等伙伴"参与标准化工作，同时，政府在标准领域是利益相关方，美国联邦政府机构派遣相关官员参与标准化机构或协会的标准化活动，确保标准对政府适用。此外，政府在标准领域还是最大的使用者。美国自《国家技术转让与推动法案》（NTTAA 法案）发布后，规定除非不适用或者没有自愿性标准，美国联邦政府与机构必须尽量采用自愿性标准。当美国政府部门与机构采用自行制定的政府特有标准，而非采用自愿性标准时，要向管理与预算办公室（OMB）进行原因分析。最后，美国政府在标准化体制中还扮演"守夜

---

[1] NIST, *Twenty-First Annual Report on Federal Agency Use of Voluntary Consensus Standards and Conformity Assessment*, NISTIR 8223, August 2018, p.1.

人"的角色。比如，为了维护公共利益，保障标准的质量，对标准的适用进行监督。以泳池标准案为例。1993年，14岁的肖恩·梅内利（Shawn Meneely）在自家的泳池跳水板上跳水，结果严重受伤。[①] 1998年，华盛顿州高等法院的陪审团判原告梅内利胜诉史密斯公司（S. R. Smith），被告需赔偿1100万美元的损失费，其中60%的损失赔偿由美国国家按摩池与游泳池协会（the National Spa and Pool Institute，NSPI）承担。法院认为，NSPI游泳池的最小深度7英尺6英寸（2.29米）的标准被证明是不足够的，使人有受到伤害的风险。但由于标准是自愿的，最终在2001年，被告被罚600万美元。[②]

（二）第三部门在标准化体制中的角色定位

第三部门是美国标准化活动的主要力量。第三部门在标准制定和标准合格评定中发挥着主导性的作用。在所有的第三部门中，美国国家标准学会（ANSI）是美国标准化体制的核心。ANSI的职责不仅包括对标准制定机构进行授权，也包括对合格评定机构进行认证。[③] 此外，ANSI充当着私营部门和第三部门的桥梁。

1. 美国国家标准学会（ANSI）

1918年，美国工程标准委员会（AESC）成立，1969年改名为美国国家标准学会（ANSI）并沿用至今。[④] ANSI是企业、标准制定组织、贸易协会、专业和技术协会、政府机构和消费者共同组成的机构，协调自愿性标准的制定。[⑤] 目前，ANSI是美国自愿性标准体系乃至整个标准化体系的核心。[⑥] ANSI的组织架构具体见图2-4。

根据美国2000年12月签订的《美国国家标准协会与国家标准技术研究院的谅解备忘录》，ANSI的主要职责为以下五项：（1）ANSI需要确保在国际标准化组织（ISO）和国际电工委员会（IEC）的所有层级的政策

[①] CBS News, "Deep Impact: Back Yard Danger", 60 Minutes Ⅱ CBS News（June 1999）, https://www.cbsnews.com/news/deep-impact-back-yard-danger/.

[②] Case Text, "Meneely V. S. R. Smith, Inc.", Case Text（August 2000）, https://casetext.com/case/meneely-v-sr-smith-inc.

[③] 程虹、范寒冰、罗英：《美国政府质量管理体制及借鉴》，《中国软科学》2012年第12期。

[④] ANSI, "ANSI History", ANSI Website（December 2020）, https://www.ansi.org/about/history.

[⑤] 李凤云：《美国标准化调研报告》（中），《冶金标准化与质量》2004年第4期。

[⑥] 邝兵：《标准化战略的理论与实践研究》，博士学位论文，武汉大学，2011年。

和技术中体现美国的利益；（2）与标准制定组织以及任何联邦机构合作，确保美国国内所有的与标准有关的合作能切实保障美国国家利益；（3）对标准制定组织的认证，同时批准所有的美国国家标准，这个过程要遵循公开、平衡利益、正当程序以及达成共识的原则；（4）与 ISO 有关合格评定的委员会合作，认证管理系统审核机构以及产品认证机构；（5）通过与标准制定组织、私营部门、消费者以及政府机构协商，实施国家标准化战略。①

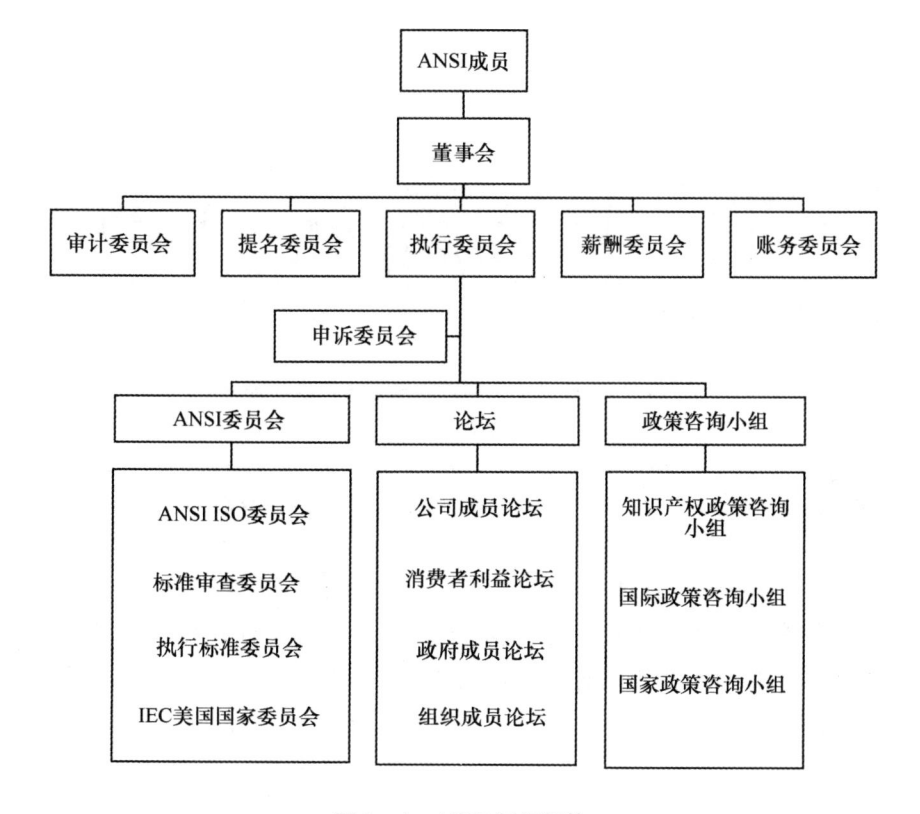

图 2-4　ANSI 组织架构

资料来源：ANSI，"ANSI Organizational Chart"，ANSI Website（January 2020），http：//www.ansi.org/about_ansi/organization_chart/chart.aspx? menuid=1.

---

① NIST，"Memorandum of Understanding Between the American National Standards Institute, and the National Institute of Standards and Technology, December 2000"，ANSI Website（April 2019），https：//share.ansi.org/shared%20documents/About%20ANSI/Memoranda%20of%20Understanding/ansinist_mou.pdf.

2. 美国标准制定组织

美国自愿性标准主要是标准制定组织制定的，其中最大的20个标准制定组织，产生了全美90%的标准。[①] 截至2020年，超过240个标准制定组织被ANSI认可[②]，美国拥有超过12000个美国国家标准[③]，现有的被认证标准制定组织审批通过的时间集中在1983—1986年。自1998年开始，标准制定组织的新增数目稳定保持在10个左右，但根据发布的数据，截至2020年6月底，标准制定组织的新增数目达到了33个。具体见图2-5。

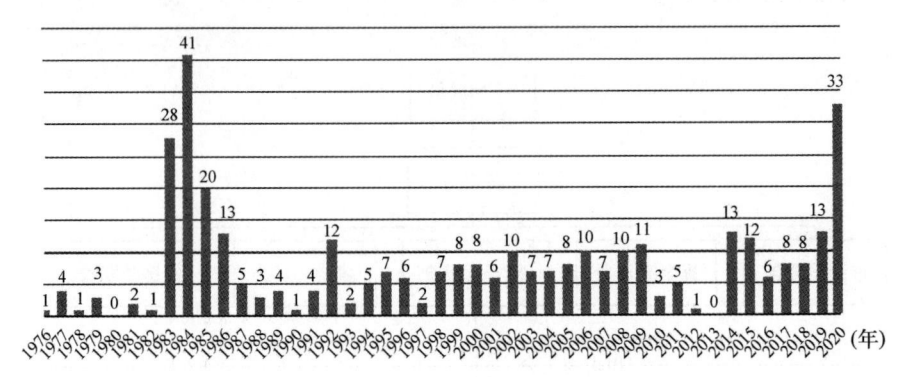

图2-5 每年ANSI认证的国家标准制定组织数量分布

资料来源：ANSI,"ANSI Accredited Standards Developer-basic Contact Info", ANSI Web Site (December 2020), https：//share.ansi.org/Shared%20Documents/Standards%20Activities/American%20National%20Standards/ANSI%20Accredited%20Standards%20Developers/JUNE2020ASD_basic.pdf.

要通过ANSI对于标准制定组织的认证，必须满足正当程序要求，即任何有直接或物质利益相关的企业、政府机构、个人等有权利参与整个国家标准的批准、修订及废除的过程；并通过三点来实现公平竞争：（1）表达利益诉求及原因；（2）让该诉求被考虑；（3）有提出上诉的权利。[④] ANSI

[①] ANSI,"Domestic Programs (American National Standards) Overview", ANSI Web Site (December 2020), http：//www.ansi.org/standards_activities/domestic_programs/overview.aspx?menuid=3.

[②] ANSI,"ANSI Introduction", ANSI Web Site (December 2020), https：//www.ansi.org/american-national-standards/ans-introduction/overview.

[③] ANSI,"ANSI Accredited Standards Developer-basic Contact Info, 2020", ANSI Web Site (December 2020), http：//publicaa.ansi.org/sites/apdl/Documents/Standards%20Activities/American%20National%20Standards/ANSI%20Accredited%20Standards%20Developers/MAY12ASD_basic.pdf.

[④] ANSI,"ANSI Essential Requirements：Due Process Requirements for American National Standards", ANSI Web Site (January 2010), https：//www.ansi.org/american-national-standards/ans-introduction/essential-requirements.

会协调标准制定组织制定标准，避免重复、冲突。

3. 美国第三部门角色定位

在美国的标准化体制中，第三部门的角色定位是标准化主导者、制定者、沟通桥梁（政府与私营部门的沟通及私营部门之间的沟通）。首先，第三部门是标准化活动的主导者。其中最核心的主导者就是 ANSI，自愿性标准的制定及合格评定都交由 ANSI 来管理。其次，第三部门是标准的制定者。自愿性标准交由各种协会、学会以及联盟制定，标准制定机构颁布自愿性标准后，这些自愿性标准经由市场竞争，符合市场需求的标准将得到认可，具有竞争力。最后，第三部门也是美国政府与私营部门之间，以及私营部门与私营部门之间的沟通桥梁。

（三）私营部门在标准化体制中的角色定位

在美国标准化活动中，私营部门是十分积极的制定者、使用者与利益相关方。首先，部分私营部门会制定企业自身的标准。为了追求更高的生产效率和规模效应，或者为了追求更高质量的产品或服务，企业会形成自身的事实标准，或者制定自己企业内部的标准。企业也参与第三部门组织的标准化活动，积极参与协会标准、国家标准的制定。其次，私营部门是标准的使用者。最后，私营部门作为利益相关方参与标准化活动。由于私营部门需要大量采用标准，所以他们也是标准化的利益相关方，都要参加协商讨论与产品服务相关的标准化活动，以确保标准制定结果符合自身利益。

四　小结[①]

在美国标准化活动中，社会的三大组成部分——政府部门、私营部门和第三部门都积极参与，各个参与主体依据各自职能与角色定位进行互动协商，形成了市场主导、多元参与、保证公平的标准化体制。美国标准化体制改革是为了摆脱美国长达二十年的国际竞争力滞后的局面。在实施现有标准化体制后，美国不仅提高了本国产品的质量，使得美国产品在国际市场上具有强大的竞争力，同时也节省了政府部门参与标准化活动的人力

[①] 参见廖丽、程虹、刘芸《美国标准化管理体制及对中国的借鉴》，《管理学报》2013 年第 12 期。

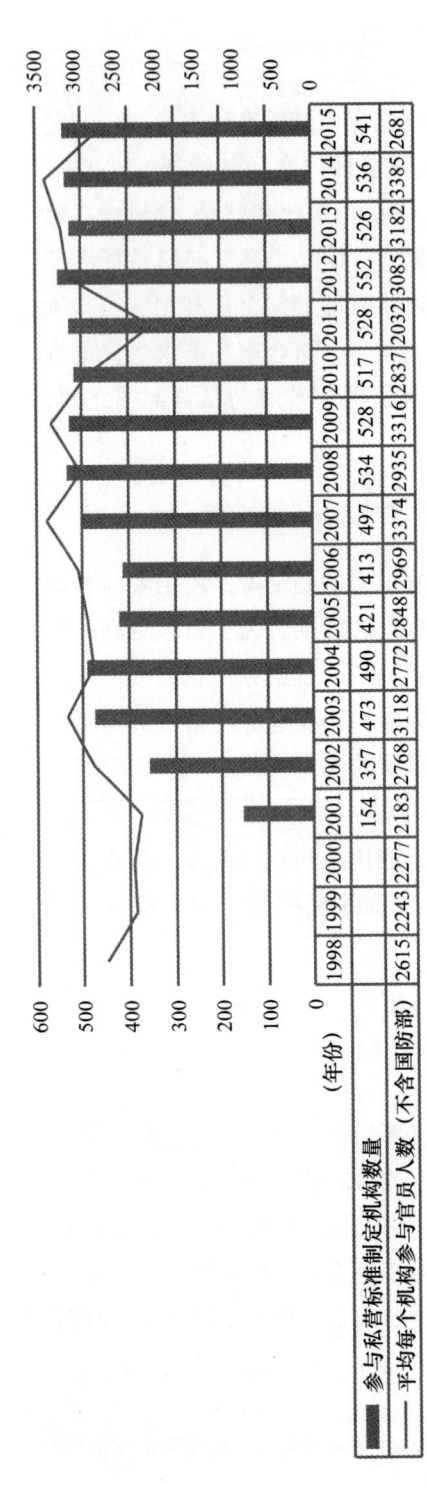

图 2-6 美国联邦参与私营部门标准制定机构的数量以及参与的联邦官员人数（1998—2015 财政年）

（年份）	1998	1999	2000	2001	2002	2003	2004	2005	2006	2007	2008	2009	2010	2011	2012	2013	2014	2015
参与私营标准制定机构数量	154				357	473	490	421	413	497	534	528	517	528	552	526	536	541
平均每个机构参与官员人数（不含国防部）	2615	2243	2277	2183	2768	3118	2772	2848	2969	3374	2935	3316	2837	2032	3085	3182	3385	2681

资料来源：1998—2009 年的数据来自 NIST, *Thirteenth Annual Report on Federal Agency Use of Voluntary Consensus Standards and Conformity Assessment*, NISTIR 7718, August 2010, p. 7。2010—2015 年的数据来自 NIST, *Fourteenth Annual Report on Federal Agency Use of Voluntary Consensus Standards and Conformity Assessment*, NISTIR 7789, June 2011, p. 6; NIST, *Fifteenth Annual Report on Federal Agency Use of Voluntary Consensus Standards and Conformity Assessment*, NISTIR 7857, June 2020, p. 5; NIST, *Sixteenth Annual Report on Federal Agency Use of Voluntary Consensus Standards and Conformity Assessment*, NISTIR 7930, August 2013, pp. 1-2; NIST, *Seventeenth Annual Report on Federal Agency Use of Voluntary Consensus Standards and Conformity Assessment*, NISTIR 8001, April 2014, pp. 1-2; NIST, *Eighteenth Annual Report on Federal Agency Use of Voluntary Consensus Standards and Conformity Assessment*, May 2015; NIST, *Nineteenth Annual Report on Federal Agency Use of Voluntary Consensus Standards and Conformity Assessment*, NISTIR 8148, September 2016, pp. 1-2。下表同。

资源。由于美国联邦参与的标准化活动的增加速度超过联邦官员参与人数的增长幅度，所以平均每个机构参与的官员人数是逐渐减少的，见图2-6和图2-7。

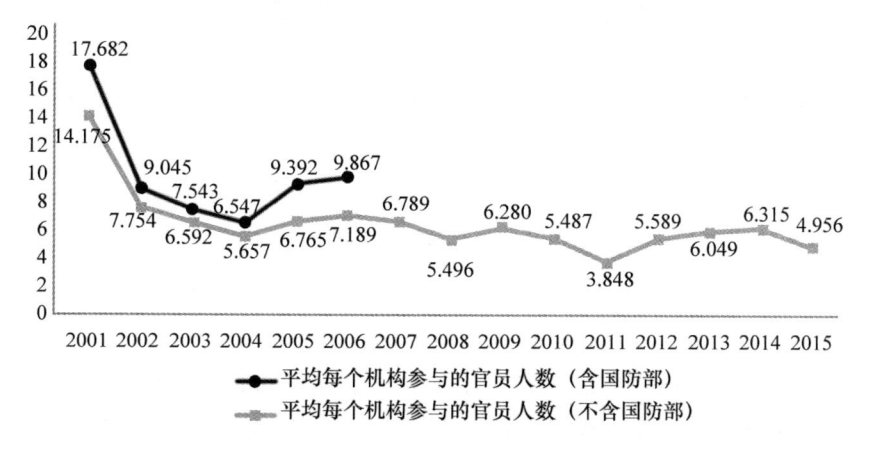

图2-7 平均每个机构参与的官员人数（2001—2015财政年）

同时，美国政府援引自愿性标准的做法，也节省了政府部门的支出，比如美国国防标准。早在1993年，美国国防部（DOD）就被要求尽可能地使用军用规格之外的标准，从此DOD成为联邦政府中采用自愿性标准最多、参与民间标准化活动最多的机构。据DOD国防标准化项目办公室的统计，截至2019年年底，DOD已采用8328项非政府标准，约占标准化项目中所有标准文件的三分之一。[①] Gregory E. Saunders指出，在这一过程中，"既节省了纳税人的钱，又提高了性能、质量、安全和可靠性"。其中，"30个承包机构利用ISO、ANSI或其他非政府标准代替军用标度标准，节省资金5000万美元"；"55个承包机构利用ANSI或其他非政府标准代替军用焊接标准，节省资金3100万美元。"[②]

美国以市场为主导的标准化体制，也会存在一些弊端。比如，容易导致大型企业、利益集团与政治集团捆绑，利益集团通过游说方式影响政府决策甚至绑架民意，而一些小型企业则由于缺乏游说渠道遭到边缘化；政

[①] Defense Standardization Program, *State of the Defense Standardization Program—An Overview of the DSP*, Washington, D. C.: Department of Defense, March 2020, p. iii.

[②] 刘春青、范春梅：《论NTTAA对美国标准化发展的推动作用》，《标准科学》2010年第7期。

府也会由于监管力度不够，而导致在涉及健康、安全的标准方面容易产生规制风险。

第二节　欧盟标准化体制

1992年签署的《马斯特里赫特条约》所建立的欧洲联盟（European Union）是世界上较大的经济实体之一。2019年欧盟的国内生产总值（GDP）约为18.750万亿美元①，居世界第二位②。而标准化每年为GDP作出贡献占GDP总值的1%、GDP年增长的25%③。

自1951年成立欧洲煤钢共同体开始，欧盟一直致力消除贸易壁垒，出资商品、服务，推动劳动力、资金在欧洲范围内的自由流通。然而在1985年以前，不同成员国在标准化方面存在激烈冲突。考虑到标准化活动落后于经济一体化进程的现实以及标准在经济中的作用，1985年5月7日欧共体理事会批准《技术协调和标准新方法决议》后，欧共体的标准化活动开始走出困境，逐渐发展成现在化繁为简、统一适用的标准化体制。④

一　欧盟标准化原则

欧共体是世界上最早意识到技术性贸易壁垒问题的经济联合体。纵观欧共体"关税联盟—欧洲煤钢共同体—欧洲经济共同体—欧洲共同体—欧洲联盟"的发展历程，可以看到，欧共体是成员国在自愿民主的基础上签订相关协议，以促进共同体的经济发展。而要实现欧洲经济的繁荣，最重要的是建立"单一市场"以消除在商品、人员、服务和资本流通等

---

① International Monetary Fund，"Report for Selected Country Groups and Subjects"，International Monetary Fund Website（October 2020），https：//www.imf.org/external/pubs/ft/weo/2019/01/weodata/weorept.aspx? pr.x=35&pr.y=20&sy=2017&ey=2024&scsm=1&ssd=1&sort=country&ds=.&br=1&c=998&s=NGDPD&grp=1&a=1.

② International Monetary Fund，"Gross Domestic Product Ranking 2019"，International Monetary Fund Website（July 2020），https：//databank.worldbank.org/data/download/GDP.pdf.

③ David Dossett，"European Standardization and the EU 2020 Strategy"，European Economic and Social Committee Website（October 2010），https：//www.eesc.europa.eu/sites/default/files/resources/docs/qe-01-14-110-en-c.pdf.

④ 刘春青、刘俊华、杨锋：《欧洲立法与欧洲标准联接的桥梁——谈欧洲"新方法"下的"委托书"制度》，《标准科学》2012年第6期。

领域的贸易壁垒。然而，欧共体各成员国间存在法规标准方面的差异，并且在这方面竞争激烈。考虑到标准化活动落后于经济一体化进程的现实以及标准在经济中的作用，从1969年起，欧共体开始全面系统地协调成员国的标准化活动。当时消除技术性贸易壁垒的手段主要有两个：一是互相承认，二是协调化。

（一）互相承认原则与旧协调方法

《欧共体条约》第30条至第36条规定了互相承认原则，要求任何产品只要在欧共体一成员国合法地生产和销售，那么就可以在欧共体任何国家的市场上销售。协调方法则是在互相承认原则失灵的领域应用，是依据欧共体法高于成员国的国内法，对成员国法规和标准的统一。互相承认原则在标准领域并没有得到广泛的适用，因为成员国并不希望互相承认对方的标准和法规。但1979年欧共体法院在120/78案（"Cassis de Dijon"案）的判决中指出：不让任何成员国以技术法规的名义设置贸易壁垒；任何产品只要在一个成员国内合法流通，则可以在其他所有成员国内自由流通。[1]

然而，并不是所有领域都能得到互相承认。20世纪80年代以前欧共体采取了传统的协调方法，即旧协调方法（Old Approach，OA）。旧协调方法包含"所有必要的技术和行政要求"[2]，对产品及生产过程给出非常详细的指导，这种方式试图协调产品的技术规范而不是设置性能水平来消除技术性贸易壁垒，这就意味着需要对每种产品进行高度技术性的、系统的具体规定。这种协调方法会导致大量的时间和资本的损耗，因为所有成员国很难在众多技术领域达成一致，并且为了实现共同的标准，一些成员国必须修改本国的法律，有时甚至需要10年乃至15年的时间来统一标准，这会给这些国家的企业带来非常大的成本。基于此，每个成员国会更倾向于制定和自己本国标准相近的共同标准，从而减少国内企业适应的成本。这种协调方法，也很容易导致技术的滞后，于是欧共体层面的标准化协调速度慢于各成员国的标准化进度，整个欧洲的标准化工作也落后于各

---

[1] E. Vardakas, "Single Market: Regulatory Environment, Standardization and New Approach Standardization", Unece Website (November 2003), http://www.unece.org/fileadmin/DAM/trade/ctied8/trd-04-20e.doc.

[2] European Commission, "The 'Blue Guide' on the Implementation of EU Products Rules 2016 (2016/C 272/01)", Official Journal of the European Union Website (July 2016), https://eur-lex.europa.eu/legal-content/EN/TXT/PDF/?uri=CELEX：52016XC0726（02）&from=BG.

国的标准化工作。

（二）欧盟新方法

1985年5月7日，欧共体理事会批准通过了《技术协调和标准化新方法》（以下简称《新方法》）。《新方法》规定了欧共体标准化的基本原则：第一，立法协调的适用范围。根据《欧洲共同体条约》第100条，立法协调仅适用于确定投放市场前的产品必须符合基本安全要求或处于公共利益考虑的其他需求。第二，委托标准化机构起草技术规范。《新方法》将起草符合指令基本要求的产品生产和投放市场所需技术规范的任务，委托给标准化机构完成，并且要求考虑起草技术规范时的技术现状。第三，技术规范的性质。上述被委托给标准化机构起草的技术规范不具有强制性，属于自愿性标准。第四，各成员国主管当局必须承认，对按照协调标准生产的产品要推定其符合指令所规定的"基本要求"（制造商可以选择不按协调标准生产，但在此情况下，制造商必须证明其产品符合指令的"基本要求"）。[①]

《新方法》改变了旧方法中内容过繁过细的情况，从而解决了在制定过程中过多地陷入技术细节而使协调活动进度过于缓慢的问题，也解决了旧方法指令内容过于复杂、技术性过强的问题，这是欧共体标准化的一项重大变革。伴随着内部市场《新方法》的实施，在国际标准协调上，欧共体颁布了《90/683/EEC决议》（1993年修改为《93/465/EEC决议》），即"国际方法"（"Global Approach"）。"国际方法"加强了欧共体与国际的标准化合作，与国际标准化组织合作开发国际标准，与欧共体外的国家与区域进行标准互相承认的合作。

所以，从1985年欧共体发布《新方法》开始，"新协调方法""旧协调方法"及"互相承认"三者在标准化体制内互相补充地发挥作用。目前旧方法指令只应用于少数产品而且针对的是与健康、环境以及安全相关的领域，例如化学品、药物、食物加工、商标和机动车辆等。在其他领域，旧方法被《新方法》取代。[②]

[①] European Commission, "Guide to the Implementation of Directives Based on the New Approach and the Global Approach", Publications Office of the European Union Website（September 1999）, https://op.europa.eu/en/publication-detail/-/publication/4f6721ee-8008-4fd7-acf7-9d03448d49e5.

[②] Jan Hagemejer and Jan J. Michalek, "Standardization Union Effects: the Case of EU Enlargement", Etsg Website（January 2006）, https://www.etsg.org/ETSG2005/papers/michalek.pdf.

二　欧盟标准化机构

欧洲标准化委员会（CEN）、欧洲电工标准化委员会（CENELEC）和欧洲电信标准协会（ETSI）是欧盟理事会授权主要负责制定欧洲标准的三大标准化机构（European Standardization Organizations，ESOs）。这些机构提供了自愿性标准的标准化框架，为欧洲的货物和服务建立统一的市场。通过制定统一标准，欧洲标准化机构帮助国家之间的贸易往来，创造新市场，降低企业成本。同时，欧洲标准化机构与国际标准化组织保持合作关系，共同开发国际标准/欧洲标准。

欧盟的法规和技术标准在欧盟标准化体制中占据重要的位置。欧盟技术法规通常以法令（Regulations）、指令（Directives）、决议（Decisions）、建议和意见（Recommendation and Opinions）等文件形式颁布，内容涉及安全、健康、卫生、环保等领域，截至目前共计有 15000 多项，并且这个数量每年都在迅速增长；仅在 2019 年，欧盟成员国就报告了 694 项技术法规草案，其中过半的技术法规草案与农业、渔业和食品相关。[①] 欧盟理事会颁布的欧盟指令，规定的是产品生产方面的"基本要求"。换言之，欧盟指令颁布的标准是商品在投放市场时必须满足的、能够保证商品安全和消费者健康的基本要求。而"协调标准"的制定则是欧洲标准化机构的任务。协调标准是欧洲标准化组织根据欧共体委员会发布的授权书批准的标准。欧洲标准化机构需要制定符合指令基本要求的技术规范。生产商只需要保证其生产的产品质量符合技术规范的标准，便可以推定这些产品符合指令的基本要求。协调标准和欧洲其他标准一样都属于自愿性标准。但根据规定，凡是符合协调标准的产品都被视为符合《新方法》指令的基本要求，从而可以在欧共体市场上自由流通。[②] 协调标准在欧洲标准化目录中并没有被单独列出，其标题、代号都必须在欧盟的官方公报上发布，并指明与其对应的《新方法》指令。

[①] European Commission, "Internal Market, Industry, Entrepreneurship and SMEs", European Commission Website (December 2020), https://ec.europa.eu/growth/tools-databases/tris/en/search/? trisaction=search.results#.

[②] 谢娟娟、梁虎诚：《TBT 影响我国高新技术产品出口的理论与实证研究》，《国际贸易问题》2008 年第 1 期。

(一) 欧洲标准化委员会 (CEN)

欧洲标准化委员会 (CEN) 成立于1961年，总部设在比利时布鲁塞尔。CEN 的组织使命是促进欧洲经济在全球贸易，优化欧洲公民的福利和环境。CEN 有34个成员国，拥有超过6万名技术专家，辐射的企业、消费者、社会团体人数超过480万人。① CEN 与 CENELEC、ETSI 及 ISO 都有密切合作。CEN 制定多种标准出版物：欧洲标准、标准草案、技术规范、技术报告、CEN 欧洲研讨会协议。CEN 的所有出版物从1992年至今一直递增。截至2019年12月，CEN 共出版了17309件标准出版物，见图2-8。

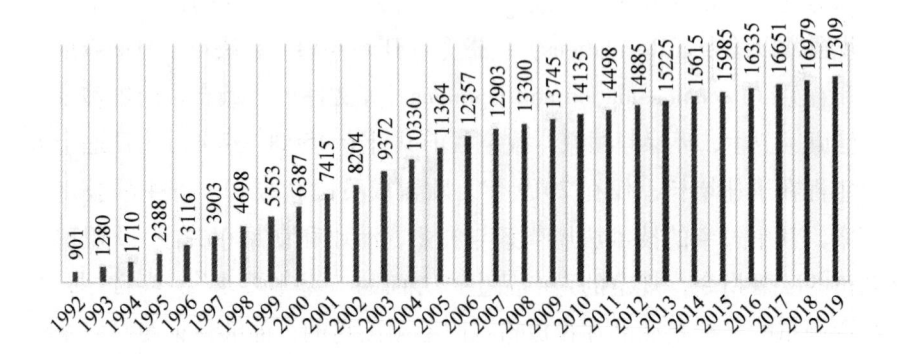

图2-8 CEN 制定文件数目（包括修订文件）(1992—2019年)

资料来源：CEN, "Annual Report 2019", CEN Website (January 2020), https://www.cencenelec.eu/news/publications/Publications/CEN-CENELEC_Annual_Report_2019.pdf.

其中，欧洲标准 (EN) 在 CEN 制定的文件中占最大比例。以2019年新制定的 CEN 文件为例，1164件新制定文件中，1071件是欧洲标准，约占总数额的92%，见图2-9。②

(二) 欧洲电工标准化委员会 (CENELEC)

欧洲电工标准化委员会 (CENELEC) 成立于1972年，前身是欧洲电

---

① CEN, "About Us", CEN Website (December 2020), https://www.cen.eu/CEN/ABOUTUS/Pages/default.aspx.
② CEN, "Annual Report 2019", CEN Website (January 2020), https://www.cencenelec.eu/news/publications/Publications/CEN-CENELEC_Annual_Report_2019.pdf.

工标准协调委员会（CENEL）和欧洲电工标准协调委员会共同市场小组（CENELCOM）这两个欧洲组织。目前，CENELEC 是基于比利时法律成立的非营利技术组织。如今，CENELEC 是拥有 34 个成员国，13 个以"附属机构（Affiliates）"或"配套标准化机构（Companion Standardization Bodies，CSBs）"身份参加 CENELEC 工作的合作伙伴组织。[①] CENELEC 的组织使命是制定自愿性电工技术标准帮助欧洲/欧洲经济区建立单一市场，促进电气电子产品自由流通，消除贸易壁垒造成的适应性成本。

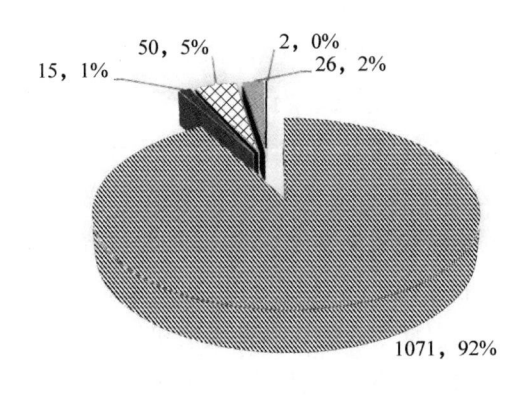

饼图数据：
- 欧洲标准（EN）：1071, 92%
- 技术规范（TS）：50, 5%
- CEN 欧洲研讨会协议（CWA）：2, 0%
- 技术报告（TR）：26, 2%
- CEN 指南（CG）：15, 1%

图 2-9　2019 年 CEN 新制定文件数（按内容分类）

资料来源：CEN，"Annual Report 2019"，CEN Website（January 2020），https://www.cencenelec.eu/news/publications/Publications/CEN-CENELEC_Annual_Report_2019.pdf.

CENELEC 主要有两大产出：欧洲标准以及协调文件，这两种文件通常被称为"标准"，并在所有 CENELEC 成员国内必须实施，而且要消除与之抵触的标准。实施这两种标准的过程稍有不同，欧洲标准必须原封不动地实施，而协调文件稍微灵活一些，可以进行转换。除了这两种之外，CENELEC 还产出其他文件：技术规范、技术报告、指南以及 CENELEC 研讨会协议。截至 2019 年年底，CENELEC 出版并且仍在使用的标准和各类文件共

[①] CENELEC，"CENELEC Community"，CENELEC Website（December 2020），https://www.cenelec.eu/aboutcenelec/whoweare/cenelecommunity/index.html.

计7590项，其中欧洲标准和协调文件共计7305项。2019年CENELEC新出版的标准和各类文件共计491项，其中欧洲标准和协调文件总计463项。①

（三）欧洲电信标准协会（ETSI）

欧洲电信标准协会（ETSI）是根据欧盟委员会建议成立于1988年的机构，其目标是制定、批准和测试全球适用的信息和通信技术（Information and Communications Technologies，ICT）系统、应用和服务标准。ETSI是负责电信、广播和其他电子通信网络和服务的区域标准机构。作为一个被CEN（欧洲标准化委员会）和CEPT（欧洲邮电管理委员会）认可的电信标准协会，其制定的标准被承认为欧洲标准（ESN），并且，ETSI的标准具有全球影响力。② ETSI在全球拥有900多个成员组织，来自65个国家和五大洲。ETSI的成员分为正式成员和准成员，成员类型由加入ETSI的组织所处的国家或地区的地理位置来决定：在CEPT区域内的国家或地区设立的组织为正式成员，在CEPT区域以外的国家或地区设立的组织为准成员。③ ETSI的成员类型包括了政府、其他政府机构、国家标准组织、咨询公司、合法企业、制造商、网络运营商、电子通信及相关领域有关的服务提供商以及大学。④ ETSI会根据欧盟委员会和欧洲自由贸易联盟（ETFA）的标准化请求制定欧洲标准。目前，ETSI制定的欧洲标准中的五分之一是应欧盟委员会和欧洲自由贸易联盟（ETFA）的标准化请求开发的。⑤

三 欧洲国家标准化机构⑥

欧盟理事会颁布欧盟指令，对涉及安全、健康、环保的基本要求进行

---

① CENELEC，"Facts and Figures"，CENELEC Website（December 2020），http：//www.cenelec. eu/aboutcenelec/whatwedo/factsandfigures/index. html.

② ETSI，"About US"，ETSI Website（December 2020），https：//www. etsi. org/about.

③ ETSI，"What Does Membership Cost?"，ETSI Website（December 2020），https：//www.etsi. org/membership/dues.

④ ETSI，"Membership FAQs"，ESTI Website（December 2020），https：//www. etsi. org/membership/index. php？option = com _ content&view = article&id = 299：faqs&catid = 14：about – etsi&Itemid = 372.

⑤ ETSI，"ETSI in Europe"，ETSI Website（December 2020），https：//www. etsi. org/about/etsi – in – europe.

⑥ 该部分涵盖脱欧前的英国。

规定。欧盟委员会对欧洲标准化机构下达制定欧洲标准的任务，欧洲标准化机构被第 1025/2012 号法规正式认可为欧洲标准的提供者，能够根据欧盟委员会的标准化请求制定标准。2003 年，欧洲标准化机构与欧盟委员会和欧洲自由贸易联盟（ETFA）签订了《CEN, CENELEC 和 ETSI 与欧盟委员会和欧洲自由贸易联盟之间合作的一般准则》，这一文件规定了上述机构合作的一般准则。① 目前，大约有五分之一的欧洲标准是应欧盟委员会向欧洲标准化机构提出的标准化要求或授权而制定的，根据这些要求或授权制定的欧洲标准或欧洲标准化成果被用于支撑欧盟的标准化政策和立法。② 欧盟委员会中负责执行的是企业与工业总司。欧盟指令直接转换为成员国国内法，同时成员国根据欧洲标准，制定国家标准。英国、德国和法国在标准化管理体制和运行模式上有很多共同点，主要体现在以下几个方面。

首先，采取政府授权、非政府机构统一管理的标准化运行模式。③ 英国、德国和法国的标准化管理体制采取的都是政府通过法律或其他方式授权协会主导型的非政府性质的民间机构来主导标准化工作。在这种管理和运行模式中，政府并不直接参加标准化管理活动。政府是赋予这些非政府机构管理国家标准化活动法律地位和处理标准化事务的唯一权威。④ 英国标准化协会（BSI）、德国标准化协会（DIN）和法国标准化协会（AFNOR）都是基于这种模式产生的标准化组织。根据法律的授权，这些组织对各国国内的标准化活动进行管理。此外，代表所在国家参与国际和区域的标准化组织以及标准化活动也是这些标准化组织的重要职能。

其次，在标准化活动中囊括尽可能多的利益相关方。标准化利益相关方对于标准化活动的有效性会产生重要的影响。基于这一认识，英国、德国和法国在对各自的标准化运行模式进行设计的时候，都有意识地通过各种制度上的措施确保利益相关方能够广泛参与标准化活动。这一思想体现在标准化活动的各个过程：从标准的制修订阶段，到标准实施的阶段，三

---

① European Commission, "Key Players in European Standardization", European Commission Website (December 2020), https://ec.europa.eu/growth/single-market/european-standards/key-players_en.

② European Commission, "Standardization Requests-mandates", European Commission (December 2020), https://ec.europa.eu/growth/single-market/european-standards/requests_en.

③ 杨锋：《ISO、ITU 及英德标准化战略实施经验及对首都标准化的发展建议》，《标准科学》2011 年第 9 期。

④ 杨锋：《ISO、ITU 及英德标准化战略实施经验及对首都标准化的发展建议》，《标准科学》2011 年第 9 期。

国的标准化制度都要求兼顾企业、行业、政府、检测方、消费者等各方的不同利益。BSI、DIN 和 AFNOR 在技术组织管理、标准制修订程序以及其他管理活动几个方面，都体现了既要调动利益相关方的积极性，又要明确权利与义务关系的制衡原则。

再次，注重标准制定与标准实施活动的协调。在法律的授权下，BSI、DIN 和 AFNOR 既负责标准的制修订，又负责标准的实施。标准的制修订和标准的实施是紧密相关的。制定和修订标准是为了能够更好地推动标准的实施，而标准实施的情况则能够产生反馈和需求，从而对标准的制定和修订提出指导，并且标准实施获得的收益是制定和修订标准的经费的重要来源。对于非营利的标准化组织而言，这是非常重要的。为了保证标准的实施，BSI、DIN 和 AFNOR 都设有标准服务和培训部门，BSI 和 AFNOR 设有认证部门。

最后，欧盟法律法规对三国的标准化管理体制都产生了影响。英国、德国、法国是国际标准组织（ISO、IEC 和 ITU）的成员，也是欧洲标准化组织（CEN、CENELEC）的成员。根据《新方法》决议的规定，欧盟各个成员国需要通过转化或直接采用等方式"给予欧洲标准国家标准的地位"，并且"撤销任何与之冲突的国家标准"，从而"在国家层面执行"欧洲标准。① 这是欧盟各成员国需要承担的义务。这种做法使得欧洲标准成为支持立法、消除技术壁垒的重要工具。

（一）英国：BSI 注重标准与认证的有机结合

英国的标准化体系包括两个部分。第一部分是英国政府的标准化主管机构——商业、能源和产业战略部（BEIS），以及英国政府授权的英国国家标准化机构——英国标准协会（BSI）。这一体系是英国政府认可的国家标准管理和制定体系负责 BSI 标准的制修订工作，承担英国国家标准化活动，利用标准实现英国政府的政策目标。② 标准化体系的第二部分是行业标准化体系，行业标准化体系不受政府管理。各个行业标准化组织根据本行业的需要自由制定在本行业内适用的标准，并且无须在政府部门进行备案或政府部门的批准即可生效。该部分标准的制定具有很强的灵活性。③

---

① CENELEC, "European Standards (EN)", CENELEC Website (December 2020), https://www.cenelec.eu/standardsdevelopment/ourproducts/europeanstandards.html.

② BSI, "What is the National Standards Body", BSI Website (December 2020), https://www.bsigroup.com/en-GB/about-bsi/uk-national-standards-body/what-is-the-national-standards-body/government-and-public-bodies/.

③ 郭骜、刘晶、肖承翔、孙婷婷：《国内外标准化组织体系对比分析及思考》，《中国标准化》2016 年第 2 期。

BEIS 的产品安全和标准办公室（Office for Product Safety and Standards，OPSS）是主导英国政府的标准政策和认证政策的政府主管部门，但其仅在政策层面进行管理。① 具体的标准测试和认证管理的职能通过政府授权的方式分别赋予 BSI 和英国认可服务组织（UKAS），其中，BSI 承担标准管理的职能，而 UKAS 则负责标准测试和认证管理。②

1. 英国标准化和认证工作管理部门——商业、能源和产业战略部（BEIS）

2007 年之前，英国标准化和认证工作管理部门为英国贸工部（DTI）③。2007 年后，DTI 被创新、大学和技能部（Department for Innovation，Universities and Skills）以及商业、企业和规制改革部（Department for Business，Enterprise and Regulatory Reform）所取代。在此之后，英国政府的标准化主管机构变更为英国商业、创新和技能部（BIS）。2016 年，BIS 和能源与气候变化部（DECC）合并组建了 BEIS④，该部门继续承担英国标准化和认证工作政策方面的工作⑤。

BEIS 主管英国工商业和消费者事务，并且在为人们的工作，企业投资、创新和成长提供更加良好的环境这一承诺的构想中处于核心地位。⑥ 这意味着 BEIS 在经济和生活中发挥作用，并且根据 BEIS 的计划，在英国脱欧之后，BEIS 的作用会更加重要。BEIS 主要为企业、雇员和消费者提

---

① Office for Product Safety and Standards，"About Us"，UK Government Website（December 2020），https：//www.gov.uk/government/organisations/office-for-product-safety-and-standards/about.

② 《英国标准协会（BSI）介绍》，广东省工业和信息化厅，2020 年 9 月 30 日，http：//www.gdei.gov.cn/flxx/jscx/zlgl/200603/t20060323_48280.htm，2020 年 12 月 6 日。

③ Office for Product Safety and Standards，"About Us"，UK Government Website（December 2020），https：//www.gov.uk/government/organisations/office-for-product-safety-and-standards/about.

④ UK Government，"Department for Business Innovation & Skills"，UK Government Website（December 2020），https：//www.gov.uk/government/organisations/department-for-business-innovation-skills.

⑤ BSI，"What is the National Standards Body"，UK Government Website（December 2020），https：//www.bsigroup.com/en-GB/about-bsi/uk-national-standards-body/what-is-the-national-standards-body/government-and-public-bodies/.

⑥ BEIS，"Department for Business，Energy and Industrial Strategy Single Departmental Plan，June 2019"，UK Government Website（June 2019），https：//www.gov.uk/government/publications/department-for-business-energy-and-industrial-strategy-single-departmental-plan/department-for-business-energy-and-industrial-strategy-single-departmental-plan-june-2019#our-equality-objectives.

供政府服务，在工业、商业、商务促进、科学研究、创新、清洁能源和气候变化等领域展开工作，以实现"为人们的工作，企业投资、创新和成长提供更加良好的环境"这一目标。① BEIS 中负责标准化管理工作的部门是产品安全和标准办公室（OPSS），该办公室的主要目标是发挥标准化法规的作用，从而保护消费者并且让企业了解其在生产产品时应当遵循的标准。截至 2018 年年底，OPSS 支持了 179 个技术标准委员会，使得超过 2000 个标准得以发布，并且支持 2100 个英国委员会成员参加国际标准化委员会的工作，以确保英国产品和安全标准能够与不断变化的产品和技术同步。OPSS 与 BSI 和 UKAS 合作，负责英国政府的标准化和认证政策方面的工作。截至 2018 年年底，OPSS 在英国的三个主要办事地点有 259 名员工，预计到 2020 年年底，OPSS 员工的总人数会达到 355 人，其中 29%的员工承担交付工作，26%的员工承担战略和资源管理工作，20%的员工承担科学、测试、风险和抗风险方面的工作，10%的员工承担监管工作，另外 10%则承担标准化政策方面的工作，其余 5%的员工承担运营方面的工作。②

2. 英国国家标准化体系管理部门——英国标准协会（BSI）

1901 年，英国工程标准委员会（ESC）成立。后来该机构改名为英国标准协会（BSI）。英国政府和 BSI 之间的法律关系通过《皇家宪章》以及双方签署的《英国政府和英国标准协会备忘录》（以下简称《备忘录》）确定下来。根据这两份文件的规定，BSI 是一个根据《皇家宪章》运作的非营利性分销公司，其在经营过程中获得的利润都被用于业务投资。③ BSI 作为英国国家标准机构，其职责是帮助提高产品、服务和系统的质量和安全性，从而制定标准并鼓励其使用。BSI 代表英国参加所有欧

---

① BEIS, "Department for Business, Energy and Industrial Strategy Single Departmental Plan, June 2019", UK Government Website（June 2019），https：//www.gov.uk/government/publications/department – for – business – energy – and – industrial – strategy – single – departmental – plan/department – for – business – energy – and – industrial – strategy – single – departmental – plan – june – 2019#our – equality – objectives.

② Office for Product Safety and Standards, "Office for Product Safety and Standards Delivery Report", UK Government Website（October 2019），https：//assets.publishing.service.gov.uk/government/uploads/system/uploads/attachment_data/file/838806/OPSS – delivery – report – october – 2019.PDF.

③ BSI, "Governance", BSI Website（December 2020），https：//www.bsigroup.com/en – GB/about – bsi/governance/.

洲和国际标准组织，并为所有规模和部门的英国组织开发商业信息解决方案。同时，为了响应商业需求，BSI 还生产委托标准产品，如公开提供规格、私人标准和商业信息出版物。这些标准产品由个别组织和行业协会委托，以满足他们对标准化规范、准则、业务守则等的需求。BSI 和各种组织与行业部门合作，帮助他们制定和实施标准，以便它们能够更好地执行标准、降低风险并实现可持续增长。截至 2019 年年底，经 BSI 审核注册登记的公司达 86000 多家，遍布全球 193 个国家[1]；BSI 每年发布超过 3100 项标准[2]。

依据《皇家宪章》和与英国政府签订的《备忘录》，BSI 开展日常运行工作和标准化活动。这两份文件确定了英国政府与 BSI 的法律关系。1929 年，《皇家宪章》对 BSI 进行了授权。《皇家宪章》明确了 BSI 作为独立法人的地位，并且对 BSI 的业务范围、董事会和会员的组成等做出了规定。BSI 的《皇家宪章》本质上是一份授权文件，规定了 BSI 的目的，并广泛界定了 BSI 的一系列活动，包括 BSI 作为英国国家标准机构的职能，以及 BSI 提供的能力全球认证培训、测试和认证服务以及咨询服务。[3]《皇家宪章》还规定：BSI 的目标和宗旨是"协调公司和个人的努力，改进标准化和简化企业、安全、技术、服务和环境管理系统，并消除为同一目的生产各种不必要的图案和大小不同的物品所造成的浪费；""制定、销售和分发货物、服务和管理系统的质量标准，筹备和促进普遍采用与此有关的英国国际标准和时间表，并根据经验和情况的需要不时修订、修改这些标准和时间表；""以机构的名义注册所有描述的标记，证明并加贴或许可加贴此类标记或其他证明，字母、名称、描述或设备符合本机构的标准；""广告，促销，出售和提供系统评估，注册，产品和材料检查，测试和认证，培训，咨询和仲裁的服务。"[4] 1982 年 11 月 24 日，

---

[1] BSI, Overview of BSI, https://www.bsigroup.com/zh-CN/about-bsi/media-centre/bsi-corporate-overview/.

[2] BSI, "We Are the UK National Standards Body", BSI Group Website (March 2021), https://www.bsigroup.com/en-GB/about-bsi/uk-national-standards-body/.

[3] BSI, "BSI's Royal Charter-history, Bye-laws", BSI Group Website (March 2021), https://www.bsigroup.com/en-AU/About-BSI/Governance/BSIs-Royal-Charter/.

[4] BSI, "Royal Charter and Bye-laws", Article 3 (d), BSI Group Website (March 2021), https://www.bsigroup.com/Documents/about-bsi/royal-charter/bsi-royal-charter-and-bye-laws.pdf.

英国政府与BSI签署《备忘录》，确认了BSI国家标准机构的地位。根据该《备忘录》的规定，英国政府授权BSI负责国家标准的研发制定、出版和销售，而BSI保证按照《皇家宪章》的规定开展标准化活动；并且《备忘录》明确规定政府各部门一律采用BSI制定的标准，而不再单独制定标准。①

在BSI的组织架构中，BSI的商业道德标准覆盖了整个管理流程，并且成为BSI制定其合规框架的基础。BSI的管理工作由BSI董事会承担。BSI的董事会主要由非执行董事构成，他们通常拥有广泛的业务经验和独立性，这使得他们能够帮助BSI保持对最高标准的领导能力和管理能力。董事会下设董事会委员会和执行委员会。董事会委员会包括审计委员会、薪酬委员会、提名委员会、可持续发展委员会以及标准政策和战略委员会。这些委员会向董事会报告工作，他们的主要工作包括两个：第一，保证BSI的日常正常运转；第二，确保BSI的公司治理活动能够采用符合公司治理的最佳方法。而执行委员会则由集团执行委员会、集团运营执行委员会、银行和通用委员会、国家标准化机构行为准则监督委员会、认证机构公正委员会与认证机构管理委员会构成，这些委员会向首席执行官汇报工作。②

BSI是ISO、IEC、CEN等标准化组织中的英国国家代表，对外代表英国行使在这些标准化组织中的权利和义务，对内承担英国国家标准化组织的职责。BSI承担的职责主要包括：作为英国经济基础结构的组成部分为公共政策利益服务；兼顾工业、政府和消费者等各方的不同利益；促进BS标准、EN标准和国际标准的研发；提供延伸的非正式产品和服务；作为国际标准化和欧洲标准化之间的重要桥梁。③

3. 英国认可体系管理部门——英国认可服务组织（UKAS）

UKAS成立于1995年，是英国政府承认的、英国唯一的国家认证机构，UKAS根据国际商定的标准进行评估，提供认证、测试、检查和校准

---

① 黄华、黄丽华：《英国标准化发展现状及中英标准化合作建议》，《标准科学》2018年第12期。

② BSI, "Annual Report and Financial Statements 2019", BSI Group Website (March 2021), https://www.bsigroup.com/globalassets/documents/about-bsi/financial-performance/2019/the-british-standards-institution-annual-report-and-financial-statements-2019.pdf.

③ 冯艳英：《标准化系统结构模型构建及系统功能优化研究》，博士学位论文，中国矿业大学，2015年。

服务；此外，UKAS 负责对某一组织的胜任能力进行评审和认可，认可的范围包括测量、测试和检测机构以及质量体系、产品和人员的认证机构。①UKAS 被英国政府授权使用带有皇家皇冠图样的认可标志，得到 UKAS 认可的机构有权使用此标志；UKAS 的战略方向由来自不同行业和领域的非执行董事和执行董事管理。UKAS 与政府和监管机构密切合作，确保标准得到维护，鼓励创新。UKAS 在认证领域的专业知识和专业地位以其员工的专业知识为支撑；并且，除了长期基础工作人员外，UKAS 还能够调动独立技术评估员的资源，为他们提供额外的专业知识和见解。②截至 2019 年 12 月，UKAS 已经认可的客户数量达到了 2682 家，2019 年新增客户有 115 家，ETS 申请数量为 1545 家。③UKAS 依据通过商业、能源和产业战略部与政府签署的谅解备忘录进行运作，备忘录的内容涉及 UKAS 的活动范围、治理和问责、费用、监督以及 UKAS 代表英国参加国际合作和国际标准组织等方面。④

UKAS 的会员代表国家与地方政府、工业与商业生产者、消费者、用户和质量管理者。UKAS 设有董事会，由执行董事和非执行董事组成。这些董事来自不同行业和领域，共同决定 UKAS 的战略方向。在国际上，UKAS 签署了多项国际协议，以确保 UKAS 的认可结果得到国际上的承认，最终达到了降低贸易壁垒的目的。同时，UKAS 和欧洲认可合作组织（EA）签署了互认协议，为了保持这种相互承认地位，UKAS 须定期接受同行评价。⑤

---

① UKAS, "Our Role", UKAS Website (March 2020), https：//www.ukas.com/about/our-role/.

② UKAS, "Our Structure", UKAS Website (March 2020), https：//www.ukas.com/about/our-structure/.

③ UKAS, "Annual Report and Financial Statements for the Year Ended 31 March 2020", UKAS Website (March 2020), https：//www.ukas.com/wp-content/uploads/2021/01/UKAS-AR-2020-Short-Version-Med-1.pdf.

④ Department for Business, "Memorandum of Understanding Between Department for Business, Energy and Industrial Strategy and United Kingdom Accreditation Service", Article 4-8, UKAS Website (January 2021), https：//assets.publishing.service.gov.uk/government/uploads/system/uploads/attachment_data/file/958775/mou-beis-ukas-2021.pdf.

⑤ UKAS, "Our Structure", UKAS Website (March 2021), https：//www.ukas.com/about/our-structure/.

(二) 德国: DIN 成为标准化运行的核心

德国的标准化活动主要依靠作为"准政府机构"的德国标准化协会（DIN），而不是采取各个部门分工合作的方式。1917 年，DIN 在柏林成立。DIN 在性质上并不属于政府机构，而是注册的法人团体。但是考虑到 DIN 承担的任务以及 DIN 和德国政府签署的《联邦政府与德国标准化协会合作协议》，DIN 通常被视为一个具有"德国特色"的"准政府机构"。[1] 德国政府并不会过多地直接干预国家整体经济的运行，而是通过在政治、经济、工业等各个领域内扶持"准政府机构"来对国家经济的运行进行间接的调控。可以说，这些"准政府机构"承担了许多原本属于政府的职能。但是这些"准政府机构"能够在民意和"政府意志"发生冲突时起到缓冲作用，充当政府和民间沟通的渠道。借助这些"准政府机构"，政府的行政措施和政策更容易被民众接受，也能够得到更加高效地执行。[2]

根据 DIN 和德国政府于 1975 年签订的《联邦政府与德国标准化协会合作协议》，DIN 是德国唯一的国家标准机构。[3] 但是这并不意味着 DIN 成为德国政府管理体系的组成部分[4]，该协议也没有赋予 DIN 标准法律意义上的强制约束力。DIN 标准的效力主要体现在德国政府在制定法律时引用 DIN 标准以及其他的法律实践。比如，德国联邦政府在法律中引用 DIN 制定的标准，德国法庭将 DIN 标准作为"被普遍接受的技术规则"给予其特殊的地位[5]。同时，国际标准和欧洲标准通过被转化为 DIN 标准进入德国国家标准体系[6]。这种实践在实质上赋予了 DIN 标准权威和特殊的地

---

[1] DIN, "History of DIN", DIN Website (March 2021), https://www.din.de/en/din-and-our-partners/din-e-v/history.

[2] 《德国标准化体系建设概况》，商务部网站，2004 年 10 月 15 日，http://de.mofcom.gov.cn/article/ztdy/200411/20041100300845.shtml，2020 年 12 月 5 日。

[3] DIN, "Agreement Between Din and the Fed Rep of Germany", DIN Website (March 2021), https://www.din.de/resource/blob/79650/76ad884fb2c4dd6aa5b900e7a1574da6/contract-din-and-brd-data.pdf.

[4] 《德国标准化体系建设概况》，商务部网站，2004 年 10 月 15 日，http://de.mofcom.gov.cn/article/ztdy/200411/20041100300845.shtml，2020 年 12 月 5 日。

[5] DIN, Standard and Law, https://www.din.de/en/about-standards/standards-and-the-law.

[6] 陈展展、黄丽华:《德国标准化发展现状及中德标准化合作建议》,《标准科学》2018 年第 12 期。

位。可以说，德国政府和法庭对于 DIN 标准的态度"使其成为德国产品标准的唯一权威"[1]。

DIN 标准是德国国家、欧洲和/或国际一级工作的结果[2]。同时，DIN 标准至少每五年被审查一次，如果一个 DIN 标准不再能反映技术目前的状态，则会被修订或撤销。这种做法能够保障 DIN 标准的权威性和可靠性。DIN 得到政府扶持的同时，根据 1975 年 DIN 与政府的协议，DIN 有义务在制定标准的时候考虑公共利益，并且 DIN 需要确保在立法、影响公共行政的事项和法律关系中，所制定的标准能够作为描述技术要求的文件被引用。[3] 换言之，DIN 需要承认并且接受政府对其标准化工作的监督[4]。

DIN 在与德国联邦政府签署的法律协议中做出承诺：DIN 标准服务于社会公益，并且通过 DIN 标准形成的德国国家标准化体系要能够促进经济增长、增强德国企业在国际市场上的竞争力、有助于协助政府管理经济以及能够保护消费者的健康和安全；此外，DIN 同时承诺遵循透明的标准制修订程序。联邦政府对 DIN 的上述承诺进行法律监督并对 DIN 给予有力的财政扶持。[5]

DIN 下辖 69 个标准委员会，管理着 34000 多项标准并负责德国与欧盟及国际标准组织间的协调事务[6]。DIN 的管理体制由会员大会、主席、主任及标准委员会组成；每个标准委员会下设有为数不等的工作组。

德国标准化运行模式具有以下三个特点：（1）协调性：德国的标准化体系呈现高度的协调性[7]。尽管除 DIN 外，德国还有 200 多个其他涉及标准制定的组织，但 DIN 是唯一的国家权威标准制定机构，该机构在地

---

[1]《德国标准化体系建设概况》，商务部网站，2004 年 10 月 15 日，http：//de.mofcom.gov.cn/article/ztdy/200411/20041100300845.shtml，2020 年 12 月 5 日。

[2] DIN, "What Is a DIN Standard", DIN Website (March 2021), https：//www.din.de/en/about-standards/din-standards.

[3] DIN, "Agreement Between DIN and the Fed Rep of Germany", DIN Website (March 2021), https：//www.din.de/resource/blob/79650/76ad884fb2c4dd6aa5b900e7a1574da6/contract-din-and-brd-data.pdf.

[4]《德国标准化体系建设概况》，商务部网站，2004 年 10 月 15 日，http：//de.mofcom.gov.cn/article/ztdy/200411/20041100300845.shtml，2020 年 12 月 5 日。

[5] 李文峰、刘雪涛、贾月芹：《国内外标准化体系比较》，《信息技术与标准化》2007 年第 3 期。

[6] DIN, "A Brief Introduction to Standards", DIN Website (March 2021), https：//www.din.de/en/about-standards/a-brief-introduction-to-standards.

[7] 李文峰、刘雪涛、贾月芹：《国内外标准化体系比较》，《信息技术与标准化》2007 年第 3 期。

区或国际领域代表关于产品标准问题的德国权益。(2) 一致性：德国的标准化体系不允许存在相互矛盾的标准①。当 DIN 出台新标准或采取 EN 标准或国际标准时，德国国内此前适用的其他相关标准一律废除。这是为了避免在同一领域内出现相互矛盾的标准，保证德国国内标准的一致性。(3) DIN 标准具有事实上的法律约束力②。没有任何法律赋予 DIN 标准强制约束力，只有在合同、法律或法规中引用 DIN 标准的时候，被引用的 DIN 标准才具有强制性。但是，DIN 标准有助于赔偿责任案件：作为普遍接受的技术规则，标准使得证明一个人遵循最佳做法更加容易。并且，德国法庭将 DIN 标准作为"被普遍接受的技术规则"给予特殊的地位③。这些都使得 DIN 标准具有事实上的法律约束力。

截至 2020 年 6 月，德国承担的 ISO 技术组织秘书处为 171 个，其中，134 个 ISO 技术机构秘书处④，37 个 IEC 技术机构秘书处⑤。德国是承担 ISO 技术组织秘书处最多的国家⑥。在德国国家标准方面，DIN 代表了德国在国际标准化组织 ISO 中的利益，而 DIN 的国家标准项目中大约有 85% 的项目来自欧洲或者国际⑦。

（三）法国：AFNOR 与行业领域的"标准局"密切配合

根据 1984 年 1 月颁布的法律框架，法国创立了标准化体制。经过大量的实践和修改完善，这种体制获得了各有关方面和有关机构的大力支持与密切合作。⑧ 法国标准化管理体制同欧洲各国的体制基本相似，但有其独特之处：在法国，与标准化有关的一切均由 AFNOR 统一负责，即有关

---

① 《德国标准化体系建设概况》，商务部网站，2004 年 10 月 15 日，http：//de. mofcom. gov. cn/article/ztdy/200411/20041100300845. shtml，2020 年 12 月 6 日。

② 李文峰、刘雪涛、贾月芹：《国内外标准化体系比较》，《信息技术与标准化》2007 年第 3 期。

③ DIN, "Standard and Law", DIN Website（March 2021），https：//www. din. de/en/about-standards/standards-and-the-law.

④ ISO, "Members-DIN Germany", DIN Website（March 2021），https：//www. iso. org/member/1511. html.

⑤ IECTC/SCs, "List of IEC Technical Committees and Subcommittees", IEC Website（March 2021），https：//www. iec. ch/dyn/www/f? p=103：6：0.

⑥ 中国标准化协会：《2016—2017 标准化学科发展报告》，中国科学技术出版社 2018 年版，第 163 页。

⑦ DIN, "DIN and International Standardization", DIN Website（March 2021），https：//www. din. de/en/din-and-our-partners/din-and-international-standardzation.

⑧ 范春梅：《法国标准化协会（AFNOR）》，《世界标准化与质量管理》2003 年第 7 期。

战略问题、各种技术问题，各种目标、目的的确定以及财政方面的问题，均由 AFNOR 起主导核心作用。①

AFNOR 成立于 1926 年，是一个经过法国政府批准的民间机构，接受法国工业部的监督管理。截至 2019 年 12 月 31 日，AFNOR 拥有 1550 名会员，吸引了所有活动领域中各种规模的经济参与者（其中 54% 为中小企业），并且与贸易组织、政府部门和地方部门广泛开展合作。② AFNOR 在法国的标准化体系中处于核心地位，负责确定标准化需求、制定标准化战略、协调并指导行业标准的评议，批准法国标准（NF）。③

AFNOR 在以下四项业务领域开展服务：（1）标准化：AFNOR 帮助企业制定与其发展战略和商业需要相符的标准文件，并且 AFNOR 为企业提供标准化方面的援助，使企业能够掌握标准化方法和信息。此外，根据 2009 年 6 月 16 日颁布的《法国标准化法令》，负责协调法国标准化系统的领导。（2）出版物和信息产品传播：借助新技术设计并改进范围广泛的、能够应用在各种媒体上的产品和服务。（3）培训和咨询：AFNOR 为希望更好地了解和实施适用的监管、规范和技术背景的所有组织和人员提供端到端的培训课程。（4）认证：AFNOR 认证为产品、系统、服务和能力提供认证和评估服务和工程，并颁发 AFAQ 和 NF 标志以及欧洲生态标签。④

AFNOR 宗旨是增强法国的标准化体系在欧洲乃至全球的竞争力和影响力。在国际上，AFNOR 作为法国的代表参加欧洲和国际标准化活动，是法国在 CEN 和 ISO 的代表。⑤ 比如，AFNOR 充当法国与电信行业的欧洲标准化组织 ETSI 和国际电信标准组织 ITU 之间的桥梁。在 AFNOR 范围内开发的标准，大约有 90% 的标准在欧洲和世界范围内得到承认。⑥ 此外，AFNOR 为了扩展法国的标准化体系在全球的竞争力和影响力所开展的主要活动还包括标准出版和宣传、培训和咨询以及认证。AFNOR 制定

---

① 陈恒庆：《法国标准化的现状及 AFNOR 的标准化活动》，《世界标准化与质量管理》1995 年第 1 期。

② AFNOR, "Activity and CSR Report 2020", AFNOR Website (November 2021), https://www.afnor.org/en/wp-content/uploads/sites/2/2021/07/AFNOR_ra2020_06num_EN.pdf.

③ 范春梅：《法国标准化协会（AFNOR）》，《世界标准化与质量管理》2003 年第 7 期。

④ AFNOR, "Who Are We", AFNOR Website (March 2021), https://www.afnor.org/en/about-us/who-we-are/.

⑤ AFNOR, "Activity and CSR Report 2020", AFNOR Website (November 2021), https://www.afnor.org/en/wp-content/uploads/sites/2/2021/07/AFNOR_ra2020_06num_EN.pdf.

⑥ 王益谊、王金玉：《法国标准化体系深度分析》，《世界标准信息》2007 年第 Z1 期。

的标准通常是自愿性标准,只有那些涉及安全、政府采购条件的标准,才可以被强制实施。[1]

法国标准化管理体制中的另一个特殊之处在于法国设立了统一的、处于各专业领域的专门组织,即"标准局(Standards Bureau)"。标准局负责起草用于征求公众意见的 NF 标准草案,并且负责准备 AFNOR 提交给欧洲和国际技术组织的立场性文件。各行业的标准局是法国政府批准设立的。标准局的专家是法国标准化体系的重要基础。这些技术专家负责汇聚利益相关方的技术专业技能和市场知识,由标准局进行协调。标准局作为技术交流和协调一致的权威机构,在自己的权限范围内处理所有来自法国国内、欧洲和国家的标准草案。[2]

第三节　国外标准化体制一般性研究

通过对美国和欧盟及其部分成员国标准化体制的梳理和分析可以看出,国外主要国家和地区标准化体制的共同之处是推行自愿性标准,通过技术法规引用自愿性标准,减少政府开支,并使技术法规能够反映技术进步和市场需求;通过政府或法律授权非政府机构统一管理、规划和协调标准化事务,政府作为利益相关方或者用户参与标准化过程;标准的制修订采用由企业、消费者、用户、政府部门、科研机构等利益相关方组成的技术委员会来组织开展。

一　社会不同主体的合作治理

从本质上来说,标准是社会自治的一种体现。标准是各利益相关方基于市场的需要,采取多元化、网络共享的方式形成的合作治理。因此标准制定的主体具有多元性,标准的制定主体包括国际组织、区域组织、国家、行业协会、企业、消费者、技术专家、研究人员等,这些主体集合在一起共同参与制定不同类型的标准。[3]

---

[1] 范春梅:《法国标准化协会(AFNOR)》,《世界标准化与质量管理》2003 年第 7 期。
[2] 刘春青、季然:《法国标准化的最新发展》,《标准科学》2015 年第 3 期。
[3] 廖丽、程虹、刘芸:《美国标准化管理体制及对中国的借鉴》,《管理学报》2013 年第 12 期。

在西方国家，技术标准首先是由私人主体制定并实施，通过市场竞争机制而非国家强制力来实现。随着社会性规制的增强，行政机关逐渐通过在法律条文中明确援引、相互间的协议或者间接认可的形式，来采纳私人主体制定的健康、安全和产品标准。[1] 合作治理或者合作规制如今已经成为国外政府规制改革的主要思路之一。合作治理或者合作规制是对传统命令与控制型规制的补充与替代，用以制定、实施与执行政策，与使用新型的政策工具、民营化、分权以及责任分担等现象相关联。作为政策工具，这种合作规制的最终风险仍由政府承担。

私人主体之所以要自我规制、合作规制，原因在于：现代经济社会高速发展过程中存在诸多不确定的风险，政府由于自身行政资源的限制，无法全面、及时、有效地应对各种不确定的风险，客观上造成众多私人主体愿意通过自律的方式规制风险；私人主体通过自愿制定标准并且公布、实施，可以获得更好的声誉，赢得广大公众的信任；从成本—收益的角度来看，私人主体通过进行自我规制或者积极参与政府规制，可以有效地降低成本，提高效率。与此同时，面对层出不穷的社会新问题，诸如高度科学技术化等问题，政府无法及时有效地回应，因此，更多地借助私人主体的力量进行科学规制就成了政府的首选方案。面对科学技术的日新月异，技术标准的时效性越来越突出。在政府制定程序拖沓冗长与私人主体的快速反应之间，政府往往更倾向于私人主体的自我规制或与私人主体合作规制。[2]

二 标准、技术法规和合格评定有机结合

随着经济全球化的不断深入，标准化也进入了一个高速发展的时期，包括质量认证、产品认证等在内的合格评定程序不断涌现。这使得标准对技术法规的支撑作用不断增强。标准化工作的内涵和外延也随之发生了变化，逐渐演变成了一项系统工程，包括标准、技术法规以及合格评定程序。

---

[1] Jody Freeman, "The Private Role in Public Governance", *New York University Law Review*, Vol. 75, No. 3, June 2000, pp. 551–556.
[2] 高秦伟：《私人主体与食品安全标准制定——基于合作规制的法理》，《中外法学》2012年第4期。

制定技术法规通常通盘考虑基本要求、标准和合格评定程序，基本要求是技术法规的核心，标准是基本要求的细化和符合基本要求的途径，合格评定程序则对符合基本要求予以证明。这三者在技术法规中形成了相互补充和支持的有机整体，提高了技术法规的可操作性和可实施性。① 美国、欧盟等国家的技术法规越来越多地援引自愿性标准，自愿性标准被法律和法规所引用，地位和作用也大幅提升。标准化机构同时开展合格评定工作也是这些国家的一个共通之处。这项工作，一方面使标准化工作更加深入实际为企业服务，另一方面为标准化这项社会公益性工作提供了必要的资金保障。

三 公开、公平、公正的标准制定程序

标准制定的过程也是多元主体利益充分博弈的过程，因此，公开、公平、公正的标准制定程序显得尤为重要。只有在此基础上展开工作，才能充分保障标准化工作的有效性和规范性，并使最终产生的标准充分反映各方的利益诉求。

以美国为例，美国标准制定程序的特点是公开自愿参与，公正透明协商，公平合理竞争。美国国家标准学会（ANSI）要求被它认可的标准制定组织或者委员会都必须按照统一的《美国国家标准的正当程序的要求》来制定标准。这种正当程序的特点有以下几个：（1）公开自愿参与，任何人均有权参与标准制定的过程；（2）广泛协商一致，对不同利益主体的利益要给予充分的考量；（3）公平合理竞争，均衡各方利益，组织公开表决；（4）透明度高，通过适当的媒体手段，保证各方获得信息渠道顺畅；（5）有效申诉，用于处理对任何行为或者不行为的事件展开及时的申诉救济；（6）运作灵活，允许使用不同的方法以满足不同工艺和产品部门的需要；（7）运作及时，不会因行政事务耽误工作进度；（8）积极规划标准制定工作，协调各种标准发展规划，避免美国国家标准之间的重叠和冲突。②

为了确保正当程序的贯彻落实，ANSI 建立了申诉机构、机制和程序。

---

① 李玫、赵益民：《技术性贸易壁垒与我国技术法规体系的建设》，中国标准出版社 2007 年版，第 159 页。

② 李凤云：《美国标准化调研报告》（中），《冶金标准化与质量》2004 年第 4 期。

任何参加者认为在标准制定过程中没有按照 ANSI 认可的标准制定程序进行或者公正的方法原理没有得到充分的体现，均有权提出申诉。这项制度确保了正当程序的有效施行，保障了标准制定程序的公平、公正、公开。

四　企业为主体、协会为核心的标准制定体制[1]

在市场经济体制下，企业是市场的主体，对市场的变化具有敏锐的洞察力。标准制修订的最终目的是使标准得以实施，发挥其功效，因而企业应当成为标准制修订的主体。行业协会是随着市场经济的发展而产生和发展起来的，它是同行业企业为了避免过度竞争、维护共同利益、进行自我协调、自我约束，并向政府反映共同要求而自愿组成的社会经济团体。在标准化体制的历史沿革之中，美国和欧盟各成员国都逐渐形成了以企业为主体、协会为核心的标准制定体制。通过充分发挥企业的主体作用，同时借助行业协会的独特地位，使其与国家标准化机构一道推动标准化的不断发展。

以美国为例，美国国家标准协会（ANSI）是一个非政府组织性质的行业协会，截至 2020 年 12 月，ANSI 的成员有 1326 个，其中包括多个专业学会、协会、消费者组织，也包括众多的企业成员。[2] 经 ANSI 认可的标准制定组织，均可组建制定标准的技术委员会。各技术委员会都可以将自己制定的标准推荐给 ANSI，并在制定标准时必须遵循 ANSI 规定的标准制定程序和准则，且与各方展开充分协商。最终产生的标准经 ANSI 批准后即成为美国国家标准。技术委员会由各自的协会管理，秘书处都设在各自的协会里，自成体系，不受 ANSI 领导。技术委员会的成员可以分成六大类：政府、组织、企业、教育机构、国际组织和个人，即任何对标准化关心的组织和个人都可以自由参加。技术委员会的主席一般由立场公正的本专业的技术标准权威担任。技术委员会设有用户单位副主席和生产单位副主席，充分体现企业是标准制定工作的主体力量。[3]

---

[1] 参见廖丽、程虹、刘芸《美国标准化管理体制及对中国的借鉴》，《管理学报》2013 年第 12 期。

[2] ANSI,"ANSI Membership Roster", ANSI Website（December 2020）, https：//myaccount.ansi.org/Membership/membershipRoster.aspx.

[3] 刘辉、王益谊、付强：《美国自愿性标准体系评析》，《中国标准化》2014 年第 3 期。

五 综合性的标准化协调机构发挥重要作用

由于企业主体及行业协会众多，标准之间经常发生交叉、重叠、冲突，此时，综合性的标准化协调机构的协调作用就显得尤为重要。以美国的 ANSI 为例，作为承担协调责任的机构，ANSI 建立了数个"标准管理委员会"，分别负责不同领域的标准管理和协调工作。这些标准委员会由 ANSI 的成员和诸如政府官员、专家学者等其他并非 ANSI 的成员但关注相关领域发展的人员组成。ANSI 通过审查各种标准之间的差异，并且对这些差异进行整合来协调标准。[①] ANSI 审查标准的以下七个方面：（1）在被审查的标准制定的过程中，所有受到该标准实质性影响的利益相关者都有机会和平台表达意见，并且标准制定方对不同利益相关者提出的意见都采取了相应的解决措施；（2）是否有证据表明国家准备使用拟议中的美国国家标准；（3）被审查的标准在被批准前，是否已经解决可能存在的与其他的美国国家标准之间的冲突问题，如未解决，则该标准审核不通过；（4）被审查的标准在制定时是否考虑了在相同领域中已经存在的其他国家标准或国际标准，如未考虑，则该标准审核不通过；（5）是否存在证据表明被审查的标准违反了公共利益，如存在，则该标准审核不通过；（6）是否存在证据表明被审查的标准中包含不公平的条款，如存在，则该标准审核不通过；（7）是否存在证据表明被审查的标准中存在技术性缺陷，如存在，则该标准审核不通过。通过上述审查的自愿性标准，经过 ANSI 的批准成为美国的国家标准。

除了审核已有标准，从而确保成为美国国家标准的自愿性标准之间具有协调性之外，ANSI 还通过制定协调计划、发布相关的标准整合信息来协调标准。如在 ANSI 认为必要的时候，ANSI 会设立特别小组进行调查并且开展标准协调活动，从而切实地保证和提高标准的协调性。

---

① 高秦伟：《私人主体与食品安全标准制定——基于合作规制的法理》，《中外法学》2012 年第 4 期。

第三章 中国标准化体制的演变、特点和挑战

第一节 中国标准化体制的演变[①]

标准化体制是标准化活动有效开展的组织上和制度上的保证[②],中华人民共和国成立后,先后颁布了《工农业产品和工程建设技术标准管理办法》(1962年11月)、《中华人民共和国标准化管理条例》(1979年7月)和《中华人民共和国标准化法》(1988年制定,2017年修订)等法律法规来建立标准化体制,规范标准化活动。这三部重要的法律法规及其若干配套规章制度,分别确立了我国不同时期的标准化体制。

一 依据《工农业产品和工程建设技术标准管理办法》确立的标准化体制

中华人民共和国成立后,为了加快恢复国民经济,保证工业产品和工程建设的质量,国家把标准化列为经济建设方面的一项重要技术政策。纺织、冶金、建材、工程建设等行业以及商业、外贸、卫生等部门在学习、引进苏联标准和总结我国实践经验的基础上,相继开展标准化工作,逐步

[①] 参见宋华琳《当代中国技术标准法律制度的确立与演进》,《学习与探索》2009年第5期;房庆、于欣丽:《中国标准化的历史沿革及发展方向》,《世界标准化与质量管理》2003年第3期;中国标准化研究院:《"十五"国家重大科技专项"中国技术标准发展战略研究"课题研究报告》,2005年8月。

[②] 罗海林、杨秀清:《标准化体制改革与市场竞争》,《上海市经济管理干部学院学报》2010年第3期。

形成了与整个国民经济有计划、按比例发展模式相适应的标准化管理体制。但是，1958年开始的"大跃进"运动中，高指标、浮夸风、瞎指挥泛滥成灾，导致片面追求高速度，忽视产品质量，粗制滥造，损失浪费严重，使全国标准化工作受到严重挫折。1960年实行"调整、巩固、充实、提高"方针之后，标准化工作得到了整顿和提高，并且取得了新的进展。1961年4月，国务院第110次全体会议通过了《工农业产品和工程建设技术标准暂行管理办法》。在这个暂行管理办法的基础上，1962年11月，国务院第120次全体会议又通过了《工农业产品和工程建设技术标准管理办法》。中华人民共和国成立后第一个法律法规明文规定的标准化体制确立。依据《工农业产品和工程建设技术标准管理办法》确立的标准化体制的特点是政府一元化领导，所有技术标准必须贯彻执行。

（一）标准体制

标准分级。依据《工农业产品和工程建设技术标准管理办法》，技术标准分为国家标准、部标准和企业标准三级。各级技术标准，在必要的时候可分为正式标准和试行标准两类。国家标准是指对全国经济、技术发展有重大意义的技术标准。部标准主要是指全国性的各专业范围内的技术标准。企业标准是指针对未发布国家标准和部标准的产品和工程制定的技术标准。

（二）标准化管理体制

依据《工农业产品和工程建设技术标准管理办法》，当时标准化的管理机构主要包括科学技术委员会、国家计划委员会、国家经济委员会、国务院财贸办公室、国务院农林办公室等。

科学技术委员会主管工农业产品技术标准，并负责备案相关部标准。国家计划委员会主管工程建设技术标准，并负责备案相关部标准。国务院或者科学技术委员会和国家计划委员会会同国家经济委员会、国务院财贸办公室、国务院农林办公室负责审批相关国家标准（根据国家标准的性质和涉及范围而定）。国务院各主管部门负责审批发布或联合审批部标准。此外，国务院各主管部门会同各省、自治区、直辖市负责根据实际情况规定企业标准审批发布办法，并报科学技术委员会或国家计划委员会备案。

（三）制定标准的具体组织形式

根据《工农业产品和工程建设技术标准管理办法》，当时技术标准的制定和修订主要由各级生产、建设管理部门和各企业单位组织开展。国家标准由主管部门提出草案、组织制定和修订。部标准由主管部门或有关部门联合组织制定和修订。企业标准由国务院各主管部门会同各省、自治区、直辖市，根据实际情况另行规定，并报科学技术委员会或者国家计划委员会备案。

二　依据《中华人民共和国标准化管理条例》确立的标准化体制

1966年至1976年的"文化大革命"严重冲击和破坏了"大跃进"运动后实行"调整、巩固、充实、提高"方针所取得的成果，标准化的组织机构瘫痪，工作停滞，人员流散。"文化大革命"结束后，中共中央和国务院采取了一系列措施加强标准化工作。1978年国务院批准成立国家标准总局，直属国务院，由国家经济委员会代管。针对"文化大革命"时期技术标准存在的"少、低、乱、慢"现象，国家经济委员会于1978年发出《关于开展"质量月"活动的通知》，要求检查质量标准的贯彻执行情况。国家标准总局也要求各部门各地方对现有的技术标准进行大清查、大整顿。1979年7月31日，国务院颁布《中华人民共和国标准化管理条例》。中华人民共和国成立后第二个法律法规明文规定的标准化体制确立。此时，我国虽然处于改革开放初期，但是经济体制依然是计划经济体制。依据《中华人民共和国标准化管理条例》确立的标准化体制的特点是政府主导、统一管理与分工负责相结合，标准一经批准发布，就是技术法规，必须严格贯彻执行。

（一）标准体制

标准分级。依据《中华人民共和国标准化管理条例》，技术标准分为国家标准、部标准（专业标准）、企业标准三级。部标准应当逐步向专业标准过渡。

国家标准是指对全国经济、技术发展有重大意义而必须在全国范围内统一的标准。部标准（专业标准）主要是指全国性的各专业范围内统一的标准。企业标准是针对没有制订国家标准、部标准（专业标准）的产品制定的技术标准。

标准性质。标准一经批准发布，就是技术法规，各级生产、建设、科研、设计管理部门和企业、事业单位，都必须严格贯彻执行，任何单位不得擅自更改或降低标准。

（二）标准化管理体制

依据《中华人民共和国标准化管理条例》，当时标准化的管理机构主要包括国家标准总局，各省、市、自治区和工业集中城市的标准局以及自治州、县的标准化管理机构，国务院有关部门和人民解放军有关部门的标准化管理机构，国务院有关部门，以及省、市、自治区的有关专业局，公司、企业、事业单位的标准化管理机构等。

国家标准总局是国务院主管全国标准化工作的职能部门，负责提出标准化工作的方针、政策，组织制定和执行全国标准化工作规划、计划，管理全国的标准化和产品质量监督、检验工作。国家标准总局负责审批和发布属于工农业产品和军民通用方面的国家标准，负责备案部标准。省、市、自治区和工业集中城市的标准局，以及自治州、县的标准化管理机构负责管理本地区的标准化和产品质量监督、检验工作。国务院有关部门和人民解放军有关部门的标准化管理机构，负责管理本部门的标准化工作。其中，国家基本建设委员会还负责审批和发布工程建设和环境保护方面的国家标准；卫生部还负责审批和发布药物和卫生防疫方面的国家标准；军工有关部门还负责审批和发布军工方面的国家标准。国务院有关部门和省、市、自治区的有关专业局、公司、企业、事业单位的标准化管理机构或专职人员，由主管技术工作的负责人（或总工程师）直接领导，负责本单位和承担上级委托的标准化工作。

（三）制定标准的具体组织形式

依据《中华人民共和国标准化管理条例》，国家标准、部标准（专业标准）的制定和修订任务由全国专业标准化技术委员会、国务院有关部门的标准化研究所和专业标准化技术归口单位组织和承担。企业标准由企业组织制定。此外，任何单位和个人都可提出标准草案建议稿。属于国家标准、部标准（专业标准）的，由全国专业标准化技术归口单位审理；属于企业标准的，由企业上级主管部门审理。

三 依据1988年《中华人民共和国标准化法》确立的标准化体制

随着改革开放的推进，1982年中共十二大提出"计划经济为主，市场经济为辅"的改革原则，我国经济体制改革全面展开。1984年十二届三中全会通过并发布《中共中央关于经济体制改革的决定》，提出"有计划的商品经济"，我国经济体制改革进入全面展开的新阶段。企业自主权进一步扩大，企业活力增强。1985年国家体制改革委员会在《关于增强大中型国营工业企业活力若干问题的暂行规定》中进一步明确，企业在确保完成国家计划的前提下，可以根据市场需要和自己的优势，发展多种产品，进行多种经营。在这样的制度转型过程中，企业有了相对独立的经营自主权，但政府依然通过行政指令和计划的形式来组织制定标准，并强制要求实施标准，显然已不适应政企关系变革的要求。

在这样的背景下，根据第六届全国人大二次会议代表的提议，经国务院领导同意，1984年成立了由原国家标准局、国家计委、国防科工委、农牧渔业部、建设部、冶金部、化工部等部门以及法学专家组成的起草领导小组。领导组先后起草了《标准化法起草纲要》和《标准化法草案》。1988年12月29日，第七届全国人民代表大会常务委员会第五次会议通过了《中华人民共和国标准化法》。中华人民共和国成立后第三个法律法规明文规定的标准化体制确立。此时我国处于有计划的社会主义商品经济时代。依据《中华人民共和国标准化法》确立的标准化体制的特点是政府主导、统一管理与分工负责相结合，标准分为强制性标准和推荐性标准，强制性标准强制执行，推荐性标准非强制执行。

（一）标准体制

标准分级。《标准化法》将我国标准分为国家标准、行业标准、地方标准和企业标准。国家标准是对需要在全国范围内统一的技术要求制定的标准。行业标准是对没有国家标准而又需要在全国某个行业范围内统一的技术要求制定的标准。地方标准是对没有国家标准和行业标准而又需要在省、自治区、直辖市范围内统一的工业产品的安全、卫生要求制定的标准。企业标准是对企业生产的没有国家标准和行业标准的产品制定的标准。

标准性质。依据《中华人民共和国标准化法》及其配套规章制度，国家标准、行业标准、地方标准分为强制性标准和推荐性标准两类。国家标准分为强制性标准、推荐性标准。保障人体健康，人身、财产安全的标准和法律、行政法规规定强制执行的标准是强制性标准，其他标准是推荐性标准。省、自治区、直辖市标准化行政主管部门制定的工业产品的安全、卫生要求的地方标准，在本行政区域内是强制性标准。法律、法规规定强制执行的地方标准，为强制性标准；规定非强制执行的地方标准，为推荐性标准。

（二）标准化管理体制

依据《中华人民共和国标准化法》，当时标准化的管理机构包括国务院标准化行政主管部门，国务院有关行政主管部门，省、自治区、直辖市标准化行政主管部门，省、自治区、直辖市政府有关行政主管部门，市、县标准化行政主管部门和有关行政主管部门。依据《中华人民共和国标准化法》及《中华人民共和国标准化法条文解释》，国家对标准化工作采用统一管理与分工管理相结合的管理体制。

国务院标准化行政主管部门统一管理全国标准化工作，包括组织贯彻国家有关标准化工作的法律、行政法规、方针、政策；组织制定全国标准化工作规划、计划；组织制定国家标准；指导国务院有关行政主管部门和省、自治区、直辖市人民政府标准化行政主管部门的标准化工作，协调和处理有关标准化工作问题；组织实施标准；对标准的实施情况进行监督检查；统一管理全国的产品质量认证工作；统一负责对有关国际标准化组织的业务联系。当时的国务院标准化行政主管部门是国家技术监督局。

国务院有关行政主管部门分工管理本部门、本行业的标准化工作，包括贯彻国家标准化工作的法律、行政法规、规章、方针、政策，并制定在本部门、本行业实施的具体办法；制定本部门、本行业的标准化工作规划、计划；承担国家下达的草拟国家标准的任务，组织制定行业标准；指导省、自治区、直辖市有关行政主管部门的标准化工作；组织本部门、本行业实施标准；对标准实施情况进行监督检查；经国务院标准化行政主管部门授权，分工管理本行业的产品质量认证工作。此外，国务院卫生主管部门、农业主管部门还负责药品、兽药国家标准的审批、编号、发布；卫生主管部门、环境保护主管部门还负责食品卫生、环境保护国家标准的审批；工程建设主管部门负责工程建设国家标准的审批。

省、自治区、直辖市标准化行政主管部门统一管理本行政区域的标准化工作，包括贯彻国家标准化工作的法律、行政法规、规章、方针、政策，并制定在本行政区域实施的具体办法；制定地方标准化工作规划、计划；组织制定地方标准；指导本行政区域有关行政主管部门的标准化工作，协调和处理有关标准化工作问题；在本行政区域组织实施标准；对标准实施情况进行监督检查。

省、自治区、直辖市政府有关行政主管部门分工管理本行政区域内本部门、本行业的标准化工作，包括贯彻国家和本部门、本行业、本行政区域标准化工作的法律、法规、规章、方针、政策，并制定实施的具体办法；制定本行政区域内本部门、本行业的标准化工作规划、计划；承担省、自治区、直辖市人民政府下达的草拟地方标准的任务；在本行政区域内组织本部门、本行业实施标准；对标准实施情况进行监督检查。

市、县标准化行政主管部门和有关行政主管部门，按照省、自治区、直辖市政府规定的各自的职责，管理本行政区域内的标准化工作。

（三）制定标准的具体组织形式

依据《中华人民共和国标准化法》及其配套规章制度，国家标准由国务院标准化行政主管部门编制计划，组织全国专业标准化技术委员会或专业标准化技术归口单位草拟，统一审批、编号、发布。其中，药品、兽药国家标准，分别由国务院卫生主管部门、农业主管部门审批、编号、发布；食品卫生、环境保护国家标准，分别由国务院卫生主管部门、环境保护主管部门审批，国务院标准化行政主管部门编号、发布；工程建设国家标准由国务院工程建设主管部门审批，国务院标准化行政主管部门统一编号，国务院标准化行政主管部门和工程建设主管部门联合发布。

行业标准由国务院有关行政主管部门编制计划，组织全国专业标准化技术委员会或专业标准化技术归口单位草拟，统一审批、编号、发布，并报国务院标准化行政主管部门备案。地方标准由省、自治区、直辖市人民政府标准化行政主管部门编制计划，组织起草小组或委托同级有关行政主管部门、省辖市标准化行政主管部门草拟，统一审批、编号、发布，并报国务院标准化行政主管部门和国务院有关行政主管部门备案。企业标准由企业组织制定，并按省、自治区、直辖市人民政府的规定备案。

四 依据2017年修订的《中华人民共和国标准化法》确立的标准化体制

2017年11月4日，第十二届全国人大常委会第三十次会议表决通过了新修订的《标准化法》，该法从2018年1月1日起实施。新修订的《标准化法》标志着标准化法制建设迈上了新的台阶。

第一，标准化涉及的领域扩大。修订前的《标准化法》涉及的领域仅包括农业、工业、服务业，而修订后的《标准化法》则将覆盖的领域扩大到了农业、工业、服务业以及社会事业等领域。这扩大了标准化覆盖的领域，为更好地发挥标准在国家治理体系中的作用提供了法律依据。

第二，修订后的《标准化法》强调制定标准应当在科学技术研究和社会实践经验的基础上，深入调查论证，广泛征求意见，并且强调要保证标准的科学性、规范性、时效性和提高质量标准。比起修订前的《标准化法》所用的"国家鼓励积极采用国际标准"的做法，新的《标准化法》的规定体现了对标准的科学性、规范性、时效性的重视，也体现了对标准需要反映科学研究成果以及国内的实践经验的要求。这比起以往单纯鼓励企业采取国际标准的做法更具有科学性，也更能够反映中国对标准的实际需求。

第三，修订后的《标准化法》将团体标准纳入标准体系中，这是对标准化实践经验的吸收。根据修订后的《标准化法》的规定，团体标准是指学会、协会、商会、联合会、产业技术联盟等社会团体协调相关市场主体共同制定满足市场和创新需要的标准。

第四，修订后的《标准化法》确立了中央和地方两个层面的标准化协调机制和标准纠纷解决机制。这有利于解决关于标准的制定和争议的问题。在标准制定上，修订后的《标准化法》形成了政府主导和市场自主发展协同配套的体制。并且，修订后的《标准化法》对制定强制性标准和推荐性标准的程序、要求、以及在什么情况下可以制定行业标准，什么情况下可以制定地方标准以及制定后批准备案的程序等程序性问题进行了明确的规定；在标准的争议解决问题上，修订后的《标准化法》规定关于标准的一般争议在地方解决,而对于跨部门跨领域、存在重大争议的标准制定和实施则由中央进行统筹协调。修订后的《标准化法》对标准进行了重新分类:国家标准分为强制性标准、推荐性标准。行业标准、地方标准是推荐性标准。推荐性国家标准、行业标准、地方标准、团体标准、企业标准的技术要求不得低于强制性国家标准的相关技术要求。国家鼓励社会团体、企业制定高于推荐性标准相关技术要求的团体标准、企业标准。

第五,修订后的《标准化法》明确了标准国际化的目标。修订后的《标准化法》鼓励国内的个体、组织、社会团体、科研机构、企业等参加国际标准化活动和国际标准的制定,结合国情采用国际标准,并且推进中国标准和国外标准之间的转化运用。

第六,建立了标准自我声明和监督制度、标准实施信息反馈和评估制度以及国家标准公开制度。国家推动免费向社会公开推荐性标准文本。这有利于标准化信息的公开化和透明化,增强社会对标准的信任程度。

第二节 中国标准化体制的特点

中华人民共和国成立以来,中国标准化事业经历了"起步探索""开放发展"和"全面提升"三个阶段。[①] 中国标准化体制的发展与外部经济环境、阶段性重大战略调整、产业政策等密切相关。

一 标准化体制发展与经济发展、政府行政机构改革密切相关

中华人民共和国成立以来,我国经济发展经历了从计划经济到社会主义市场经济的转变,我国的政府行政机构也经历了八次改革。我国标准化体制在不断适应经济发展和政府行政机构改革的过程中演变,并在国家做出重大战略性调整后以法律法规的形式予以确立。确立标准化体制的标准化法律法规与经济发展、政府行政机构改革等的对应关系见表3-1。

---

① 田世宏:《国新办举行中国标准化改革发展成效新闻发布会》,中华人民共和国国务院新闻办公室网站,2019年9月11日,http://www.scio.gov.cn/xwfbh/xwbfbh/wqfbh/39595/41645/,2020年12月5日。

表3-1　标准化法律法规与经济发展、政府行政机构改革的对应关系

年度	经济发展	政府行政机构改革	重大战略及产业政策调整	标准化法律法规
1962				发布《工农业产品和工程建设技术标准管理办法》
1978	改革开放启动			
1979				发布《中华人民共和国标准化管理条例》
1982		第一次政府行政机构改革		
1984	提出"有计划的商品经济"			
1988		第二次政府行政机构改革		发布《中华人民共和国标准化法》
1992	确立建立社会主义市场经济体制目标			
1993	社会主义市场经济体制框架确立	第三次政府行政机构改革		
1998		第四次政府行政机构改革		
2001			加入WTO，成立国家标准化管理委员会	
2002	社会主义市场经济体制基本框架初步建立			启动《中华人民共和国标准化法》修订工作

第三章 中国标准化体制的演变、特点和挑战

续表

年度	经济发展	政府行政机构改革	重大战略及产业政策调整	标准化法律法规
2003	完善社会主义市场经济体制	第五次政府行政机构改革，重点推进国务院机构改革，进一步转变政府职能，以便为促进改革开放和现代化建设提供组织保障。除国务院办公厅外，国务院组成部门经过改革调整为28个		
2008		第六次政府行政机构改革。组建工业和信息化部；组建人力资源和社会保障部；组建环境保护部，不再保留国家环境保护总局；组建住房和城乡建设部，等等		
2013		第七次政府行政机构改革。组建了国家卫生和计划生育委员会、国家食品药品监督管理总局、国家新闻出版广电总局，重新组建了国家海洋局、国家能源局，不再保留国家电力监管委员会等		
2018		第八次政府行政机构改革。国务院正部级机构减少8个，副部级机构减少7个，除国务院办公厅外，国务院设置组成部门26个	中华人民共和国国家标准化管理委员会职责划入国家市场监督管理总局，对外保留牌子	新修订的《中华人民共和国标准化法》自2018年1月1日起施行

资料来源：笔者自制。

75

从表 3-1 中三部标准化法律法规的颁布与经济、政府行政机构改革、国家重大战略及产业政策调整的对应关系可以看出，经济体制发展以及国家阶段性的重大战略和产业政策调整是我国标准化体制变革的重要触发因素。1958 年的"大跃进"运动、1978 年的改革开放以及 1984 年的经济体制改革全面展开及其后推行政企分开等等，这些重大事件推动了中华人民共和国成立后三部重要的标准化法律法规的颁布。与此同时，政府行政机构改革虽然没有直接或间接导致标准化体制变迁，但从管理细节上对标准化管理体制产生影响。

二　标准体制根据科技发展和市场需求不断丰富和完善

我国标准体制的发展经历了不断适应经济、科技以及市场发展需求的过程。在标准分级（或者标准类型）方面，国家标准化指导性文件之类的新型标准形式的出现，体现了标准对科技快速发展的适应性。在标准性质方面，伴随着经济、社会等方面的发展，我国将保障人体健康、人身财产安全的标准和法律、行政法规规定强制执行的标准归入强制性标准，将原来单一强制性标准体制改革为强制性标准与推荐性标准并存的体制。

（一）单一强制性标准体制改革为强制性标准与推荐性标准并存的体制

中华人民共和国成立后的很长一段时间里，受到计划经济体制的影响，国家对技术标准进行强制性管理。国家统一制定、发布和实施标准，而企业必须根据国家发布的标准进行生产。但在改革开放之后，随着经济的发展和市场经济改革的不断深入，为了使标准管理体制适应生产生活的需要，1988 年，我国颁布了《标准化法》。1988 年的《标准化法》对标准进行了重新分类，将标准分类为强制性标准和推荐性标准。从此开始，强制性标准和推荐性标准并存的标准体制取代了以往仅存在强制性标准的标准体制。随着改革的更加深入，在国家标准体系中，推荐标准的数量不断增加，逐渐占据了主导地位。如表 3-2 所示，至 2015 年，推荐性标准占据国家标准的 87.60%，而强制性标准仅占据了 11.35%。这个转折点发生在 2007 年。2007 年，强制性标准的占比为 14.53%，为 1996 年来最高；2007 年之后，强制性标准的占比整体下降，推荐性标准在国家标准中所占的比例逐年上升。而国家标准化指导性技术文件的占比从 2005 年开始整体呈上升趋势。

表 3-2　　1996—2015 年国家标准的数量和属性分布

年份	强制性国家标准 数量/项	比例/%	推荐性国家标准 数量/项	比例/%	指导性技术文件 数量/项	比例/%	当年国家标准总数 数量/项
1996	2284	12.89	15436	87.11	—	—	17720
1997	2422	13.19	15937	86.81	—	—	18359
1998	2487	13.24	16297	86.76	—	—	18784
1999	2563	13.41	16555	86.59	—	—	19118
2000	2653	13.76	16625	86.24	—	—	19278
2001	2792	14.14	16952	85.86	—	—	19744
2002	2789	13.80	17417	86.20	—	—	20206
2003	2952	14.12	17954	85.88	—	—	20906
2004	3045	14.27	18297	85.73	—	—	21342
2005	3024	14.62	17588	85.02	76	0.37	20688
2006	3084	14.40	18231	85.15	95	0.44	21410
2007	3136	14.53	18313	84.90	120	0.56	21569
2008	3111	13.56	19675	85.80	145	0.63	22931
2009	3177	12.74	21587	86.53	182	0.73	24946
2010	3524	13.08	23171	86.01	245	0.91	26940
2011	3647	12.83	24497	86.19	278	0.98	28422
2012	3622	12.25	25663	86.75	297	1.00	29582
2013	3712	12.10	26642	86.84	326	1.06	30680
2014	3798	11.97	27597	86.99	330	1.04	31725
2015	3727	11.35	28771	87.60	344	1.05	32842

资料来源：中国标准化研究院：《2015 中国标准化发展研究报告》，中国质检出版社和中国标准出版社 2017 年版，第 38—39 页。

（二）标准由原来的服务于生产向全面服务于经济社会发展转变

长期以来，我国标准化工作主要针对工业产品展开。原先在计划经济体制下制定的众多标准，不可避免地带有浓厚的计划经济色彩——标准作为组织和指导生产服务的重要手段，往往更多地从生产的角度考虑，而在一定程度上忽视了广大消费者和市场需求。随着我国经济社会改革的不断深入，仅仅是主要为生产服务的标准体制已不适应社会主义市场经济和对外开放的要求。标准化工作便由原来的仅关注生产逐渐向全面服务于国家经济社会生活转变，安全、环保、卫生类标准在国家标准中纷纷占据了一席之地，见表3-3。

表3-3　　　　1999—2015年国家标准类型分布比例（%）

年份	基础	方法	产品	管理	安全	卫生	环保	其他
1999	18.60	40.80	31.30	2.20	2.70	3.30	0.60	0.60
2000	18.70	41.20	30.30	2.10	2.90	3.60	0.60	0.60
2001	18.70	41.10	30.00	2.30	3.10	3.70	0.60	0.50
2002	19.00	40.80	29.90	2.30	3.10	3.80	0.60	0.50
2003	19.10	40.90	29.80	2.20	3.30	3.70	0.60	0.40
2004	19.00	40.90	29.60	2.30	3.30	3.60	0.70	0.40
2005	18.16	41.37	30.37	2.16	3.63	3.30	0.78	0.23
2006	18.44	40.65	30.64	2.18	3.92	3.23	0.72	0.22
2007	18.76	39.74	30.78	2.21	4.17	3.21	0.83	0.25
2008	18.34	39.26	31.05	2.43	4.44	3.07	1.00	0.41
2009	15.89	36.42	37.02	3.20	5.00	0.70	0.85	0.92
2010	19.19	27.62	40.72	3.53	6.16	0.96	1.15	0.67
2011	17.01	31.29	39.67	4.83	3.55	1.47	1.88	0.30
2012	20.21	28.79	33.53	6.67	6.82	1.88	1.64	0.46
2013	20.00	30.50	33.61	7.29	6.83	0.47	0.92	0.38
2014	20.00	35.49	30.78	4.90	6.14	0.72	1.37	0.59
2015	18.44	32.06	36.20	6.84	3.94	0.21	2.07	0.26
平均	18.68	37.01	32.66	3.51	4.29	2.41	0.97	0.45

资料来源：中国标准化研究院：《2015中国标准化发展研究报告》，中国质检出版社和中国标准出版社2017年版，第45—46页。

三　标准化管理体制由政府一元化领导逐渐发展为政府主导、统一管理与分工负责相结合

从中华人民共和国成立至2001年"入世"，我国标准化统一管理

和分工负责的机构一直是政府行政机构,标准化管理实行政府一元化领导。

自2001年国家成立国家标准化管理委员会并授权其履行行政职能、统一管理全国标准化工作以来,我国标准化统一管理的机构变成参照公务员管理的事业单位,从机构性质上看是非政府行政机构,其管理全国标准化工作的职能是政府授权赋予的。标准化分工负责的机构依然为政府行政机构。因而,标准化管理体制所体现的特征是政府主导、统一管理与分工负责相结合的模式。

四 标准的具体组织形式由政府主导编制逐渐转变为由技术专家组成的技术委员会、工作组等编制

政府主导或者行政主导长期以来一直是我国标准化体制的最主要特征。1988年《标准化法》第五条规定:国务院标准化行政主管部门统一管理全国标准化工作。国务院有关行政主管部门分工管理本部门、本行业的标准化工作。省、自治区、直辖市标准化行政主管部门统一管理本行政区域的标准化工作。省、自治区、直辖市政府有关行政主管部门分工管理本行政区域内、本部门、本行业的标准化工作。第六条则规定:国家标准由国务院标准化行政主管部门制定;行业标准由国务院有关行政主管部门制定;地方标准由省、自治区、直辖市标准化行政主管部门制定。可以说,1988年《标准化法》确立了政府机构在我国标准化事业中的绝对主导地位。长期以来,标准化作为经济建设的技术政策,由政府主导组织开展,制定标准的具体组织形式表现为政府主导编制。在特定的历史时期,这种组织方式一定程度上确保了标准的权威性和有效实施。

改革开放以后,标准制定工作在充分借鉴国外标准化工作一般经验的基础上,提出了专业标准化技术委员会或专业标准化技术归口单位的标准制定组织形式。这种组织方式体现了与国际接轨的同时,又颇具中国特色。我国标准化的制定主体也由原来由政府主导标准制定的单一主体向多元主体转变,这点在参与制定我国标准的众多TC秘书处的分布中可见一斑,见表3-4。

表3-4　　2008年我国TC秘书处承担单位类型分布

序号	秘书处单位类型	TC秘书处 数量/个	比例/%
1	研究院所	295	66.45
2	检验、检测机构	27	6.08
3	企业、公司	35	7.88
4	协会、联合会	39	8.78
5	行政、事业单位	41	9.23
6	大学、出版社、图书馆	7	1.58
7	总计	444	100.00

资料来源：中国标准化研究院编著：《2009中国标准化发展研究报告》，中国标准出版社2010年版，第26页。

从表3-4中可以看出，TC秘书处承担单位中研究院所占绝大部分，行政、事业单位，协会、联合会，企业、公司，检验、检测机构所占比例大体持平，大学、出版社、图书馆承担的技术委员会数量最少，这种比例分布也反映了我国在标准化及科研方面的特点。

第三节　中国标准化体制面临的挑战

一　标准化体制受宏观经济体制的约束

一国的历史、经济、文化等背景条件会影响这个国家的市场经济模式和市场经济发展的进程。基于这种背景条件形成的政治体制和经济体制有其自身的特点，相应地会形成适应这些特点的标准化管理体制。从这个角度说，标准化体制也是一个国家政治、经济和科技发展水平的反映。

经过几十年的建设，我国已初步形成能基本满足国民经济和社会发展需要的标准体系。然而，我国现在仍处于社会主义初级阶段，生产力水平总体上还不高，自主创新能力还不强，科学技术水平与民族文化素质还不够高，并且我国幅员辽阔，人口众多，城乡之间、区域之间经济社会发展极不平衡。社会主义初级阶段的基本国情，从客观上制约了我国标准化的发展，使目前我国标准化整体水平与发达国家还存在较大的差距。

二 政府单一主导标准供给与社会需求不适应[①]

随着我国经济社会的高速发展,现有的政府主导的标准化供给方式与社会丰富、多元化的需求之间的矛盾日益显现。长期以来许多由政府单一主导的标准化工作,由于缺少竞争机制,逐渐暴露出工作效率低的缺陷,使得标准化工作与经济社会高速发展的需求越来越不适应。制定技术标准呈现出政府标准化部门的"单兵作战",缺乏与行业、企业之间的有效沟通,国家标准数量虽多,由于政府在制定标准过程中自身掌握的信息有限,最终形成的标准的实效性并不大。[②]

在美日欧等发达国家和地区,技术标准的制修订工作主要是由行业协会自发承担,并允许标准之间展开充分的竞争。通过充分的市场竞争,产生出最适合经济社会发展的标准,最终由政府引用并作为国家标准发布施行。我国则过多地单一倚重政府的管理,没有充分地调动行业协会与广大企业的能动性。国际标准化工作往往需要有行业前沿的敏感触觉,并能对各种情况及时做出反应,过多地倚重政府决策和力量会造成反应机制较慢,跟不上科学技术发展的后果。这主要表现在:

(1)多数标准制定和修订周期过长,不能及时反映最新科技成果。国家标准立项和制定周期过长影响了新技术在标准中的反映,往往标准还未颁布,原有的技术内容已有增加或修改,标准不能及时反映科学技术进步的最新趋势。

(2)在当今科技高速发展的社会,有些落后的标准甚至已经阻碍了新技术成果转化和科技研发,影响了技术进步的速度。比如我国是中药的发源地和生产大国,但由于长期忽视中药标准的制定,忽视推广标准化生产,以致在很长的时间里,我国中药进入国际市场都步履维艰;而重视标准的日本和韩国,抢占了本应属于我国的大部分国际中药市场份额,开发了许多中药生产和加工的新技术和新方法,并将其转化为中药的国际标

[①] 参见廖丽、程虹、刘芸《美国标准化管理体制及对中国的借鉴》,《管理学报》2013年第12期。

[②] 高秦伟:《私人主体与食品安全标准制定——基于合作规制的法理》,《中外法学》2012年第4期。

准。利用标准来抢占行业的制高点,从而赢得市场竞争的先机。①

(3) 标准尚未充分发挥在科技成果与现实生产力之间的桥梁和催化剂作用。目前,我国过分拘泥于是否有对应的国际标准,片面考虑与国际接轨,使含有最新技术的产品标准有些时候难以适时列入国家标准项目,使一些高新技术成果难以通过标准的推行而被人们广泛应用,阻碍了生产的规模化和产业化,也阻碍了科技成果向生产力的转化。

三 社会组织发育不完善

市场经济应是多元主体都发挥作用的经济机制,各层次、各种类和各功能的社会经济组织都应发挥作用,这才能体现社会化发展的需求。但从我国当前情况来看,由于我国1988年《中华人民共和国标准化法》没有赋予行业协会在标准化管理上的权利和义务,行业协会没有权利制定代表本行业利益的行业标准。虽然一些行业协会在标准化活动中发挥了一定的作用,但是对90家行业协会的调查显示,只有22家协会设有专职标准工作管理部门,大部分协会独立承担行业标准化工作的能力普遍较弱。另外,我国行业协会基本上还是划归到行政系统的管辖之下,政府无法对众多行业进行有效的管理,行业协会本身的作用也未得到充分发挥。②

行业协会是为了维护行业内的企业的共同利益,促使同行业的企业进行自我协调、自我约束;并且行业协会作为行业内的企业共同组成的社会经济团体,在一定程度上能够代表行业和政府进行沟通,向政府反映行业内企业的共同要求。通常而言,在市场经济中,各层次、各种类和各功能的社会经济组织都能够发挥作用,而行业协会是这些多元化的社会经济组织中的一种形式。但是我国绝大部分的行业协会都不是在市场经济发展的过程中产生和发展的,而是在行政指导下成立的。这种设立背景导致我国绝大部分的行业协会在体系架构上较为粗糙,日常运营带有浓厚的行政色彩。在建立社会主义市场经济体制、转变政府职能的过程中,这种行业协会需要进行改革以适应新的体制,但是在这些行业协会改革的过程中往往

---

① 于欣丽:《地域文化差异对标准化工作的影响》,《世界标准化与质量管理》2006年第12期。

② 王平、梁正、[美]迪特·恩斯特:《我国自愿性标准化体制改革的愿景和挑战——试论市场经济条件下产业标准化自组织》,《中国标准化》2015年第9期。

会面临不少困难。①

当然，在我国建立社会主义市场经济体制、转变政府职能的过程中，行业协会的重要性及其弊病都得到了重视，因此行业协会的问题正在逐步被克服。但是长期以来的体制和行为习惯对于行业协会当前的运作影响还是非常深远的，如何培养和发展行业协会仍然是一个远未解决的问题。由于标准化活动是涉及各行各业的广泛性的活动，因此各行各业行业协会的完善都影响着标准化活动的开展，真正意义的行业协会的培育和发展任重而道远。②

四 社会自我创新能力不足

按照公共行政理论，人类社会的基本活动机制有三种：政府权威机制、社会自我管理机制、市场机制。这三种机制各有其优势与劣势，各有其职能与活动范围，共同解决人类面临的各种发展问题。政府权威机制是由政府公共部门运用公共权力提供公共产品的机制；社会自我管理机制是由非政府组织即第三部门依据参与者的共同协商和共识进行社会自我管理的机制，主要活动在社会自治领域，提供一部分混合公共产品以及私人产品；市场机制则是以市场为配置社会资源的主要方式的经济体制，是由私人部门提供私人产品的有效机制。其中，政府应集中公共资源，利用私人部门组织商品和劳务的生产，并大量依靠非政府组织的力量来进行公共服务；将社会服务和管理的权力下放给非政府组织。在任何国家，社会事务既离不开政府的有效管理，也离不开各类社会组织的自主管理。只有这两种不同方式的管理都发挥了积极的作用，社会才能健康地发展。③

改革开放的经验证明，经济领域的繁荣发展是政治和社会稳定的基石。因此，从20世纪90年代开始，政府开始全力推进市场化改革。同时，政府也在税收、法律、价格、金融、人力资源、投资融资等方面进行和市场化改革配套的改革，努力培育"自主经营、自负盈亏、自我发展、

---

① 徐京悦：《市场经济条件下标准化体制构想——行业协会如何发挥作用?》，《中国标准化》2001年第11期。
② 徐京悦：《市场经济条件下标准化体制构想——行业协会如何发挥作用?》，《中国标准化》2001年第11期。
③ 罗虹：《用公共行政理论看中国的标准体制》，《世界标准化与质量管理》2004年第12期。

自我约束"的市场主体。在上述改革政策的推动下,各类企业的经营管理权比起以往得到了进一步扩大,以产权为纽带的企业集团逐渐建立起来,投融资渠道多元化的格局也开始形成,这使得企业逐步成为能够参与市场自由竞争的主体。①

对于市场而言,行政管理能够发挥的作用是有限的。用行政管理的方式对市场进行管理,政府权力很容易因为市场本身的性质无法发挥作用,甚至有可能产生相反的作用。这在一定程度上导致"政府失灵"的情况。我国1988年《标准化法》确立的标准化管理体系是在行政体系下形成的,是行政权力对市场进行管理的一部分,因此我国的标准化管理体系具有很强的行政管理的特征。这一形成背景导致了在1988年确定标准体制的时候,采取的是"政府—企业"这种由政府权力直接对企业进行管理的两类主体运行模式,而没有选择在标准体制中引入第三部门。这不仅意味着政府的负担加重,也意味着第三部门及其标准所具有的中立性、自主性、贴近市场、灵活性等诸多优势无法发挥,最终导致了标准制定滞后于市场,不能够满足市场需求。②2017年修订后的《标准化法》引入团体标准,改善了这一状况。

五 未充分发挥企业在标准化工作中的主体作用

制修订标准的目的是为了标准能够在生产生活中得以实施,并且发挥其功效,这就意味着制修订的标准需要能够符合和及时跟上市场的需求和变化。而企业作为市场经济活动中的主体,对于市场的变化和需求有着最为直接的感受。基于企业的这一优势,企业应当成为标准制修订的主体之一。然而,我国的标准制定主要渠道是由全国专业标准化技术委员会(TC)组织有关企业、标准化研究机构、专业研究机构和有关院校进行制定。实际工作中,标准化技术委员会的成员大多是来自科研院所的专家,而企业成员相对较少,标准化过程中缺乏有效的机制使得标准的立项充分反映市场和企业的需求。

企业是否能够在市场竞争中取得胜利决定着企业在市场中存续的时间

---

① 房庆、汤万金、杨赛、程顺:《关于我国技术标准管理体制转型战略重点的思考》,《中国标准化》2003年第12期。
② 罗虹:《用公共行政理论看中国的标准体制》,《世界标准化与质量管理》2004年第12期。

长短。标准化工作在市场竞争中发挥作用,决定着标准化工作在企业各项工作中的地位和存在价值。[①] 在成熟的市场环境中,企业标准化是所有标准化工作的基础。龙头企业的标准往往高于强制性标准,代表着所在行业的最高水平和竞争力。但是目前,我国的标准化工作还存在问题:企业对标准化工作认识度和重视程度不够,标准化管理薄弱,各项标准实施情况较差,以及大多数企业的采标意识薄弱。这些问题在中小企业尤其突出。这种情况的出现主要是由于以下两个原因:第一,企业没有意识到标准化工作在市场竞争中的重要性。这使得企业并不重视标准化工作,没有建立企业标准体系;或者虽然企业制定了标准,但是企业标准并没有得到贯彻实施,甚至有的企业也没有遵循国家强制性标准并进行审查。第二,现行的标准在制修订时缺乏标准使用主体的参与,致使制定出来的标准与企业实际需求脱节。因此企业缺乏使用标准的积极性,处于被动接受的状况。如此循环往复,最终形成了一个标准化工作的恶性循环,不利于我国标准化事业的健康发展。

[①] 徐京悦:《我国标准化体制评介》,《中国标准化》2001年第7期。

第四章 中国标准化体制与医疗卫生体制比较研究

第一节 标准化体制与医疗卫生体制的相似性分析

不管是从政府部门的主导作用和多头管理,还是从信息不对称问题或改革的目标而言,中国的标准化体制与医疗卫生体制具有高度的相似性。

一 政府主导

中国的医疗卫生体制改革开始于1985年,至今共经历了六个阶段。

第一阶段(1985—1992年)

这一阶段是医疗卫生体制改革的起步时期,改革的内容主要集中于医疗卫生管理体制和运行机制两个方面。在这个阶段,受到改革开放和国有企业改革的影响,医疗卫生体制开始逐步市场化。因此,政府也开始逐步减少对医疗卫生领域的资金投入,更多地采取政策改革的方式对医疗卫生体制进行改革。在这个阶段,医疗卫生体制改革在很大程度上是模仿其他领域的改革方式进行的,并没有对医疗卫生体制的自身特性、存在的问题进行深入的认识和分析。因此,这个阶段的医疗卫生改革仅停留在初级阶段,并没有触及中国医疗卫生体制的根本问题。①

---

① 邹东涛主编:《中国经济发展和体制改革报告 No.1:中国改革开放30年(1978—2008)》,社会科学文献出版社2008年版,第667页。

第二阶段（1993—2000 年）

政府开始探索适应社会主义市场经济制度的医疗卫生体制，医疗卫生改革处于探索阶段。在这个阶段，医疗卫生体制中出现了过分重视收益而忽视医疗服务公益属性的情况。为了纠正这一问题，国务院和相关部门制定了一系列的政策和文件，提出了医疗卫生体制改革的总要求，但是并没有采取更进一步的措施。这个阶段的医疗卫生体制改革缺乏整体性和系统性。

第三阶段（2001—2004 年）

在这一阶段，医疗卫生体制改革中争议的主要问题是医疗卫生制度应当是市场主导还是政府主导。受到市场化的影响，虽然政府在医疗卫生上投入的经费逐年增加，但是主导性却在不断地下降。市场对医疗卫生事业的影响越发明显。而2003年"非典"的暴发，暴露了医疗卫生事业市场化存在的诸多弊端。但争论市场主导还是政府主导的同时，医疗卫生体制改革工作并没有停滞。在这个阶段，以医疗卫生体制改革为主体，医疗保险体制改革和药品流通体制改革为两翼的医疗体制改革设想开始大规模实施，比如医院产权改革。这个阶段，改革的领域和层次不断提高，方法和手段也日益成熟。

第四阶段（2005—2008 年）

基于1985年以来医疗卫生体制改革的方式，国务院发展研究中心与世界卫生组织于2005年7月发布了《中国医疗卫生体制改革》研究报告。该份报告在前一阶段关于市场主导和政府主导的争论上得出结论，当前的中国医疗卫生体制改革存在很大的问题，基本上是不成功的。这个报告引起了广泛的关注，并且开启了医疗卫生体制改革的新阶段。

2005年开始，医疗卫生体制改革的重点开始从原本的让市场在医疗卫生事业中发挥作用转向关注医疗卫生事业的公益性质。这一做法是建立在对前一阶段关于市场主导和政府主导的争论的反思和经验总结之上的。并且，基于对于医疗卫生事业公益性质的关注，医疗机构的服务质量管理问题也被纳入了医疗卫生体制改革的范围。这一扩大的改革范围使得医疗体制改革进入到了下一个阶段。2006年，医疗体制改革协调小组成立，该小组负责协调各方利益，并且试图解决医疗卫生体制改革的核心问题——以药养医的问题。这一阶段，新医改的完整方案有望出台。

第五阶段（2009—2014年）

2009年3月17日，《中共中央国务院关于深化医药卫生体制改革的意见》向社会公布。该份文件提出了医疗卫生体制改革的两个目标。第一个目标是近期目标，关注减轻居民的医疗费用负担和切实缓解"看病难、看病贵"的问题。第二个目标是医疗卫生体制改革的长远目标，要求医疗卫生体制改革最终要"建立健全覆盖城乡居民的基本医疗卫生制度，为群众提供安全、有效、方便、价廉的医疗卫生服务"。这一阶段的改革主要在政府的主导下展开，关注完善医药卫生四大体系，着力抓好五项重点改革。

第六阶段（2015年至今）

2015年3月，国务院办公厅发布了《全国医疗卫生服务体系规划纲要（2015—2020年）》。这份文件对于2015年到2020年间的全国医疗卫生服务改革目标和规划提供了指导。根据该份文件的内容，医疗卫生服务改革需要解决的重点问题包括三个方面：医疗卫生资源总量不足、质量不高、结构和布局不合理；卫生服务体系碎片化；部分公立医院规模不合理。同时，该份文件也结合"互联网+"的趋势，提出了对医疗卫生体制改革的新要求，包括：医疗卫生技术要与"云计算、物联网、移动互联网、大数据等信息化技术的快速发展"相互连接；通过高新技术和医疗卫生体制的结合，优化医疗卫生的业务流程，提高医疗卫生服务效率，深刻转变医疗卫生服务模式和管理模式。该份文件为2015—2020年这个阶段内的医疗卫生服务改革提出了新的目标："优化医疗卫生资源配置，构建与国民经济和社会发展水平相适应、与居民健康需求相匹配、体系完整、分工明确、功能互补、密切协作的整合型医疗卫生服务体系，为实现2020年基本建立覆盖城乡居民的基本医疗卫生制度和人民健康水平持续提升奠定坚实的医疗卫生资源基础。"

在这个阶段，医疗卫生体制改革的原则是：坚持公平和效率统一；坚持健康需求为导向；坚持政府主导和市场机制相结合；坚持系统整合，加强全行业监管与属地化管理，统筹城乡、区域资源配置，统筹当前与长远，统筹预防、医疗和康复，中西医并重，注重发挥医疗卫生服务体系的整体功能，促进均衡发展；坚持分级分类管理，充分考虑经济社会发展水平和医疗卫生资源现状，统筹不同区域、类型、层级的医疗卫生资源的数量和布局，分类制定配置标准。[①] 可以说，这阶段医疗改革的目标和原则吸取了我国之前医疗改革过程中的教训，并且在方法上，本阶段医疗卫生改革也和最新的信息化技术结合起来，通过技术手段建立和完善人口健康信息化标准规范体系，推动惠及全民的健康信息服务和智慧医疗服务以及推动健康大数据的应用，从而更好地推进医疗卫生体制改革。

通过对我国医疗卫生体制改革进行分阶段考察和回顾可以发现，我国的医疗卫生体制改革从1985年至今经历了"政府—市场—政府主导和市场机制相结合"的过程。在经历了20世纪90年代开始的市场主导的探索之后，医疗卫生作为公益服务事业的重要性再次被认识，正在回归公共服务的属性，同时在市场主导阶段的改革经验也被吸收，形成了目前政府主导和市场机制相结合的局面。纵观改革历程，不管是单一的市场化，还是单一的政府主导，我国的医疗卫生改革并未达到令人满意的效果，因此，医疗卫生体制改革开始向政府主导和市场机制相互结合的方向前进。这种做法的目标是重建医疗卫生体制改革中"政府—市场"的关系，建立和实现新的治理模式，从而让政府与市场在医疗卫生这一公共领域能够形成良性互动。

和医疗卫生体制改革的发展历程一样，我国标准化体制发展也经历了"政府主导—政府和市场相结合"的过程。我国标准化体制中的"政府主导"主要表现在国家标准、行业标准、地方标准都是政府主导下的标准，1988年《标准化法》确立了政府机构在我国标准化工作中的绝对主导地位。而2017年修订后的《标准化法》引入了让市场主体自主发挥作用的团体标准，虽然政府仍然具有主导地位，但是我国标准化体制的发展已经开始逐渐向"政府主导和市场机制相互结合"转变。

在早期确立的"政府主导"的标准化体制下，我国标准化工作有很强的行政特征，具有层次鲜明的标准化工作行政管理体制。在计划经济体制下，这种行政化的管理体制具有很高的行政效率。但是这种标准化管理

[①] 国务院办公厅：《全国医疗卫生服务体系规划纲要（2015—2020年）》（国办发〔2015〕14号），中华人民共和国中央人民政府网站，2015年3月30日，http://www.gov.cn/zhengce/content/2015-03/30/content_9560.htm，2020年12月29日。

体制并不能够很好地在标准制修订时对市场的需求做出反应，并不适应市场经济。这表现在两个方面：一方面，我国正在进行"社会主义市场经济改革"。在这个变化的过程中，各个行业内的相关企事业单位的数量都在迅速大幅度地增加，并且行业快速发展，技术更新换代的速度加快，这使得承担标准化技术委员会秘书处工作的龙头企事业单位在行业中作为行政主导的影响力减弱。在标准制修订的时候，对各利益相关者的诉求进行统筹和协调的难度比以往更大。另一方面，我国的标准化工作中存在国家经费使用和技术应用相对垄断的问题。对于大部分的利益相关者而言，标准化活动的信息与资金来源的公开性和透明度都不够。这导致大量新出现的企事业单位没有通畅的渠道参与标准的制修订，也导致他们参与标准制修订的积极性不高，发挥的作用也不大。大量新兴的企事业单位在标准制修订中的缺位造成的后果是标准制修订滞后于市场变化，标准的内容也滞后于技术的发展水平。[1] 标准并不能够满足市场需求，也无法解决企业在生产中因为缺乏符合市场要求的标准而面临的问题。因此，2017年修订的《标准化法》将"团体标准"纳入我国的标准体系中，使其成为我国法定的标准类别之一。这种做法能够鼓励更多的社会团体、行业联盟以及其他的市场主体参与标准制定，使得标准制定、修订能够适应甚至引领市场变化，也使得标准的内容和技术与当前通用的技术相匹配，甚至通过标准化促进技术的发展。

二　信息不对称问题

2009年新医改方案出台标志着我国的医疗卫生体制改革进入新的探索阶段。而从新医改方案出台至今，医疗卫生体制中的信息不对称问题一直是讨论的热门话题。虽然医疗卫生体制改革在不断地探索，但是百姓"看病贵、看病难"、医疗纠纷频发等矛盾仍然日渐突出，甚至出现了多起医闹、杀医事件。这是医疗矛盾越来越严重的显著例证，而导致这种医疗纠纷的原因之一就是医疗卫生体制中的信息不对称问题。患者无法获得充足的信息，也就对医生充满担忧和不信任。在这种情况下，如果治疗标准没有达到患者的要求，就可能导致医疗矛盾。此外，医疗服务面临更加

---

[1] 王健敏、皇甫立霞、郭开华：《国外经验对我国标准化建设的启示》，《科技管理研究》2010年第20期。

严重的供需矛盾。随着生活水平的提高，人们对医疗服务有了更高的要求，但是目前高水平、高质量的医疗资源供给不足。需求迅速增长和高水平、高质量的医疗资源增加缓慢导致了比以往更加严重的供需矛盾。[1]

医疗服务的特殊性在于因为医疗服务本身的性质以及医疗卫生体制等问题而存在大量信息不对称的现象，如医患之间的信息不对称、医疗服务机构和医疗监管机构之间的信息不对称等。[2] 医患之间的信息不对称是医疗服务的特殊性导致的。医疗服务需要很强的专业性和技术性，但是就诊的患者通常不具有此类专业知识，他们无法判断医疗服务机构的诊疗水平、价格以及医生的职业道德等是否符合规范。医疗服务机构与监管机构之间的信息不对称则更多地是由医疗卫生体制所导致的，比如因为信息传递不流通、缺乏信息公开制度导致医疗服务市场中信息公开程度不够。

医疗信息的高度不对称就会导致一系列社会问题。第一，医疗信息的高度不对称会导致患者涌向大中型综合医院。这使得轻病重治、滥用器械和重复检查现象经常出现，大中型综合医院医疗服务资源供不应求，而小医院和社区医院则缺乏患者，进而造成医疗资源配置的扭曲：本应承担常见疾病救治的小医院和社区医院无法发挥原本的作用，而承担重症救治的大中型医院却不得不将大量的医疗资源花费在本应由小医院和社区医院进行治疗的常见疾病上。第二，医疗信息的高度不对称很容易引发"道德风险"。在医疗信息高度不对称的前提下，医生具有高度的知识权威，并且在提供服务的时候有着绝对的控制权和决策权，这就导致了部分医生可能会为了获得回扣或者其他利益对患者进行过度医疗。比如要求患者进行不必要的医疗检查等，而患者因为缺少相关的信息，只能被动地接受医生的决定，这就损害了患者的利益。[3] 当这种现象被发现并且被媒体报道之后，很容易在社会上形成对于医生和医疗体制不信任的氛围，医疗纠纷和暴力医闹事件更容易发生。

由上所述可以发现，医疗服务市场长期存在的医疗信息不对称是导致医疗领域一系列问题的根源。因此，推进新医改的一个重要目标是改善医

---

[1] 刘浩然、汤少梁：《信息不对称条件下医疗服务市场主体间的博弈关系分析》，《医学与社会》2016 年第 4 期。

[2] 刘浩然、汤少梁：《信息不对称条件下医疗服务市场主体间的博弈关系分析》，《医学与社会》2016 年第 4 期。

[3] 王丹：《信息不对称下的医疗服务市场分析》，硕士学位论文，吉林大学，2011 年。

疗信息不对称，探索修正医疗信息不对称的机制设计。这对解决"看病难、看病贵"和打破"以药养医"的锁定效应，具有深远的意义。

我国标准化体制中同样存在着信息不对称问题，主要体现在标准的制定与修订缺乏透明度，信息反馈不畅通，不能适应市场经济和我国加入WTO的要求。按TBT通报制度要求，WTO成员方应当向国内和国际公开强制性标准或技术规范。但现实情况是，国内标准的制修订过程并不符合上述要求，并未完全向社会公开。在制修订过程中，即使标准起草小组或技术委员会秘书处公开了标准制修订的方案，这些制修订方案也往往只是发布在制修订组织的官方网站上。而目前参加国内标准制修订的标准起草小组和技术委员会秘书处较多，同一个行业中制修订标准的起草小组和技术委员会秘书处可能由不同的组织承担。如果企业希望了解本行业目前的标准，他们需要花费大量的人力、精力在不同的网站查找标准的制修订方案，这给企业带来了极大的工作压力，也导致即使是向社会公开的制修订方案也很难及时获得来自相关企业和人员的意见反馈。缺乏统一的制修订标准草案发布平台也是我国目前标准制修订过程中存在的一个问题。在缺乏有效机制的情况下，标准制定过程的透明度无法保障，这往往会导致标准制定不能够遵循协商一致原则进行。更严重的是，这会导致作为标准实践主体的各个企业，对于标准制定的计划和信息缺乏了解，甚至无从获知标准已经制定的信息，这会对标准作用的发挥以及我国的标准化体制产生严重的负面影响。

综上所述，医疗服务和标准化工作在信息不对称上具有高度的相似性，均体现在如何建构政府、市场和社会组织之间的信息共享平台，如何设立合理的激励与约束机制，从而降低信息不对称性。

三 多头管理是改革症结所在

我国医疗卫生事业行政管理中涉及多个领域，职责高度分散、权责不对等问题较为突出。[①] 比如城市医疗保险（劳动保障领域）、医疗救助（民政领域）、计划生育、药品监管（行政领域）、卫生、医疗用品价格（物价调控领域）等诸多领域都与医疗卫生事业的行政管理相关。医疗卫

---

① 李玲：《医疗卫生管理体制改革从哪儿"开刀"》，《人民论坛》2010年第17期。

生体制中的多头管理无疑会对医疗卫生事业行政管理的效率、效果等方面产生负面影响，并且各部门利益不同也会阻碍医疗卫生体制改革。因此，多头管理是医疗卫生体制改革的症结。多头管理给医疗卫生事业行政管理带来的负面影响体现在以下两个方面：一是医疗卫生体制中缺乏一个对相关事物进行统一协调管理并且责任、权利和手段统一的部门。现行的医疗卫生体制中各部门分散管理属于本部门的问题，但是这些部门在进行管理的时候往往会涉及本部门无权管理的领域。比如，提供公平有效、满足社会多层次需求的卫生服务的责任属于卫生部门，但是实现这一目标需要对人、财、物等资源进行调度，而医保基金、医疗人才培养、医疗药品价格制定等权限并不属于卫生部门，这就导致了卫生部门履行其职责的时候会面临困难。二是管理权限分属于不同的部门，协调困难，导致部门之间的工作很难形成合力。各个部门之间的责任、权利和义务的边界都不清晰。这种现象导致的最终结果就是医疗卫生事业政策在整体性、一致性和部门联动执行上都存在明显的缺陷。①

同样，面对经济和技术快速发展，我国现有的标准化管理体制不仅灵活性和适应性较差，而且在协调各行业各部门标准上困难重重。各行业、各部门独立制定和管理本行业的标准是现有标准化管理体制存在协调问题的根本原因。各行业、各部门之间不存在互相隶属的关系，各行业、各部门独立进行标准制修订，甚至出现针对同产品的标准内容相互矛盾和冲突。②此外，部门利益的存在加剧了标准协调的困难程度。对于新被纳入《标准化法》的团体标准而言，我国目前的团体标准是由各个社会团体自行制定的，缺乏一个允许各个团体之间进行协调沟通的机制或者平台。而我国各个行业内都有较多的社会团体，这些社会团体关注的具体业务领域存在交叉重复的情况。在这种情况下，缺乏各个团体进行协调沟通的机制或平台，很容易导致社会团体制定的团体标准内容重复交叉，甚至互相冲突。团体标准内容重复交叉会导致社会资源的浪费，而团体标准内容矛盾冲突则会导致标准实践主体在团体标准的选用上面临困难。最后，标准实践主体可能因此放弃适用团体标准，只采用国家标准。这就无法实现通过团体标准促进创新和行业内企业标准化水平提高的目

---

① 李玲：《医疗卫生管理体制改革从哪儿"开刀"》，《人民论坛》2010年第6期。
② 马飞、李天煜、曾红莉、张迪：《东北亚国家标准化战略研究与分析》，《中国标准化》2018年第3期。

标。

四 兼顾公平与效率是改革的最大目标

目前的医疗卫生体制改革更加关注医疗卫生事业的公益性质，因此，医疗卫生体制改革更加强调医疗卫生服务的公平性。加大政府卫生投入，进一步扩大基本医疗保障覆盖的人群，逐步实现公共服务均等化等举措都是为了实现医疗卫生服务的公平性。新医改方案要求充分优化整合和配置现有的医疗资源，并且医疗资源的投入要向弱势群体倾斜；而新增的医疗卫生资源需要根据区域卫生规划进行分配。在任何时候，相较于人们的健康保健需求和医疗服务需求，医疗卫生资源都是稀缺的。因此，医疗卫生资源的分配是需要分阶段进行的：第一阶段是提高医疗卫生资源的总量；第二阶段是将医疗卫生资源公平地在地区、人群之间进行分配，各方共享医疗改革带来的成果。[①] 但是，在以往的医疗改革中，"重效率、轻公平"是一个明显的发展倾向，这导致了过往的医疗卫生服务的公平性差、对患者的需求反应度低并且浪费程度高。

过往医疗改革对于公平的忽视导致了医疗格局中不公平现象频发的同时，也导致了医疗制度缺乏效率。[②] 虽然公平和效率两者之间的逻辑关系已有很多学者反复论证，但现阶段关于两者关系的探讨仍存在两个问题。首先，对于"公平优先"还是"效率优先"的相关讨论和研究陷入了一种无解的循环论证中。其次，在相关的讨论中，很多研究将"公平"和"效率"割裂讨论，认为"公平"和"效率"是互相对立的，或者至少是存在相互对立倾向的。这种将"公平"和"效率"割裂对立的做法，破坏了两者之间关系的整体性，从而无法实现系统的动态平衡。"公平"和"效率"不存在何者优先的问题，也不是一个割裂对立的关系，"公平"和"效率"是一个辩证统一的关系。医疗改革应当关注"公平"，这是由医疗服务和群众的生命健康权息息相关的特征所决定的，所有人的生命健康权都应当得到保障和实现；同时，医疗改革也应当关注"效率"，

[①] 皖怡、贺加：《新医改背景下卫生资源配置制度伦理研究——以效率与公平的平衡为视角》，《中国医学伦理学》2012年第2期。

[②] 邵海亚、王锦帆：《新医改中多方主体的地位、作用、利益需求及公平效率研究》，《行政论坛》2016年第5期。

如果医疗机制缺乏足够的"效率",那么就无法切实地保障人民群众的生命健康安全。一个理想的医疗改革资源配置的公平应是为民主社会的公共理性而建立,并体现出权利与义务公正合理的配置主张;而效率应是指以合理的成本并保证质量前提下,以最小资源成本投入获得产出。在医疗资源有限的现实情况下,需要根据需求的重要性、紧急性等因素对需求进行排序,并且根据这个优先次序对资源进行合理的分配和规划。这样才能够分阶段地将资源投入到边际效益较高的卫生服务领域,从而保证卫生系统健康运行,促进医疗卫生系统的可持续发展。

要促进医疗资源分配效率和公平的平衡发展,需要在实践中运用正确的方法或策略,更要注意决策的价值观或规范的引导。医疗卫生资源配置并不仅是一个纯粹的技术问题,更是一个重要的伦理和社会问题。在医疗卫生资源配置的过程中需要各个利益相关方的参与。在医疗卫生资源配置的过程中为各个利益相关方提供分享和表达利益诉求的平台和机会,并且促进各个利益相关方进行讨论和分享,从而形成关于医疗卫生资源配置的社会共识。这种社会共识认知需要以能正确引导决策的价值观乃至信仰体系为基础,也需要从制度上引入公平程序和制衡机制加以保障。[①]

在标准化体制中也是如此。在标准化体制中,政府、企业、行业协会、消费者等相关主体之间存在利益博弈,如何既保证标准制定中各利益的平衡,保证程序上和实体上的公平,又能够兼顾效率是标准化体制创新的重要一环。

总之,不管是医改还是标准化创新,必然涉及利益再分配问题,而相关的公正程序也会受到原先利益格局强势方的阻挠和挑战,但是将公平、效率的平衡融入资源配置的制度设计,建立起各方有效互动与制衡的机制,不仅是为了实现利益再分配,更是希望实现利益的共生和共享,最终实现资源配置的公平与效率平衡可持续发展。

第二节 医疗卫生体制改革的路径和方法

我国医疗卫生体制改革大致是"政府—市场—政府主导和市场机制相结合"的过程。而在以"政府主导和市场机制相结合"为目标的新一

---

① 崔怡、贺加:《新医改背景下卫生资源配置制度伦理研究——以效率与公平的平衡为视角》,《中国医学伦理学》2012年第2期。

轮医改中，很重要的一点就是在导入市场机制的同时，保证和维护"公共医疗卫生的公益性质"，坚持政府在医疗卫生体制改革中发挥主导作用，有效引导和监督医疗服务，保证医疗服务的公平和效率。

一 公共利益的回归路径

坚持"公共医疗卫生的公益性质"已被政府确立为新医改的核心原则，恢复公立医院公益性的医改试点工作已经展开。那么弄清楚究竟什么是医疗卫生服务的公益性，对了解我国医改的路径和方法有着重要的意义。[①] 因此，我们需要对"公益性"这一概念作出总体性的界定，否则就会缺乏评价一个医疗机构提供的医疗卫生服务是否具有公益性的标准，也会导致无法判断公立医院在运行的过程中是否将自身的发展和营利置于政府意志、社会利益和群众的生命健康权的实现之上，并最终可能会导致医改的结果实际上背离"公共医疗卫生的公益性质"目标。如果不对公益性做出可操作性的界定，医改将会成为没有目的和判断标准的改革。

公益性，即公共利益。从公共利益的理论发展过程来看，公共利益是利益相关者在利益分配上相互妥协的结果。因此，从理论上对公共利益做出实体性的界定是非常困难的，通过民主程序提高对某种利益的公共性的认同是一种更合适的方法。[②] 关于"公共利益"的争议通常都不是如何准确地定义"公共利益"，而是在于通过何种途径和方式，国家机关和民众之间能够达成共识从而确定"公共利益"，而达成共识的前提是公众需要承认国家机关享有"权力利益"这一客观事实。[③] 因此，讨论如何能解决"公共利益"问题实质上就是讨论如何在权力利益和权利利益，即私人利益之间取得平衡。而目前对于这一问题的理论研究和实践经验都表示，建立双方沟通和交流的平台，保证公众有充分的参与讨论的机会，从而使得公众的意见能够通过合法的途径得到表达并且最终以合法的方式得以实现，是解决"公共利益"问题的最有效的方法。[④]

---

① 周业勤：《公益性的回归路径：公共利益视角下的我国医疗改革》，《中国卫生事业管理》2010年第10期。
② 周业勤：《公益性的回归路径：公共利益视角下的我国医疗改革》，《中国卫生事业管理》2010年第10期。
③ 刘连泰：《"公共利益"的解释困境及其突围》，《文史哲》2006年第2期。
④ 刘文静：《公共利益的定义为何不好下》，《检察日报》2004年8月25日第8版。

二 政府主导的实现路径

新医改坚持采用"政府主导"的模式,要求不能完全将医疗保障交给市场处理,但这并不意味着现行医疗保障体系面临的问题完全是由市场化所导致的。现行医疗保障体系的不健全、不完善才是导致患者个人医疗费用负担过重的主要原因。我国现行的公共医疗保障体制主要包括城镇职工基本医疗保险、城镇居民基本医疗保险以及新型农村合作医疗。由于城乡差别的现实情况,三种体制在很长一段时间内并存,但是目前,这三种体制正在向一体化的保障制度转变。2016年1月,国务院印发《关于整合城乡居民基本医疗保险制度的意见》,要求推进城镇居民医保和新农合制度整合,逐步在全国范围内建立起统一的城乡居民医保制度。由此开始,我国公共医疗保障体制由原本区分城镇和农村医保开始逐渐转变为统一的城乡居民医保。除了逐步推进全民医保外,政府还采取了增加医疗保险机构的财力、改善医疗保险的付费机制、建立竞争性的首诊制度、采取固定人头付费的支付体系、适当赋予医疗机构对医疗服务的定价权、打破医疗服务的垄断经营等措施。

总之,医疗卫生体制改革是一项整体性的系统工程,一定要用系统性思维来看待新医改中政府主导的路径选择。[①]

三 效率与公平的平衡

医改的最终目的是要实现公共医疗卫生机构的公益性回归,而公益性回归则具体体现在各利益相关者之间的利益平衡上。《中共中央国务院关于深化医药卫生体制改革的意见》明确指出,要正确处理政府、卫生机构、医药企业、医务人员和人民群众之间的关系。医改的公益性回归要求医改方案能够在这些利益相关者之间取得利益平衡。而根据哈贝马斯的程序主义商议民主政治理论,只有让上述利益相关者在平等、自由的条件下进行商谈,方有可能实现公益性的回归。[②] 因此,新医改的首要任务是为所有的

[①] 蒋涌:《论新医改"政府主导"的实现路径》,《卫生软科学》2010年第3期。
[②] [德]哈贝马斯:《在事实与规范之间:关于法律和民主法治国的商谈理论》,童世骏译,生活·读书·新知三联书店2003年版,第155页。

利益相关方提供一个平等、自由的表达利益诉求的平台，并且允许他们在这个平台进行自由的沟通和协商，最后得出各个利益相关方共同认可的医改方案。所有的利益相关方都应当在表达和沟通利益诉求的过程中发出声音，并且他们的声音都应当被听到和考虑。因为无论是哪一类利益相关方的缺席，都会导致最终医改方案的"公益性"降低，导致各方对医改方案的认同减少，并最终会导致医改方案可能无法有效地实施且解决问题。[①]

而在此前医疗卫生改革利益相关方的诉求表达和沟通中，患者作为医疗卫生服务消费者的利益诉求长期以来都很少被听到。虽然医疗卫生改革一直在关注患者，但是患者一直处于"被代表"的地位。患者的利益诉求应当由患者这个群体自行表达。因此，为实现医疗卫生服务公益性的回归，就应该首先组建真正属于患者、代表患者的利益集团来参与医改、监督医改、评价医改。但是，和医疗卫生服务中的其他利益相关方不同，患者作为利益相关方存在利益诉求多样、力量分散等情况，这导致患者很难选出某个群体作为帮助他们进行利益诉求表达和沟通的代表。因此，医疗卫生改革希望各个利益相关方，特别是患者作为利益相关方参与其中，首先要解决如何组建属于患者、代表患者的利益集团这一问题。

第三节 医疗卫生体制改革可以借鉴的经验

一 明确政府的职责范围

从医疗卫生服务的属性来看，医疗卫生服务是准公共物品，兼有私人物品和公共物品的属性。其中，医疗机构提供的疾病诊断和治疗可以作为私人物品，公共卫生服务和基本医疗可以作为公共物品。[②] 私人物品由市场提供，公共物品由政府提供，政府和市场在各自的领域内发挥作用。但是医疗卫生服务制度有其特殊性。无论是私人物品还是公共物品的医疗卫

[①] 周业勤：《公益性的回归路径：公共利益视角下的我国医疗改革》，《中国卫生事业管理》2010 年第 10 期。

[②] 臧星辰：《医疗改革市场化中的政府职责——以宿迁市医改为例》，《重庆科技学院学报》（社会科学版）2012 年第 1 期。

生服务都涉及对群众的生命健康权的保障。而个人的支付能力是存在区别的，低收入者和弱势群体可能没有能力购买由市场提供的、作为私人物品的疾病诊断和治疗服务。为了保障所有群众的生命健康权能够平等地实现，无论是作为公共物品的公共卫生服务和基本医疗，还是作为私人物品的医疗卫生机构提供的疾病诊断和治疗服务，政府都应当进行干预并且发挥作用。换言之，为了保障低收入者和弱势群体也能够平等地享受到医疗卫生服务，以及为了保障公平和社会稳定，对于任何一种医疗卫生服务，政府都应当发挥作用，保证医疗卫生服务的公平供给。

具体来说，政府的职责主要体现在以下三个方面：

（1）加强政府对医疗行业的监管，创新医疗管理体制。加强政府监管主要是强调政府医疗管理部门对医院乱收费、以药养医等问题的监管。通过健全相关的法律法规、建立市场准入制度和服务质量监督体系、建立全民医保制度来加强监管，促使其健康发展。

（2）建立公共财政的长效投入机制。为了发挥政府在保证医疗卫生服务公平提供方面的作用，政府需要将公共财产有效投入到公立医院、民营医院和基层卫生服务，但是如何保证这种投入是有效的，则是政府需要解决的一个问题。

（3）建立有效的公私合作机制，即建立政府主导和市场机制相结合的医疗卫生服务机制。医疗卫生是一个兼有公共物品和私人物品性质的混合物品，而医疗卫生又涉及群众生命健康权的平等实现。为了保障弱势群体和低收入群体也能够平等地享受医疗服务，保护他们的生命健康，即使是对于具有私人物品性质的医疗卫生，政府也应当发挥其作用。单纯的市场化并不能够解决当前的医疗卫生服务问题，反而会导致低收入者和弱势群体在购买医疗服务的时候处于弱势地位。但如果纯粹地由政府对医疗卫生领域进行管理和分配，则会导致医疗卫生服务问题越来越严重。因此，要解决目前面临的医疗卫生服务问题，需要市场和政府同时参与。在医疗卫生领域，政府和市场应当要发挥各自的作用，公立医院和民营医院分别提供不同的服务、满足不同的需求，实现优势互补：民营医院提供的医疗服务的重点在于医疗服务的个性化和患者多层次需求的满足；而政府则负责出资提供覆盖范围广的基本公共医疗服务，如卫生保健、疾病免疫等。[①]

---

① 臧星辰：《医疗改革市场化中的政府职责——以宿迁市医改为例》，《重庆科技学院学报》（社会科学版）2012年第1期。

二 政府购买服务[①]

政府购买服务方式是指政府如果认为某类服务应当为全体民众或某些人群获得，就可以通过购买服务的方式为他们埋单。就政府补偿公立医疗机构政策的弊端，新的医疗卫生体制改革的方案进行了针对性的改革，以政府购买服务的方式取代了原有的政府供养公立医疗卫生机构的模式。[②]为了在保障公共利益的同时尽可能地不增加政府的服务成本，政府通常在某些领域选择通过向所有符合资质的服务者购买服务的方式来保障公共利益，这就是被称为"补需方"的政府购买服务模式。而在医疗卫生服务领域内，政府可以向需要这些物品或服务的人分发专门的免疫券，然后受益者可以自由选择医疗服务提供者。这种方法的优势在于能够提高医疗卫生服务事业的整体效率、节约大量的行政成本，同时也能够促进医疗卫生服务机构之间的竞争，从而促使医疗卫生服务机构提高服务质量。换言之，医改中的"补需方"是指政府将财政资金投入改变方向，重点领域由提供服务的医疗行业转向需要医疗服务的患者群体。此外，"补需方"也特指在公立医疗保险方面的财政资金投入，这表现为政府以普惠制的方式为城乡居民提供医疗保险参保补贴，同时通过城乡医疗救助的方式，为弱势群体支付全额或者部分参保费用。这种全民医保的方式能够减轻民众在医疗卫生服务费用方面的负担，有效地缓解"看病贵"的问题，也可以筹集更多的资金，为医疗机构提供更大的市场空间。

但是，除了"补需方"之外，医改也仍然关注"补供方"。"补供方"是指政府仍然向医疗卫生服务的提供者提供财政资金的支持，以促进医疗卫生服务提供方的发展。"补需方"是为了解决目前医疗卫生服务中面临的现实问题，而"补供方"则是为了医疗卫生服务行业的长远发展。医疗卫生服务行业能够长期稳定地发展，才能够将蛋糕做大，更好地惠及群众。此外，政府仍然将财政资金投入"补供方"，这实际上是政府在向医疗卫生服务提供者购买公共医疗服务，购买的范围覆盖了公共医疗基本设施建设、医疗学科发展等方面。

---

① 顾昕：《换个思路看补偿之争》，《中国卫生》2008 年第 3 期。
② 顾昕：《新医改的新思路：公立医疗机构补偿政策》，《中国财政》2009 年第 9 期。

三　市场化运作

要充分发挥市场机制在医疗卫生体制改革中的作用，这主要表现在：（1）通过企业化的方式运作公立医院，充分吸收企业运作方式的优点。这包括实施院长任命制度、医院成本管理公式化、医务人员激励机制等操作。（2）建立医务人员人力资源流动的平台。一个好的医疗系统必须具备优胜劣汰的机制和能力。（3）建立医疗保险市场。医疗保险市场机制可以利用市场激励机制控制医疗费用，扩大医疗覆盖面和参保人的受益面。（4）推动医药生产流通企业兼并重组，发展统一配送，实现规模经营；鼓励零售药店发展连锁经营。（5）鼓励社会办医，以此来满足社会各种不同层次的医疗服务需求。

四　采用信息化方式

目前，随着互联网时代的到来，我国医疗卫生行业信息化也不断地发展。主要表现在：（1）通过信息化技术和手段规范临床监管工作，包括通过大数据对医疗行为进行监管、完善临床监管系统等。（2）通过信息化技术推动医疗质量管理的精细化，依托医疗信息化平台推动医疗质量管理。（3）通过信息化技术推动医疗分级就诊的工作。利用信息化大数据的资源对患者就医的流程进行优化，从而使患者能够享受到更加便捷和高效的医疗服务。[①] 并且通过大数据资源对患者进行分级就诊的安排，解决因为医疗信息不对称导致的大中型医院医疗资源浪费、小医院和社区医院无病可看的问题，从而优化医疗卫生服务领域的医疗资源配置。

五　保证公平与效率的平衡

我国当前医改的最大目标是要实现公平且提高效率。改革开放前的公平优先、兼顾效率，以及改革开放后的效率优先、兼顾公平偏重式发展模

---

① 张光亮、李金刚：《我国医疗卫生行业信息化发展现况》，《医学信息》2020年第8期。

式的历史启示我们，公平与效率并重式发展模式是解决中国"看病难、看病贵"的唯一有效途径。① 要做到公平与效率的平衡，主要依靠以下三点。

（1）保证公平与效率平衡发展的关键是对政府、社会、市场功能的准确定位。三者之间的权责不清是我国医疗卫生体制出现效率与公平失衡问题的根本原因。一方面在医疗改革之前，政府同时负责提供作为公共产品和私人产品的医疗服务，效果有限；另一方面，公立医疗机构和民营医疗机构无法扮演好其应有的角色，这个问题在公立医疗机构"过度市场化"和民营医疗机构"市场化不足"两个方面表现得非常明显。因此，公平与效率并重式发展模式要正确定位政府、社会、市场职能，并要根据卫生服务的产品性质来定位。公共卫生服务和特需医疗卫生服务属于不同的产品，应当由不同的供给方提供：作为公共产品的公共医疗卫生产品应当由政府负责提供，这表现在政府对公立医疗机构的财政资金投入和政府购买服务上；而特需医疗服务则属于准公共产品，并不属于完全的公共产品，应当由政府和市场共同承担。同样，政府应当供给医疗救助服务和产品，因为这属于公共利益的范围；但是医疗商业保险则属于应当由市场负责供给的私人产品；而兼具有公共产品和私人产品属性的基本医疗产品则应当由政府、社会和市场共同承担供给的责任。②

（2）通过保证政府的主导地位，保证公平和效率的平衡发展。无论是作为私人物品还是公共物品的医疗卫生服务，都和群众生命健康权的实现息息相关，因此，对这两种类型的医疗卫生服务，政府都应当进行管理，从而实现医疗卫生服务公平和效率并重的发展模式。政府需要正确地履行公共卫生、医疗救助的专项职能，并且在培育医疗卫生服务主体、帮助私立医院和公立医院进行在医疗卫生服务行业内的自我定位、设计"政府主导下市场参与"的医疗卫生服务制度，以及对公立医院和私立医院进行监督等几个方面，都应当发挥其应有的作用。

（3）医疗保险支付手段的改革是公平与效率平衡发展的补充。③ 此前

---

① 赵云：《公平与效率视角下看病难看病贵的根源与治道》，《中国卫生资源》2010年第4期。
② 赵云：《卫生领域公平与效率并重式发展模式构建研究》，《中国卫生经济》2010年第9期。
③ 赵云：《公平与效率视角下看病难看病贵的根源与治道》，《中国卫生资源》2010年第4期。

的医改方案无法解决医疗卫生体制中存在的根本问题的原因在于其没有解决医生利益和患者利益的激励相容问题。① 我国医疗服务的支付手段仍然是"按项目收费",因此,医生利益与患者利益不具有激励相容关系。医患关系是一种特殊的关系,在这种关系中,医生扮演的角色不仅是医疗服务的提供者,也是患者的代理人或顾问。这种双重角色意味着在医患关系中医生不仅需要考虑自己的利益,也需要考虑患者的利益。因此,医生作为供给者极有可能会诱导患者的医疗需求,从而导致过度医疗和医疗费用上升等问题,加重患者的医疗费用负担。因此,在医疗卫生机制中设置一个能够对医生进行监督的机制是非常必要的,并且这个监督机制应当覆盖到方方面面,包括支付机制、成本费用约束、外在监督等,这样才能够规范医生的医疗行为,切实降低医疗费用,避免患者为不必要的医疗服务支付费用②。

---

① 王前强:《激励相容与中国医改》,《中国医院管理》2009 年第 3 期。
② 陈晓阳、杨同卫:《论医生的双重角色及其激励相容》,《医学与哲学》(人文社会医学版)2006 年第 2 期。

第五章　中国特色标准化体制的模式设计
——共治模式

我国已经基本建立了具有中国特色的标准化管理体制，但是与我国加快转变发展方式，满足人民群众日益增长的需求相比，还需要进一步推进中国特色标准化体制的完善和成熟。要实现这一历史使命，重要的是要实现理论创新。中国特色标准化体制的基本理论是共同治理理论，它不仅继承了中国政府标准化管理的历史传统，而且符合国际化惯例，同时还深深根植于我国社会主义初级阶段的基本国情，是指导我国具有中国特色标准化体制进一步创新与改革的一般性理论。

第一节　中国特色标准化体制的现实依据

中国特色社会主义理论体系是马克思主义中国化的最新成果，属于马克思列宁主义同中国实际相结合的第二次历史性飞跃的理论成果。自1982年邓小平同志首次提出"建设有中国特色的社会主义"的命题后[1]，中国共产党一直在实践中进行探索，先后形成了邓小平理论、"三个代表"重要思想、科学发展观、习近平新时代中国特色社会主义思想等一系列重要理论思想。中国特色社会主义理论体系是指导党和人民实现中华

---

[1] 《邓小平在中国共产党第十二次全国代表大会上的开幕词》，中国共产党历次全国代表大会数据库，1982年9月2日，http://cpc.people.com.cn/GB/64162/64168/64565/65448/4429495.html，2020年12月6日。

民族伟大复兴的正确理论①。

中国特色社会主义理论是一个完整的理论体系，走中国特色社会主义道路，就是在中国共产党领导下，把握社会主义初级阶段这个基本国情，牢牢坚持党的基本路线，以经济建设为中心，坚持四项基本原则，坚持改革开放，解放和发展社会生产力，并且在继续推动发展的基础上，着力解决好发展不平衡不充分问题，大力提升发展质量和效益，更好满足人民在经济、政治、文化、社会、生态等方面日益增长的需要，更好推动人民的全面发展、社会全面进步，从而实现把我国建设成为富强民主文明和谐美丽的社会主义现代化强国这一目标。② 这一理论体系，对于标准化体制最为重要的理论价值在于如下六个方面：

一 社会主义初级阶段理论对标准化体制的启示

社会主义初级阶段理论是建设中国特色社会主义的总依据。我国不仅要长期致力于发展经济，而且最重要的是经济发展不可能一步到位，只能经过长期的艰苦奋斗，才能逐步地建设一个富强的国家。绝不能超越发展的阶段，希望一蹴而就，或者盲目地引进国外的体制与方法。

这一重要理论，对我国标准化体制研究的重要启示在于：

第一，标准化体制的设计必须基于我国仍处于社会主义初级阶段这一基本国情，必须正视经济仍不发达这一约束条件，标准的发展水平不能脱离这一重要的约束，只能是与社会主义初级阶段相互适应。

第二，标准化体制的发展必须是渐进的。由于经济发展是一个长期的过程，市场机制的完善更是一个逐步演进与发育的过程，与之相适应的标准化体制也只能是一个循序渐进的过程，理论的设计不能代替实践中各项体制变迁因素的培育。在我国，由于市场发育不成熟，政府目前还扮演着很多应该由市场发挥作用的标准化管理角色，从长期看，政府必须从过于微观的标准化管理中退出来，但是这个退出的过程注定将是一个比较长期

---

① 习近平：《决胜全面建成小康社会 夺取新时代中国特色社会主义伟大胜利——在中国共产党第十九次全国代表大会上的报告》，人民出版社2017年版，第20页。

② 习近平：《决胜全面建成小康社会 夺取新时代中国特色社会主义伟大胜利——在中国共产党第十九次全国代表大会上的报告》，人民出版社2017年版，第11—12页。

的、渐进的过程。

第三，标准化体制必须切合阶段性发展的实际。我国生产力水平总体还不高，企业的标准化意识还不强，与标准化发展相关的技术、能力条件都还非常薄弱。在这种条件下，标准化管理的水平不能脱离现阶段的实际，提出过高的发展目标。标准化实施的目标，要切实地进行可行性的评估，尽量避免提出一些现实条件所不具备的目标。过高地提出目标，又经常性地达不到，将会损害政府标准化管理的公信力。

二　以经济建设为中心对标准化体制的启示

以经济建设为中心是兴国之要，发展仍是解决我国诸多问题的关键，任何工作都必须始终围绕着经济建设这一中心任务，这是我国改革开放40多年以来经济社会发展取得巨大成就的基本经验。根据这一理论，我国标准化体制设计总体上应致力于减少不利于经济发展的干扰与阻碍，通过标准来保障和促进经济建设，充分发挥标准在促进经济发展中的重要作用，不断提升人民生活水平。

以经济建设为中心，对我国标准化体制研究的重要启示在于：

第一，标准化体制必须服务于经济建设这一中心。要通过体制的构建，减少不必要的、过多的标准化管制行为，更多地发挥市场调节的作用，保障市场主体有更大的自主权，让市场有更大的积极性参与标准化工作，促进企业标准化竞争力的提升，从而达到推动经济发展的作用。

第二，要构建有利于市场选择更优质产品的标准化体制，充分发挥标准引领作用，构建起优质的标准信号能得到有效传播的制度环境，加大政府对标准化信息的公开力度，发挥标准信号引导正确消费、警示劣质产品的作用。

第三，要充分发挥标准促进经济发展的宏观管理职能。以经济建设为中心，就内在地要求标准化体制不仅要履行保证质量安全的职责，同时还要履行促进经济发展的宏观管理职能，因为随着经济的发展，标准已成为企业核心竞争力，谁掌握了标准谁就掌握了话语权，因而标准对于推动经济发展具有重要作用。

三　改革开放理论对标准化体制的启示

改革开放是我国实现经济发展的基本手段，正是我国坚持经济体制全方位立体化的不断改革，同时不断加深和扩大开放的程度和领域，我国经济才取得了举世瞩目的成就。我国改革开放理论不断丰富和充实，其中最为重要的就是永不僵化、永不停滞的勇气和精神。这决定了我国标准化体制改革要不断创新与发展，不可能一劳永逸，要有勇气打破现有体制的束缚与障碍。

这一重要理论，对我国标准化体制的启示在于：

第一，要牢固地树立永不僵化和永不停滞的理念，与时俱进地推动我国标准化体制的改革创新。我国标准化管理体制，已经取得了一定的进步，但是在防止标准重复交叉，更好地协调全国标准化工作，更好地促进标准对经济增长的作用方面，现有的体制仍然有必要进一步地改革，包括现有多部门管理的模式、国家标准化管理委员会的职能定位等。

第二，改革的重点应是破除现有体制中的局部利益。客观地分析，现有标准化管理的构成、管理部门职责的定位、管理方法与手段，基本上能够适应目前标准化管理的需要。但是，体制运行中又存在许多广为社会诟病的问题，究其根本原因，还是计划体制下传统思维带来的管理模式。

第三，标准化体制改革的核心是解决政府和市场的关系问题。我国标准化体制历经数次行政体制改革，不断优化了标准化体制中政府与市场的关系，但还有很大的改革空间。在推荐性标准、企业标准以及新兴的团体标准等可以由市场来提供的领域，政府干预仍比较多。所有这些领域都应按照改革开放的总体设计，只要市场机制能够有效发挥作用的，政府都应该逐步退出，主要由市场提供。政府的标准化管理可以通过政策制定、政府采购标准、协调标准化工作、保障标准化的公平与效率方面来进一步地提高政府管理的水平和能力。

四　以人为本理念对标准化体制的启示

以人为本是科学发展观的核心立场，强调发展的成果要与人民共享，发展的过程中要尊重人民首创精神，保障人民各项权益，发挥人民群众在发展中的主体作用。我国标准化体制也应坚持以人为本的基本立场，发挥公民在标准化中的重要作用，通过具体的体制设计，提升公民的标准化意识和参与标准化工作的能力，充分发挥公民参与标准化工作的积极性和主动性。

这一重要理念，对我国标准化体制的启示在于：

第一，标准化体制要有效地发挥作用，除了政府自身的管理外，更为重要的是在管理中要更广泛地吸纳公民的参与。标准自身的复杂性以及标准化管理的特殊性，内在地要求作为消费者的公民，需要了解标准，参与标准化工作。消费者是产品伤害的直接感知者和标准的接受者，对标准有着直接的需要。

第二，要构建公民参与标准化工作的制度环境。一般公民对技术并不熟悉，我国也未建立消费者参与标准化工作的制度，这导致公民对标准的焦虑越来越强，对标准的质疑也越来越多。要使消费者参与标准化工作，必须制定相应的法律，让消费者有合理的渠道和充分的激励保护自身权益，有代表性地参与到标准化的活动中来，保障公民在标准化工作中的知情权、参与权和监督权。

五 "五位一体"总体布局对标准化体制的启示

"五位一体"是指通过不断努力，建设社会主义市场经济、社会主义民主政治、社会主义先进文化、社会主义和谐社会、社会主义生态文明。"五位一体"是中国特色社会主义理论在实践中不断丰富和发展的结果，强调经济发展的系统性和整体性，五个方面相互促进，缺一不可，统一于全面建设小康社会这一总体目标。

"五位一体"对我国标准化体制的启示在于：

第一，"五位一体"体现的是发展的系统性和整体性，从这个角度而言，标准化体制的建构也必须坚持系统性和整体性的设计思想。要树立系统思想，实施系统管理，实现重点突破，促进整体提升。在全面推进一二三产业标准化的基础上，围绕促进新型工业化、信息化、城镇化和农业现代化同步发展，优化提升制造业标准化水平，加快战略性新兴产业标准化步伐，推动产业转型升级；适应信息化发展快速变化的突出特点，充分发挥标准化的引领、规范作用；积极拓展现代服务业标准化，促进服务业发展提速、比重提高、水平提升，提高城镇化质量；加快现代农业标准体系、标准化服务和推广体系建设，服务"三农"，保障粮食安全和主要农产品有效供给。在服务社会建设中，以保障和改善民生、创新社会管理为重点，积极探索和拓展公共教育、就业服务、医疗卫生、社会保障、公共安全、公共服务等领域标准化，支持社会管理，促进社会和谐。在服务生态文明建设中，围绕建设美丽中国，加快资源节约与综合利用、生态和环境保护技术标准体系建设，并将生态文明理念贯穿到标准化各领域各环节之中，服务绿色经济、循环经济和低碳经济发展。在服务文化建设中，以促进公共文化服务和文化产业发展为重点，加快研发制定文化产业技术标准，推动标准化在文化体系、文化设施、文化资源、文化服务、文化安全等方面发挥积极作用。在服务政治建设中，发挥标准化在创新行政管理方式、规范权力运行、推进绩效管理等方面的作用，促进法治政府、责任政府和服务型政府建设。

第二，标准化体制的推动必须坚持顶层设计。面对我国极为复杂的标准化现象，标准化体制的改革需要有一个科学的顶层设计来确定正确的目标、方向和发展路径。标准化工作总体的要求就是要通过各种方式充分调动不同主体参与标准化工作的积极性，改变政府主导的治理模式，形成多主体共同治理的标准化体制，只有坚持这一顶层设计才能够取得事半功倍的效果；相反，如果标准化体制改革没有科学的顶层设计，意识不到共同治理这一总体发展趋势，任何改革只会是事倍而功半。

第三，标准化体制的推动还必须坚持基层的自主创新。我国是最大的发展中国家，其标准发展具有内部差异性极大的大国标准特征，大体而言我国东中西部地区在技术能力和标准需求等方面都存在着巨大的差异，导致了不同的区域可能面临完全不同的标准化问题。基层的标准化体制创新性尝试是我国标准化创新须遵循的基本路径，广东的联盟标准就是一个基层标准化体制创新的典型。由行业协会牵头，政府主管部门参与引导，形成产业联盟或企业联盟，共同起草标准，极大地提升了产品质量，促进了产业的整体发展，这种标准化的发展趋向对于整个标准化体制的创新都具有重要意义。

六 习近平新时代中国特色社会主义思想对标准化体制的启示

习近平新时代中国特色社会主义思想，是对马克思列宁主义、毛泽东思想、邓小平理论、"三个代表"重要思想、科学发展观的继承和发展，是马克思主义中国化最新成果，是党和人民实践经验和集体智慧的结晶，是中国特色社会主义理论体系的重要组成部分，是全党全国人民为实现中华民族伟大复兴而奋斗的行动指南。[1] 习近平新时代中国特色社会主义思想的主题是必须从理论和实践结合上系统回答新时代坚持和发展什么样的中国特色社会主义、怎样坚持和发展中国特色社会主义。[2] 围绕这个主题，习近平新时代中国特色社会主义思想要求坚持解放思想、实事求是、与时俱进、求真务实，坚持辩证唯物主义和历史唯物主义，紧密结合新的时代条件和实践要求，以全新的视野深化对共产党执政规律、社会主义建设规律、人类社会发展规律的认识。[3]

这一重要理论，对我国标准化体制的启示在于：

第一，标准和标准化体制的发展需要参考国际标准和其他国家的标准化体制，但更重要的是，我国采用的标准和标准化体制必须符合我国社会现实，和我国的社会实践以及实际需要相适应。这一点在2017年修订的《标准化法》中有所体现。比如2017年修订后的《标准化法》将团体标准纳入我国的标准体系中，就是对在实践中发展出来的联盟标准的法律回应。我国是一个发展中国家，并且国内发展存在地区性不平衡的问题，这意味着我国的标准和标准化体制面临的问题可能会和国际标准以及其他国家的标准化体制存在一定的区别。因此，不论是开发新标准，还是修订旧标准都需要符合我国的实际需要。

第二，标准和标准化体制的发展要"坚持理论联系实际"，反映理论逻辑与实践逻辑的有机统一。通过将标准化理论和标准化实践联系起来，确定标准化体制未来的发展方向。在对标准化问题进行研究时，不仅要从理论出发，探讨标准化体制在未来发展的可能，而且要联系实际，参考社会各方对于标准化的实践活动以及实践活动中发现的对标准的需求等内容。只有将标准化的理论研究和实践相结合，才能够发展出适合我国国情需要，有利于我国未来标准和标准化发展的标准化体制。

---

[1] 习近平：《决胜全面建成小康社会　夺取新时代中国特色社会主义伟大胜利——在中国共产党第十九次全国代表大会上的报告》，人民出版社2017年版，第20页。

[2] 习近平：《决胜全面建成小康社会　夺取新时代中国特色社会主义伟大胜利——在中国共产党第十九次全国代表大会上的报告》，人民出版社2017年版，第18页。

[3] 习近平：《决胜全面建成小康社会　夺取新时代中国特色社会主义伟大胜利——在中国共产党第十九次全国代表大会上的报告》，人民出版社2017年版，第18—19页。

综上所述，社会主义初级阶段理论是中国特色标准化体制改革的理论前提，解释了中国特色标准化体制改革的时代背景；以经济建设为中心为中国特色标准化体制改革提供动力支持；改革开放理论是贯穿于中国特色标准化体制改革的主线；以人为本理念是中国特色标准化体制改革的价值追求；"五位一体"为中国特色标准化体制改革指明了系统性和整体性的设计思想；习近平新时代中国特色社会主义思想为中国特色标准化体制改革提供了新的方向指引。中国特色社会主义理论为中国特色标准化体制改革的创新提供了重要的理论依据。坚持这些重要的理论，必将为我国的标准化体制改革设计指明正确的发展路径。

第二节　共同治理是中国特色标准化体制的基本理论

无论是中国特色社会主义理论作为标准化体制改革的总依据，还是我国各方面实践的基本需求，都能够证明，标准化管理需要考虑三个不同的主体——政府、市场和社会。因为标准与这三个主体都有内在的关联。如果缺乏对这三个主体的作用和相互之间互动的考虑，任何体制的构建都是残缺的。因而，标准化体制的基本理论必须考虑不同主体的作用和关系，作为现代公共管理科学发展的前沿理论——共同治理，应该是中国特色标准化体制的基本理论。

一　共同治理理论在国际社会的兴起和发展

共同治理理论，作为一个具有丰富内涵的崭新理论，于20世纪80年代末期在西方国家和一些国际性组织中兴起。

（一）共同治理的内涵

共同治理理论中的"治理"被定义为在某一活动领域内的，一整套虽然没有经过正式授权，但是却能够发挥作用的管理机制。[①] 与以往的

[①] ［美］詹姆斯·Z. 罗西瑙：《没有政府的治理》，张胜军等译，江西人民出版社2001年版，第5页。

社会统治理论的不同之处在于，虽然共同治理理论也是对社会进行管理的理论，但是方法从以往的"统治"变成了"治理"，这意味着相关的主体应当以一种新的方法来统治社会。根据共同治理理论的代表人物之一罗茨的观点，"治理"的定义方式包括以下六种：（1）治理是最小单位的国家管理活动，从这个意义上来说，治理要求国家以最小的成本取得最大的效益；（2）治理是公司管理活动的一种，这种意义上的治理是指导、控制和监督企业运行的组织体制；（3）治理是一种新的公共管理手段，这种新的公共管理手段将市场激励机制和私人部门的管理手段纳入政府公共服务；（4）治理是善治的一种，从这个意义上来说，治理是一种公共服务体系，效率、法治和责任被视为这个公共服务体系最重要的三个价值；（5）治理也是一种社会—控制体系，在这个意义上，治理是政府与民间、公共部门与私人部门的互动合作；（6）作为自组织网络的治理，指的是建立在信任和互利基础上的社会协调网络。[①]

而格里·斯托克在梳理和总结各种治理概念和理论的基础上提出，目前世界各国对共同治理的观点可以分为五类：（1）治理的主体除了政府之外，还有其他的社会公共机构和行为者；（2）治理这个概念意味着社会和经济问题寻求解决方案的过程中，界限和责任是相对模糊的；（3）治理这个概念明确肯定了在涉及集体行为的各个社会公共机构之间存在着权力依赖；（4）治理的参与者最终将形成一个自主的网络；（5）治理意味着在解决问题的时候除了运用政府的权力和权威之外，还要借助其他力量。[②]

而全球治理委员会给出了相对权威的和具有代表性的关于共同治理的定义。这个委员会出具的研究报告《我们的全球伙伴关系》对共同治理进行了如下的定义：共同治理是各种公共的或私人的个人和机构管理其共同事务的诸多方式的综合。共同治理是一个复杂的持续行动过程，包括了基于权力而产生的正式的制度和规则以及基于人们同意或符合其利益的非正式的制度安排。而共同治理的目标是调和各种相互冲突的利益，促使各方采取联合行动。这使得共同治理具有如下特征：（1）治理是一个长期的、动态的过程，而不是特定的某种规则或活动；（2）治理的基础是协

[①] ［英］罗茨：《新的治理》，《马克思主义与现实》1999年第5期。
[②] ［美］格里·斯托克：《作为理论的治理：五个论点》，《国际社会科学杂志》（中文版）2019年第3期。

调而非控制；（3）治理过程同时涉及公共部门和私人部门；（4）治理是一个长期的、持续的互动过程，而不是一种正式的制度。①

（二）共同治理理论在国际社会兴起的原因

共同治理理论的产生与兴起和两个特定的历史背景有关。在第二次世界大战之后，西方逐渐开始建立福利国家制度，政府职能扩张。但是随之而来的是机构臃肿、服务质量差、效率低下、财政危机、社会分裂和文化分裂，这使得西方福利国家出现管理危机。此外，全球化和区域一体化趋势越来越明显，并且速度明显变快，这使得联合国的安全机制和国际社会的和平力量无法解决在世界部分地区存在的大规模的无政府状态。跨国犯罪、核武器扩散、环境保护等并不能由某一个国家或国际组织单独解决的国际性问题也对国际社会的管理带来了挑战。② 在这样的背景下，各方开始探索一种既能够发挥政府的功能，也能将各种社会组织群体纳入管理体系中，让各方相互合作、共同管理的理论和方式，因此产生了共同治理理论。

市场和等级制的调节机制面临危机也是共同治理理论出现的原因。市场机制在发展和提高资源的配置效率方面有天然的优势，但随之而来的是收益分配不公、市场垄断、外部化等市场失灵的问题；而等级制的调节机制过分强调政府的职能，这导致了政府的规模过度膨胀、机构效率低下，行政信息受阻与失真。这两个传统调节机制的失灵使得社会需要新的调节机制来解决这些问题。此外，社会组织的迅速发展也为网络管理的全面运作提供了动力基础和体制化支撑。③

（三）共同治理理论在国际社会的影响

共同治理理论的提出具有创新性和开辟性。它打破了传统的将市场与计划、公共部门与私人部门、政治国家与公民社会等主体分裂和对立起来的二分法的思维模式，而是主张各类社会主体都应当合作参与社会公共事

---

① 全球治理委员会：《我们的全球伙伴关系》，牛津大学出版社1995年版，第23页。
② 杨善华、刘畅：《日常生活中的"柔性不合作"与社会治理的应对》，《华中科技大学学报》（社会科学版）2015年第5期。
③ 李上：《公共服务标准化体系及评价模型研究》，博士学位论文，中国矿业大学，2010年。

务的治理。①

从规范的角度来看，共同治理理论给出了与传统公共行政学相互对立的人性观和哲学观。从人性观来说，传统的公共行政学是建立在"理性经济人"的假设之上的，因而强调政府对公共事务的管理和强制惩罚手段的重要性，② 但是共同治理理论并不完全认同传统的"理性经济人"的假设。共同治理理论认为，社会组织、个人等社会主体除了具有"理性人"的特征之外，也具有一定的责任心和道德感，具有为社会、为他人、最终为自己服务的动机。这种理论假设上的区别使得共同治理理论要求对传统的"政府模式"或"统治模式"进行反思，主张"社会的公共行政"。社会机制的理性观的重新提出是共同治理理论的主要贡献。③ 在共同治理理论提出之前，政府和市场是协调社会行动的主要机制。这两种机制体现出的是不同的理性模式。政府的理性作为一种实体的理性，优先追求明确的、具体的并且"有效"的政策目标；市场的理性则是一种形式性的、程序的理性，通过各种手段追求物质利益的最大化是市场理性的优先选项。但是这两种形式的理性都有着无法弥补的缺陷。市场和政府并不能够相互替代；即使政府和市场进行合作，也仍然无法解决社会上的全部问题，在一些领域，无论是政府还是市场都是无能为力的。④

在操作层面上，共同治理理论也提出了具体的、可执行的关于公共管理和公共行政改革的建议，比如提升政府的公正性、透明性和灵活性，将市场或竞争机制引入公共管理中，建立公私合作伙伴关系，实行"公私共治"，发展社区自治等。不管是在发达国家、发展中国家还是欠发达国家，共同治理理论提出的这些建议都在一定程度上得到了应用，并且取得了一定的效果。

（四）共同治理理论面临的治理失灵

共同治理理论为解决市场失灵和国家失灵问题而产生，西方学者对

---

① 俞可平：《论全球化与国家主权》，《马克思主义与现实》2004年第1期。
② 李超雅：《公共治理理论的研究综述》，《南京财经大学学报》2015年第2期。
③ 魏涛：《公共治理理论研究综述》，《资料通讯》2006年第Z1期。
④ 魏涛：《公共治理理论研究综述》，《资料通讯》2006年第Z1期。

其进行研究时，既分析其积极发挥的作用，也分析其所面临的现实困境，即共同治理理论会出现治理失灵。治理失灵可以分为：（1）低层面的治理失灵，即参与共同治理的多元伙伴之间持续的、长期的协商和相互回应出现了断裂；（2）高层面的治理失灵，在这个层面上讨论治理失灵的时候，关注点转移到了对于共同治理的成效的评估，即高层面的治理失灵表现为共同治理无法再提供比市场和必要的国家协调更为有效的、长期的治理成果。① 杰索普认为个人、组织和系统这三个层面的协调如果出现问题，会导致共同治理的失败。在共同治理中存在着多种类型的合作关系和其他的治理安排，使得解决参与主体间的协调问题成为共同治理中不可回避的问题。② 此外，多元伙伴之间的冲突会影响共同治理的成效。合作伙伴为了解决冲突相互协商和妥协，但是这些协商和妥协往往无法立即或者从根本上解决冲突，因此，合作者往往又会进入新一轮协商中；在此基础上，有学者提出了"元治理"（meta-governance）理论，用以解决共同治理失灵的问题。③ 根据元治理的理论，虽然政府不再拥有最高的、绝对的权威地位，但是政府却仍然在元治理中扮演着关键的角色：（1）治理的基本规则和监管秩序由政府提供，并且政府需要保证不同的治理机制和制度之间能够兼容；（2）政府作为主要的组织者协调各类政治团体就共同关心或存在利益冲突的问题进行对话和协商；（3）政府对相对垄断的组织和信息进行配置，从而塑造人们的认知期望；（4）共同治理冲突中的"上诉法庭"的角色由政府充当；（5）政府通过各种方法，维持共同治理中各方的力量平衡；（6）改变个人和集体参与者对身份、战略能力、利益等的自我认识；（7）政府承担治理失败时的政治责任。④

善治是共同治理的最佳状态，它实现了公共利益的最大化，并且强调公共物品供给主体的多元化，公共管理过程的法制化，公共管理责任的责任性、透明性、有效性和合法性。共同治理理论是西方国家在对政府与市场、政府与社会、政府与公民这三对基本关系的反思中提出的，现已逐渐

---

① 娄成武、谭羚雁：《西方公共治理理论研究综述》，《甘肃理论学刊》2012年第2期。
② Bob Jessop, "The Dynamics of Partnership and Governance Failure", in Gerry Stroker ed. New Politics of British Local Governance, Basingstoke: Palgrave Macmillan, 2000, p. 30.
③ 娄成武、谭羚雁：《西方公共治理理论研究综述》，《甘肃理论学刊》2012年第2期。
④ 鲍勃·杰索普：《治理的兴起及其失败的风险：以经济发展为例的论述》，《国际社会科学杂志》（中文版）2019年第3期。

成为现代公共管理的一个重要价值理念和实践追求。共同治理理论在西方明确提出,并在西方国家的实践中得到运用。

二 共同治理理论在我国的兴起和发展

(一) 中国特色共同治理理论的界定

共同治理是指国家或者区域内的公共问题并不是仅仅由政府进行解决,而是在政府的主导下,由社会组织、市场、公民等多个治理主体共同参与公共问题的解决的一种治理模式。在这个共同参与的过程中,各方通过对话、协商、谈判等方式解决问题,并且形成资源共享、彼此依赖、互惠合作、责任共担的纵向和横向相统一的组织结构网络,从而达成共同治理目标。[①]

作为与单一治理相区别的一种治理模式,共同治理的主要内容包括:

(1) 参与共同治理的主体是多元的。在传统的公共行政管理之下,政府是唯一主体,但在共同治理中,主体可以是政府,也可以是市场和公民社会相关的机构团体,甚至是公民个人等。需要注意的是,共同治理模式并不是要否认国家在公共事务管理当中的主体地位和主导作用,而是将政府置于元治理位置上,通过合作管理的方式,为整个社会公共事务活动进行控制掌舵。在共同治理中,政府依靠其统治地位和政治权威,通过强制性的手段,来保障和维护其应有的公共事务安全和发展的基本职责。但这一职责是必须严格限定在政府法定职责范围内,严格限定于市场和第三方部门难以胜任的工作领域。对市场和社会第三方可以解决的问题,充分发挥其他各个主体的优势。针对我国政府、市场和社会三方主体的现状,我国政府还需在共同治理中发挥主导作用,对市场、社会进行积极引导和培育。这种权限划分是随着社会客观环境的变化而不断进行调整的。

(2) 比起传统的治理方式,共同治理更加侧重关注统筹规划下的协调、参与和合作。共同治理要求改变传统的自上而下的强制性的、单一向度的治理模式,主张政府应当和其他参与共同治理的主体之间进行合作,并且相互监督,从而最大限度地吸引第三方部门、企业和公民参与到公共政策的制定、实施、评估的过程中。在共同治理的模式下,其

---

① 田千山:《从"单一治理"到"共同治理"的社会管理——兼论公众参与的路径选择》,《广西社会主义学院学报》2011年第5期。

他的治理主体能够对政府进行监督和检验，并且和政府进行平等对话，共同协商解决问题。这样，就能够加强包括政府在内的各个治理主体之间的信任协作，从而推动公共领域从单向管理转向双向互动治理。①

（3）网络结构是共同治理的重要特征。传统的单一政府控制模式下，社会治理呈现金字塔式的结构，但是在共同治理的模式下，则是多元主体互动的网络化结构。②在共同治理的模式下，多元主体在各自利益、行为方式、目标和运行模式等方面不尽相同：以政府为主体，通过权力运作方式，以满足公共需要为目的，来提供公共服务的权威型模式；以私人营利组织为主体，通过市场交易方式，并以营利为目的来提供服务的商业型模式；以社会组织或公民个人为主体，通过慈善方式和以满足社会需要为目的而提供公共服务的志愿型模式。③

正是多元主体在多个方面的不尽相同，使得他们在处理共同的治理问题时有着比较优势。在共同治理网络结构中，政府是元治理主体，市场、社会组织以及民众是社会参与主体。但他们在满足公共服务需求时又存在共同利益依赖，而这种依赖又让这三种模式相互交织在一起，最终形成了以信任、合作和互惠为基础的社会治理网络。此外，在责任意识上，共同治理从片面强调政府在社会管理中的单方责任，转向强调政府、市场、社会公民等对自己实施的公共行为共同承担起社会公共管理责任。④

（二）中国特色共同治理理论的发展

1. 我国政府已经形成的共同治理理念

随着我国市场经济的建立和逐步完善、社会组织的兴起和发展，我国政府在国家公共事务管理上逐渐形成共同治理理念。

邓小平同志在1980年中共中央政治局扩大会议上指出："权力不宜过分集中。权力过分集中，妨碍社会主义民主制度和党的民主集中制的实行，妨碍社会主义建设的发展，妨碍集体智慧的发展，容易造成个人专

---

① 朱纪华：《协同治理：新时期我国公共管理范式的创新与路径》，《上海市经济管理干部学院学报》2010年第1期。
② 陈颉：《公共治理与和谐社会构建》，《武汉大学学报》（哲学社会科学版）2009年第1期。
③ 梅煜：《市场经济时代我国公共服务的供给模式》，《西安文理学院学报》（社会科学版）2010年第5期。
④ 丰海英、刘素仙：《治理理论视角下的政府改革》，《中共山西省委党校学报》2006年第5期。

断，破坏集体领导，也是在新的条件下产生官僚主义的一个重要原因。"其实"这些事只要有一定的规章，放在下面，放在企业、事业、社会单位，让他们真正按民主集中制自行处理，本来可以很好办，但是统统拿到党政机关、拿到中央部门来，就很难办"。①

党的十八大报告指出："行政体制改革是推动上层建筑适应经济基础的必然要求。要按照建立中国特色社会主义行政体制目标，深入推进政企分开、政资分开、政事分开、政社分开，建设职能科学、结构优化、廉洁高效、人民满意的服务型政府。深化行政审批制度改革，继续简政放权，推动政府职能向创造良好发展环境、提供优质公共服务、维护社会公平正义转变。""改进政府提供公共服务方式，加强基层社会管理和服务体系建设，增强城乡社区服务功能，强化企事业单位、人民团体在社会管理和服务中的职责，引导社会组织健康有序发展，充分发挥群众参与社会管理的基础作用。"②李克强在题为"学习党的十八大精神促进经济持续健康发展和社会进步"的讲话中，进一步提出："要加快转变政府职能，把应该由市场和社会发挥作用的交给市场和社会，政府切实承担起创造良好环境、提供公共服务、维护社会公平的职责。"③

党的十九大报告指出要"打造共建共治共享的社会治理格局"。在这个过程中，需要"加强社区治理体系建设，推动社会治理重心向基层下移，发挥社会组织作用，实现政府治理和社会调节、居民自治良性互动"④。2017年6月12日中共中央、国务院发布的《关于加强和完善城乡社区治理的意见》中提出，要"统筹发挥社会力量协同作用"，并且"2020年，基本形成基层党组织领导、基层政府主导的多方参与、共同治理的城乡社区治理体系"⑤。2018年3月5日，李克强在政府工作报告中

---

① 《邓小平40年前的这篇讲话为什么极为重要？》，中央纪委国家监委网站，2020年8月18日，http：//www.ccdi.gov.cn/lswh/lilun/202008/t20200818_223988.html，2020年12月6日。
② 《胡锦涛在中国共产党第十八次全国代表大会上的报告》，人民网，2012年11月8日，http：//cpc.people.com.cn/n/2012/1118/c64094 - 19612151.html，2020年12月6日。
③ 《认真学习深刻领会全面贯彻党的十八大精神 促进经济持续健康发展和社会全面进步》，人民网，2012年11月21日，http：//politics.people.com.cn/n/2012/1121/c1024 - 19642544 - 3.html，2020年12月6日。
④ 习近平：《决胜全面建成小康社会 夺取新时代中国特色社会主义伟大胜利——在中国共产党第十九次全国代表大会上的报告》，人民出版社2017年版，第49页。
⑤ 《中共中央国务院关于加强和完善城乡社区治理的意见》，人民网，2017年6月12日，http：//politics.people.com.cn/n1/2017/0612/c1001 - 29334577.html，2020年12月6日。

进一步指出，要"打造共建共治共享社会治理格局""实现经济平稳增长和质量效益提高互促共进"。①

在质检工作系统中，共同治理理念首先体现在国务院1996年12月24日发布的《质量振兴纲要（1996年—2010年）》中，该文件提出"动员广大人民群众投身质量振兴事业，形成全社会重视质量的环境和风气""商品市场应当建立质量监管机制，制定处理商品质量问题的规范化程序，逐步形成完善的质量监督体系。进入市场流通的商品必须具备规范化的质量标识。商业企业要切实加强进货商品质量检查验收，依法履行商品质量责任""发挥各类社会团体对质量的社会监督作用和商会、行业协会等行业组织的自律作用。积极开展社会性的质量宣传、教育和技术咨询等各项服务。各级政府要加强对中介组织的管理，规范中介组织的行为。中介组织要依法通过资格认定，依据市场规则，建立自律性运行机制，依法承担相应责任"。②

2012年2月6日国务院发布的《质量发展纲要（2011—2020年）》指出"建立国家和地方质量奖励制度，对质量管理先进、成绩显著的组织和个人给予表彰奖励，树立先进典型，激励广大企业和全社会重质量、讲诚信、树品牌。""引导企业、行业协会、保险以及评估机构加强合作，降低质量安全风险，切实维护企业和消费者合法权益。""加强质量管理、检验检测、计量校准、合格评定、信用评价等社会中介组织建设，推动质量服务的市场化进程。加强对质量服务市场的监管与指导，鼓励整合重组，推进质量服务机构规模化、网络化和品牌化建设，培育我国质量服务品牌。行业协会、学会、商会等社会团体要积极提供技术、标准、质量管理、品牌建设等方面的咨询服务，及时反映企业及消费者的质量需求，依据市场规则建立自律性运行机制，进一步促进行业规范发展，充分发挥中介组织在质量发展中的桥梁纽带作用。"③

2013年1月全国质检系统工作会议提出："要遵循市场规律，探索建立质量安全社会监督机制。鼓励群众投诉举报。充分发挥行业协会、消费者

---

① 《2018年政府工作报告》，中国政府网，2018年3月5日，http://www.gov.cn/zhuanti/2018lh/2018zfgzbg/zfgzbg.htm，2020年12月6日。

② 《质量振兴纲要（1996年—2010年）》，中国质量新闻网，2012年10月23日，http://m.ogn.com.cn/zj/content/2012-10/23/content_1675032.htm，2021年7月4日。

③ 《质量发展纲要（2011—2020年）》，中国政府网，2012年2月9日，http://www.gov.cn/zwgk/2012-02/09/content_2062401.htm，2021年7月4日。

组织以及新闻媒体等社会力量的作用,深入开展大学生质量安全志愿服务行动,继续在食品、农资、建材等行业选聘一批产品质量安全义务监督员。推进第三方认证认可结果的采信。探索建立质量安全多元救济机制,建立健全产品三包责任、质量安全责任保险等制度,形成质量安全共治格局。"①

此外,国家质检总局在《质量监督检验检疫事业发展"十三五"规划》中明确指出,"开展重点产品质量提升行动,制定重点产品质量监督目录""健全以质量管理、诚信评价、行政监管、风险监测、测试评价、认证认可等制度为核心的服务质量治理体系,提升服务业标准化水平,规范服务质量分级管理,推动建立优质服务承诺标识与管理制度,培育一批能够代表'中国服务'形象的优质企业。"并且,要"建立和完善服务认证制度。"

见表5-1。

表5-1　　　　　　　我国共同治理理念相关论述

序号	具体内容	时间	出处
1	动员广大人民群众投身质量振兴事业;商业企业要切实加强进货商品质量检查验收,依法履行商品质量责任;发挥各类社会团体对质量的社会监督作用和商会、行业协会等行业组织的自律作用	1996年12月24日	《质量振兴纲要(1996年—2010年)》
2	最广泛地动员和组织人民依法管理国家事务和社会事务、管理经济和文化事业;从制度上更好发挥市场在资源配置中的基础性作用;实现政府行政管理与基层群众自治有效衔接和良性互动	2007年10月15日	党的十七大报告
3	构建政府主管、部门监管、企业主责、行业自律、市场调节、社会监督的质量工作格局	2011年10月25日	《质量监督检验检疫事业发展"十二五"规划》
4	激励广大企业和全社会重质量、讲诚信、树品牌	2012年2月6日	《质量发展纲要(2011—2020年)》

---

① 《进一步完善中国特色质检工作体系——2013年质检工作要点》,《中国质量技术监督》2013年第1期。

续表

序号	具体内容	时间	出处
5	强化企事业单位、人民团体在社会管理和服务中的职责	2012年11月8日	党的十八大报告
6	要加快转变政府职能,把应该由市场和社会发挥作用的交给市场和社会	2012年11月21日	《学习党的十八大精神 促进经济持续健康发展和社会进步》
7	推动建立多元共治的工作机制;形成质量安全共治格局;要遵循市场规律,探索建立质量安全社会监督机制	2013年1月8日	《进一步完善中国特色质检工作体系——2013年质检工作要点》
8	注重运用法治方式,实行多元主体共同治理;健全村务公开、居务公开和民主管理制度,更好发挥社会组织在公共服务和社会治理中的作用	2014年3月5日	《2014年政府工作报告》
9	要增加研发投入,提高全要素生产率,加强质量、标准和品牌建设;支持群团组织依法参与社会治理,发展专业社会工作、志愿服务和慈善事业	2015年3月5日	《2015年政府工作报告》
10	健全以质量管理、诚信评价、行政监管、风险监测、测试评价、认证认可等制度为核心的服务质量治理体系,提升服务业标准化水平,规范服务质量分级管理,推动建立优质服务承诺标识与管理制度;开展重点产品质量提升行动,制定重点产品质量监督目录;建立和完善服务认证制度	2016年7月11日	《质量监督检验检疫事业发展"十三五"规划》
11	统筹发挥社会力量协同作用;2020年,基本形成基层党组织领导、基层政府主导的多方参与、共同治理的城乡社区治理体系	2017年6月12日	《关于加强和完善城乡社区治理的意见》
12	提高供给质量是供给侧结构性改革的主攻方向,全面提高产品和服务质量是提升供给体系的中心任务;创新质量治理模式,注重社会各方参与,健全社会监督机制,推进以法治为基础的社会多元治理,构建市场主体自治、行业自律、社会监督、政府监管的质量共治格局	2017年9月5日	《中共中央 国务院关于开展质量提升行动的指导意见》
13	倡导构建人类命运共同体,促进全球治理体系变革;必须坚定不移贯彻创新、协调、绿色、开放、共享的发展理念;必须坚持质量第一、效益优先,以供给侧结构性改革为主线	2017年10月18日	党的十九大报告

续表

序号	具体内容	时间	出处
14	打造共建共治共享社会治理格局；实现经济平稳增长和质量效益提高互促共进	2018年3月5日	《2018年政府工作报告》
15	围绕推动制造业高质量发展，强化工业基础和技术创新能力，促进先进制造业和现代服务业融合发展，加快建设制造强国；强化质量基础支撑，推动标准与国际先进水平对接，提升产品和服务品质	2019年3月5日	《2019年政府工作报告》

资料来源：笔者自制。

2. 改革开放后理论界对共同治理理论的探讨

共同治理理论原为我国学者研究公司治理理论的一种理论观点。这一理论认为，各个利益相关者向公司投资物质资本或者人力资本的目的是取得单个产权主体无法获得的合作收益，这使得公司实际成为利益相关者之间相互缔结契约而形成的"契约网"。因此，公司的目标不应只包括追求股东利益最大化，而是应当追求公司利益相关者利益的最大化。并且，在公司治理中，除了物质资本的所有者（股东）之外，其他的利益相关者也应当参与并且发挥重要作用。[①]

随着公司共同治理理论在政府公共管理领域影响的日益深入，学者们开始对国家社会事务管理中共同治理理论的运用进行研究。有学者认为，共同治理理论提供了社会问题解决的新途径，是一次深刻的转折。以前的理论不是陷入了国家主义的桎梏，就是落入了自由主义的俗套，导致两种对立观点不断冲突。而共同治理理论的出现，则是创立了一种新型的国家—社会关系解释和运维图景。虽然治理理论还不成熟，但是它打破了非此即彼的两分法的理论偏见，具有重大的意义。[②]

有学者将利益相关者共同治理作为一种现代公司治理模式，认为其本身就是对传统企业理论中"股东至上"逻辑的反驳。它塑造了一种新的"所有权"观念。在这里"所有权"是可以不断分解和重组的"权利束"。公司生存与发展的目标不是单一的，而应该是多元的，是各利益相

[①] 田千山：《从"单一治理"到"共同治理"的社会管理——兼论公众参与的路径选择》，《广西社会主义学院学报》2011年第5期。

[②] 胡祥：《近年来治理理论研究综述》，《毛泽东邓小平理论研究》2005年第3期。

关者关系的一种平衡。利益相关者治理理论对公司发展影响因素的分析更全面和贴近生活现实，更有助于把公司治理与公司管理紧密结合起来，从而更有助于理解企业管理理论。尤其重要的是利益相关者理论对转轨经济中公司治理的改革有一定的借鉴意义。由于社会的发展进步以及相应的影响公司治理的政治、经济、法律和历史文化等因素的发展变化，每个国家的公司治理模式也在不断地发展变化。利益相关者共同治理模式作为这种演化过程中的产物，其存在和发展反映了现代市场经济的现实要求，必将成为一种趋势，但也注定了要面临进一步演化的挑战。①

有学者认为保险公司的内部治理机制应摒弃"股东倾向"，接受兼顾债权人利益的共同治理理念。共同治理与"股东倾向"的本质差异在于，共同治理强调企业不仅要重视股东的权益，而且要重视包括债权人等其他利益相关者对公司的监控；不仅强调经营者的权威，还要关注其利益相关者的参与。共同治理提供了一种矩阵型的治理模式，要求公司不仅需要一套完备的内部监控机制，而且需要一系列通过资本市场、产品市场和经理人市场等发挥作用的，由监管者、行业自律组织、社会公众等主体参与的外部治理机制。②

有学者以环境保护运动为例，来探讨环境的共同治理模式和发展。该学者提出，在环保运动的共同治理中，政府体现的是主导式的角色，企业扮演回应性的主体角色，第三部门承担的是主动参与式的治理主体。这个模式有两个层次：在模式的第一个层次里，政府占据多治理中心的主导位置，企业对政府的管控和需求做出回应，第三部门主动参与政府的治理和企业的回应过程之中。在模式的第二个层次里，政府除了主导性的政策决策和执行、对企业进行管控之外，还会积极吸纳第三部门作为共同治理主体，参与到政策的决策和执行中来，实现共同治理的主体多元化和多中心治理；企业也会由于社会责任、声望等选择积极主动地参与政策决策和对第三部门的参与予以主动邀请；第三部门则是对政府和企业的主动行为予以回应。③

---

① 李传军：《利益相关者共同治理的理论基础与实践》，《管理科学》2003 年第 4 期。
② 蔡莉莉、黄斌：《论保险公司的"共同治理"与政府角色的发挥》，《武汉大学学报》（哲学社会科学版）2006 年第 2 期。
③ 邓贵川：《我国环保运动的公共治理参与：模式与发展》，硕士学位论文，南京大学，2012 年。

还有学者在国内较早提出对质量的宏观管理，其体制由三个体系共同构成：政府质量监管体系、市场质量监管体系和社会质量监管体系。政府质量监管起着主导作用，市场质量监管起着主体性作用，社会质量监管起着基础性作用。①

三　共同治理理论对我国的启示

虽然共同治理理论是现代公共管理的一种理论，但由于各个国家的现实国情和文化传统不同，因而共同治理理论对当前我国社会主义初级阶段具有不同于西方的理论意义和启示。

第一，加快分权改革，实现多元化社会治理模式转变。在传统政府管理模式下，政府是承担国家与社会事务管理责任的唯一权力中心。② 在共同治理理论下，政府虽然不再是唯一的责任承担者和权力中心，但是仍然在整个社会中起到非常重要的作用。特别是在制定制度、决定重大的公共资源分配方向和维护公民基本权利、实现公平价值等方面，政府仍将发挥着其他组织不可代替的作用。③ 社会组织、第三方部门、企业等政府以外的机构将和政府共同承担管理公共事务、提供公共服务的责任，并且得到来自社会和公民的认可。④ 这一变革的内生逻辑是：公民社会和民间组织是未来社会的主要发展潮流之一，市场为基础的多元竞争模式将被引入公共物品和服务的生产和提供中。

第二，培养公民社会，重塑新型国家与社会的关系。共同治理理论的突破点在于它打破了传统理论中国家和社会之间二元对立的关系，认为社会有效管理并不单纯只是政府管理社会的过程，而是国家和社会的合作过程，因此要求国家和社会共同承担社会管理的责任。⑤ 共同治理模式实质上是在重新定位政府统治和公民作用之间的关系，同时也是在寻求新型的"国家—社会"关系。根据共同治理理论的观点，治理的成功和繁荣活跃的公民社会息息相关，政府需要通过各种方式释放公民组织自我管理的能

---

① 程虹、李丹丹：《我国宏观治理管理体制改革的路径选择》，《中国软科学》2009 年第 12 期。
② 魏涛：《公共治理理论研究综述》，《资料通讯》2006 年第 Z1 期。
③ 张宝锋：《治理理论与社会基层的治道变革》，《理论探索》2006 年第 5 期。
④ 李应建、申滢：《以人为本：现代公共服务型政府的目标——从政府失灵角度谈如何推进政府体制改革》，《特区经济》2005 年第 5 期。
⑤ 魏涛：《公共治理理论研究综述》，《资料通讯》2006 年第 Z1 期。

力，因为公民组织发展和公民积极参与公共事务是共同治理得以运转的基础。① 基于此，共同治理要求政府减少对社会的过度管控，大力发展公民自治组织，增强公民的社会参与意识，将权力逐步让渡给社区和公民。总而言之，当代治理模式的变化和选择，实际上是人们在"国家—市场—社会"这三者的关系组合中，寻求不同以往的、更为有效地实现共同利益道路的努力。

第三，将政府转变为服务行政的服务型政府。从统治行政转向服务行政是行政现代化的重要特征之一。② 作为公共组织的一种，政府承担的最主要的责任是提供公共产品和进行制度创新。市场仅仅要求政府更多地发挥服务职能而非单纯地进行管控。为了实现服务型政府的转变，治理模式应当从站在管理主体的角度转向站在社会公众的立场，公共行政主体应当如何为公众服务是公共行政改革中的一个重要转变。从此，当代政府的治理开始从以政府为中心的重管制、轻服务的模式转向以满足公众需求为中心的重视公共服务的模式。③ 政府应当以公民的需求为导向，以公民为服务中心，根据公民的普遍需求决定政府提供什么服务以及提供服务的方式，建立以公民为导向的公共服务运营机制，从而提供更高质量的公共服务。

第四，坚持市场为基础，重构政府与市场的关系。共同治理理论的基本观点是，市场可以弥补政府的不足，通过市场的力量改善政府的作用，从而防止政府失灵。④ 在共同治理的实践中，政府开始在部分合适的领域引入市场机制，比如在公共物品和服务的供给上采用市场的方法，以及在公共组织中采用能够节约成本和提高效益的激励机制。压缩政府规模和政府职能外部市场化是共同治理理念下市场价值被引入政府工作的一个体现，但是更重要的是，共同治理能够让市场价值深入到公共组织内，并促进政府组织与私营组织之间以及政府组织内部之间建立起良好竞争与合作关系。⑤

---

① 刘君：《政府购买社会工作服务文献综述》，《山东行政学院学报》2012年第6期。
② 魏涛：《公共治理理论研究综述》，《资料通讯》2006年第Z1期。
③ 聂平平、王章华：《公共治理的基本逻辑与有限性分析》，《江西社会科学》2006年第12期。
④ 聂平平、王章华：《公共治理的基本逻辑与有限性分析》，《江西社会科学》2006年第12期。
⑤ 张宝锋：《治理理论与社会基层的治道变革》，《理论探索》2006年第5期。

第三节 建立政府、市场与社会共同治理的标准化模式[①]

一 原始社会的单一模式

在古代，人类长期同大自然搏斗，学会使用木棒、石块来狩猎和防御，学会用语言和符号、记号来进行交流。为了适应大自然，获得生存的能力，人类开始制造工具和石器，并在长期实践过程中通过相互交流、融合，使得器具的形状、大小逐渐趋于一致。当人类社会逐步发展到农业社会时，由于农业生产对季节、天气的敏感性，人们需要更精确的方法来预测季节性的变化，指导耕种与生产。公元前4236年，古埃及人就根据天狼星的上升来判断尼罗河涨水，从而灌溉农作物；5000年前，底格里斯河、幼发拉底河流域的苏美尔人发明了类似于今天使用的日历。以天为单位的日历，是人类开始使用计量单位，逐渐量化的代表。为了交换农业生产的产品，为了体现交换过程中的等价原则，人们开始以轻重、长短等进行计量，用结绳或刻画标记记事，以点或线段等符号计数，最后发展到数字和数量概念的出现，直至研究出专门的计量器具，产生度量衡。[②] 当时的标准可以说是与计量同生的一个概念，而这一过程中，人类通过模仿无意识地学习规则以更好地适应大自然。

无论是器具的逐渐相似、统一，还是日历、度量衡的产生，此时的标准化过程完全是人类为了适应大自然，无意识地模仿而形成的标准化，这种模式是单一的形成于个体间的一种习惯，是一种不断模仿而成的技术。

二 主权国家下的二元模式

由于不同的度量衡给交易带来一定障碍，随着历史的不断发展，在一定区域内的人类开始逐渐统一度量衡，以方便生产生活和交换。特别是有了国家后，政府作为行使国家权力的代表，需要通过法律、标准等手段来维护社会秩序。在此阶段，国王的命令或政府颁布的文件就形成了标准，

[①] 参见廖丽《标准的解读（二）：深深地嵌在这个制度中》，《中国标准导报》2014年第6期。
[②] 王忠敏：《标准化的历史分几个阶段？（之一）》，《中国标准化》2012年第2期。

比如英格兰国王亨利一世就用其手臂的长度作为当时计量长度的单位。而中国最具代表性的莫过于秦始皇统一货币和度量衡，实行"书同文""车同轨"等。此时，为了更好地协调生产和生活，标准化开始出现一种自上而下的方式，即一个国家的国王或首脑颁布具体的技术规则。但是，具体的技术仍源于民间的活动，很多具体的技术规范也来自于民间的著作。比如春秋末期的《考工记》记述了30项手工业生产的技术规范、制造工艺等，是一部手工业技术规范的总汇。而北宋毕昇创制的活字印刷术则堪称"标准化发展的里程碑"。明朝宋应星著的《天工开物》则对中国古代的各项技术进行了系统的总结，构成了一个完整的科学技术体系。书中收录了农业、手工业，诸如机械、砖瓦、陶瓷、硫磺、烛、纸、兵器、火药、纺织、染色、制盐、采煤、榨油等生产技术，可以说是我国标准化的集大成者。

此时的标准和计量唇齿相依，其功能更多还是提高生产技术。而国家发布的一些技术性的规范，比如"车同轨"，都是为了协调统一相关技术，更好地维护整个国家的秩序。在主权国家的制度背景下，以政府为主导的法规标准模式与以市民社会私人治理为主的标准模式紧密结合，构成了一种自上而下与自下而上相结合的二元标准模式。

三　全球化背景下的共治模式

主权国家下的二元标准模式发展到一定阶段开始出现缺陷。政府主导模式的最大缺陷是低效率，跟不上科技的发展，容易被利益集团俘获；私人治理模式的最大缺陷则是由于多主体博弈，容易陷入僵局。此时，非政府组织（NGO）作为一种新的资源配置体制，弥补了政府和企业这两种主要资源配置体制的不足，人们也习惯把NGO称为与政府和企业相平行的"第三部门"。[①] 19世纪末和20世纪初，一批行业协会和国内标准化组织在以英国为代表的工业国家相继成立。比如，1901年英国标准学会（BSI）成立；1917年德国工业标准委员会（后改名为德国标准化学会DIN）成立。在主权国家下，一批非政府组织开始采取上下互动的方式协调法规和自愿性标准。

---

① 潘国旗、杨丹妮：《我国地方性公共产品偏好显示与传递机制研究》，《杭州师范大学学报》（社会科学版）2009年第5期。

全球化是工业革命后期在世界范围日益凸显的现象，经济全球化、金融全球化、贸易全球化、投资全球化、技术全球化开创了全球化时代，并呼唤与新的经济市场活动范围相适应的游戏规则。全球化在标准领域最突出的表现是世界标准化组织的成立。1906年，伦敦会议将1881年成立的以解决统一电学量纲问题的国际电学大会改名为国际电工委员会（IEC）。1932年，70多个国家代表在马德里召开第五届全权代表大会，将1865年成立以解决统一电码和统一费率问题的国际电报联盟改名为国际电信联盟（ITU）。1947年，国际标准化组织（ISO）正式成立，其前身是国家标准化协会国际联合会和联合国标准协调委员会。以ISO为代表的非政府组织开始在世界舞台上制定国际游戏规则，承担国际义务，并日益成为当代国际关系中最活跃的因素。

在全球化和多元化主体参与的制度背景下，标准既涉及公共安全代表一种公益，又涉及竞争代表一种私益，国家、企业、跨国公司、非政府组织、市民社会共同参与标准和标准化活动。此时的标准成为不同主体博弈形成的某种"制度均衡"，是不同主体在不同层级上的合作博弈。以国家为主导的标准模式、以非政府组织协调为主的标准模式和以企业为主的事实标准、企业标准、联盟标准模式，共同构成自上而下、上下互动和自下而上的多元标准模式。

一个成熟的标准化社会体系，应由三大板块构成，即政府组织、社会组织和企业。这三大板块构成整个标准化"三位一体"的社会架构。经过长期的探索和创新实践，我国已经初步形成"党委领导、政府负责、社会协同、公众参与"的社会管理新格局，逐步实现了社会管理主体由传统的政府"一元"向"多元"的转变。社会组织是政府与社会公众沟通的桥梁和纽带，在实现协同共治的过程中，有着不可替代的独特作用。"帕累托最优"理论认为，资源共享和资源互补是组织之间合作的动力，政府与社会组织建立合作伙伴关系是整合双方独特资源和优势力量解决复杂问题的有效方式。政府与社会组织的合作，不仅有助于建立协同有效的社会管理机制，协调和化解不同社会利益群体之间的矛盾和冲突，而且能更好地实现政府与民众的良性互动；建立政府与社会组织的合作关系和协调机制，不仅可以促进政府职能的转变，提高社会公共服务的能力，也有助于优化社会组织的发展环境，使社会组织更好地克服成长过程中的缺陷，加强自律和自身能力建设，更加健康和迅速地发展起来。[1] 只有科学整合各种社会资源，充分调动全社会的力量，探索多元化的社会治理机制，才能有效解决目前复杂的社会矛盾和社会问题，实现加强社会管理和降低社会管理成本的目的。

在市场经济体制下，行业协会是企业和相关机构自愿组成的民间团体，在标准制定中能够充分体现协商一致的原则。随着科技的发展和人们需求的多样化，行业不断细化，且不断变多，政府没有能力进行面面俱到的全盘管理；标准化活动专业性、技术性强，政府不具备了解各行各业专业技能的能力，而行业协会则集中了同行业的专业人士，代表企业的声音，代表整个行业的声音。由行业协会组织制定的团体标准，能够适应市场变化，反映市场需求，满足经济效益与社会效益之间的平衡。

无论是国家标准，还是行业标准，其最终用户都是企业，标准只有得到企业的认可才有意义。另外，由于企业从事的是具体的工作，对于本行业的专业技术及其具体使用情况都相当了解，同时也积累了很多经验。企业是标准的使用者，无论是政府还是行业组织的标准化互动，都应该服务于企业，服务于消费者。只有企业积极参与标准化活动，并成为标准制修订的主体，行业协会才能成为真正意义上的有代表性的行业协会。

在我国标准化活动中，应充分发挥各方面的资源作用，在现有情况下，实现政府、行业协会、企业共同治理标准化事业的模式。

第四节　共同治理理论在中国标准化工作中的运用：广东联盟标准案

一　联盟标准的产生背景

随着全球化的深入和全球竞争的加剧，企业很难单独在行业竞争中获得胜利。企业大多采取相互合作，通过联合创新和集成创新的方式形成企业联盟标准，并且努力使这种企业联盟标准成为事实标准和行业标准，甚至成为国家标准、国际标准。这种做法能够增强行业内整体企业

---

[1] 姚玫玫、袁维海：《社会治理新格局下的政府与社会组织关系构建》，《牡丹江师范学院学报》（哲学社会科学版）2014年第6期。

的实力和竞争力,因而受到越来越多的企业的欢迎。① 这种"抱团发展"的模式由行业协会牵头,政府主管部门参与引导,形成产业联盟或企业联盟,共同起草标准。这种模式有利于打破恶性竞争,通过"带牙齿的行业协会"开展自律。我国已经将团体标准纳入了标准体制中,团体标准是社会团体为了"协调相关市场主体共同制定的满足市场和创新需要"而制定的。在实践中,闪联标准、e家佳联盟及万家乐燃气具联盟标准等,为企业联合设立联盟标准,从而帮助和促进了产业的提升。这些实践案例在 2017 年修订《标准化法》时推动团体标准成为我国法律规定的标准类型之一。

二 广州市番禺区沙湾洗染机械行业联盟标准案

2007 年沙湾洗染机械标准联盟发布《工业洗水机》联盟标准,并通过广州市质监局审批,成为广州市第一个联盟技术规范。② 2008 年 10 月该联盟标准成功上升为广东省地方标准。

(一) 制定联盟标准的根本原因及动力源于市场

沙湾洗染机械是我国洗染机械的发源地。早在 20 世纪 80 年代,番禺区洗染机械行业就开始起步并发展迅猛,其中沙湾镇洗染机械企业 40 余家,约占国内洗染机械企业总数的 80%,主要产品是工业洗水机。产品销售覆盖全国,并远销全球 30 多个国家和地区,产销量占全国同类产品的 70% 以上。③ 但近年来,由于缺乏统一的产品标准,同行之间相互仿照导致产品利润迅速下滑,很多企业采用低价策略相互竞争,产品质量参差不齐,同行恶性竞争愈演愈烈。

(二) 企业主体是基础

整个联盟标准的发起首先是基于企业自身发展的需要。强业机械有限

---

① 刘杰、张水锋:《制定联盟标准是企业争夺标准话语权的核心环节》,《中国标准导报》2008 年第 2 期。
② 陈爱军:《广州番禺质监局:实施标准化战略》,《中国质量万里行》2008 年第 9 期。
③ 杨义武、方飞:《以技术标准战略推动番禺区沙湾镇工作产业优化》,《第六届中国标准化论坛论文集》2009 年,第 526—528 页。

公司、艺煌洗染设备制造有限公司、沙湾骏业宏达洗染机械公司、乐金洗染设备公司、晟业机械工程有限公司、昶达机械制造有限公司、同心机器厂等7家龙头企业结成标准联盟，共同来改变自身恶性竞争，提高产品竞争力，维护整个行业的利益，促进品牌的形成。

（三）政府引导是支撑

在整个联盟标准的制定过程中，沙湾镇党委、镇政府从经费和人力物力上都给予了大力支持。广州市质检局、番禺区区委区政府和番禺区质检局大力支持联盟标准的制定，并且提供了相关的资源和建议。可以说，如果没有从沙湾镇基层政府部门到广州市级政府部门的支持和帮助，在整个联盟标准制定的过程中将会出现更多的困难，面临更多的阻碍。这也说明，虽然联盟标准是由行业内的各个企业联合制定的，但是政府仍然应当给予相应的支持和帮助，从而保障联盟标准的质量，降低联盟标准制定的成本。

（四）联盟主导是关键

为了扭转局面，保住沙湾洗染机械品牌，沙湾洗染机械行业协会在质监局、镇政府的领导和大力支持下，自发组织成立了"番禺洗染机械标准联盟"，推举骏业宏达洗染机械公司、同心机器厂、乐金洗染设备公司等7家龙头企业结成了标准联盟。各方通过座谈研讨、查询标准、抽样检查、对比参数等方式，并结合行业实际，制定联盟章程和联盟商标。

（五）协会推动是主力

为引导企业向科技创新方向发展，向集聚化、集市化模式转变，走可持续发展道路，在沙湾镇党委、镇政府的直接领导下，"沙湾洗染机械行业协会"成立。协会的宗旨是团结各洗染机械企业，促进企业间的沟通交流，促进行业自律，促进自主创新与技术标准的融合，着力打造"番禺沙湾洗染机械"品牌，提高沙湾洗染机械的知名度，引导沙湾洗染机械企业从"单打独斗"走向"团队作战"，强强联手，迈向国际市场。

从图5-1可以看出，联盟标准的典型特征是市场导向、企业主体、政府引导、联盟主导、协会推动。正是在市场、企业、政府、联盟、协会的共同推动下，沙湾洗染机械行业才能走向合作的道路，并壮大整个行业的发展。

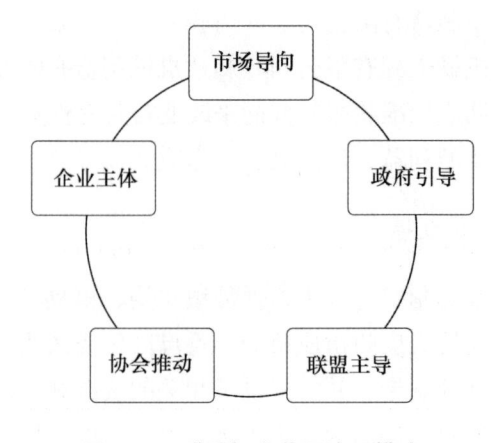

图 5-1 联盟标准共同治理模式

资料来源：笔者自制。

三 联盟标准的效果和意义

联盟标准是我国标准化管理制度的一种创新，联盟标准是政府主管部门引导，企业自发参与，行业协会推动，联盟主导，共同起草、执行的一种标准。联盟标准具有制修订速度快，市场需求反映及时，知识产权政策灵活，标准实施效果好的优势。[①] 这种"政府+行业协会+企业联盟"并以企业为主的标准化创新模式，能够真正体现标准的市场属性。以市场为导向，让标准成为统一技术门槛，促进产业技术进步，破除企业无序竞争，提升集群核心竞争力，铸造产业集群品牌的重要抓手。在整个联盟标准的制定过程中，政府、市场（协会、联盟）以及企业共同治理，多元协商的特征非常明显。这一方面保证了标准与市场需求相符合，另一方面标准也能够及时获得修订，紧跟技术的发展。

共同治理理论是中国特色标准化体制应该遵循的基本理论。它强调了政府、市场、社会、民众等多元主体在治理中的共同参与，这对中国特色标准化体制的改革和创新有着重要的意义。它有利于政府职能的转变，从既"掌舵"又"划桨"，对标准进行事无巨细、包揽无遗的治理，向创造良好的标准化发展环境、提供优质的公共服务、维护标准化工作中的公平

[①] 吴慧英：《武汉光电子产业标准与专利现状及推进策略研究》，《标准科学》2010年第5期。

正义转变。它有利于发挥社会组织的协同作用,包括社团、行业协会等在内的各类标准化社会组织参与到标准的治理中,能有效弥补标准治理中的政府失灵和市场失灵。它有利于市场主体对标准治理的积极参与。在共同治理中,市场对标准化工作起基础性作用。共同治理理论内生于中国特色社会主义理论,尤其与中国特色社会主义"五位一体"理论相吻合,通过政府、市场、社会等多方主体对标准化各方面的共同治理,实现中国特色标准化工作的社会建设、市场经济建设、民主政治建设、文化建设、生态建设五方面的一体建设。总而言之,共同治理理论是中国特色标准化体制的基本理论,也是中国特色标准化工作创新性探索的体现。

第六章 政府、社会组织和企业在中国特色标准化中的具体设计

第一节 政府科学引导中国标准化事业

一 科学定位公标准和私标准

政府开展标准化工作的根本目的是促进技术进步和发展，提高产品质量，从而增加社会经济效益，发展社会主义市场经济，维护国家和人民的利益。为了达到这个目标，政府开展标准化工作应当与社会主义现代化建设以及国家对外经济发展的需要相适应。[①]

标准化工作的科学开展始于对标准的科学分类。分类是认识事物和管理事物的重要方法，也是一门学科建设的基础。人们基于不同目的，依据不同的准则，对标准进行了各种划分，由此形成了不同的标准种类。标准种类的划分，既有利于对标准的管理，也方便于标准的应用。以制标宗旨作为首要的划分依据，可以将标准划分为两大类。一类是为社会公众服务的"公共"标准，简称"公标准"，它以取得最佳公共利益为宗旨，包括国家标准、行业标准等；一类是本组织的"自有"标准，简称"私标准"，它以本组织的利益最大化为宗旨，比如企业标准。这两类标准在标准形成过程、制标方法、标准内容、标准的功能以及标准管理等方面均有所不同。[②]

公标准相应的标准化工作，围绕人民群众生命财产安全的保障及社会

[①] 龚月芳、刘冬暖：《开放型经济新体制下标准化助推国家治理体系与治理能力现代化建设浅析》，《中国质量与标准导报》2019年第9期。

[②] 李春田：《标准化概论》（第六版），中国人民大学出版社2014年版。

的可持续发展进行，包括对公标准的规制内容，对标准制定机构的合格评定、监督抽查和退出机制，政府运用法律、行政手段，达到维护公共秩序、保护公共利益，为全社会服务的目的。① 和公标准不同，以企业标准为代表的私标准通常具有独占性质，因为其是基于非公共资源转化形成的。私标准形成的目的就是为组织的利益服务，私标准的出现并不是为了维护公共利益，而是为了企业参与市场竞争。这也是企业制定私标准，开展标准化活动的根本动力和宗旨。② 私标准相应的标准化工作，围绕技术发展产品更新产业升级的需求进行，包括放松对私标准的管制，政府为私营部门和第三部门提供私标准制修订和彼此竞争的服务平台，达到促进市场充分竞争实现效率的目的。

企业作为市场产品和服务的生产者，标准是企业进入市场或取得市场竞争胜利的技术保障，所以企业是标准的使用者和生产者。其使用和生产标准的目的，完全是获取市场利润。虽然政府在私标准化工作中发挥着极为重要的作用，但这并不能掩饰标准生产、使用主体的市场属性。同时，由于自主性是私标准的典型特征之一，因此，企业标准化属于企业的内部工作，不受外部干预。这是企业对标准的独立支配权的体现。只有充分尊重企业的自主权，才有利于企业创造性地用标准来提升自己的竞争能力。③

企业主体间联合生产、使用标准的代表——行业协会或联盟，也是就协会或联盟内的市场利益进行标准化活动，同样具有市场属性。故企业、行业协会与联盟生产、使用为取得本身组织利益最大化的私标准，满足其客户的需求（政府也是客户之一），从而获取利润，维持本身的发展。而政府在私标准的标准化工作中为企业、行业协会、联盟这些市场主体提供服务平台，达到市场主体充分竞争以及产品服务高效率高质量生产销售的目的。

在国际上，普遍的私标准产生运作经验是政府退出转为市场化运作，其中最具代表性的是美国。不同标准制定机构之间进行竞争，只有真正取得市场地位的标准才能获得大量使用，从而实现大量自愿性标准强制性执行的效果。我国的经济发达地区，同样有市场化运作私标准促进经济快速

---

① 廖丽：《中国标准的崛起，不是国家标准的崛起》，《中国标准导报》2014 年第 3 期。
② 李春田：《标准分类理论研究新进展及其意义》，《中国标准化》2012 年第 1 期。
③ 李春田：《标准分类理论研究新进展及其意义》，《中国标准化》2012 年第 1 期。

发展，实现充分市场竞争，激发源源不断的创新活力的例子。例如广东的企业标准、联盟标准，政府不干预，全部交由市场运作，使得行业及企业不断整合资源、发挥优势、形成规模效益，不断进行产业优化升级。

二 加强对技术委员会的公平监管

大量的实证观察表明，在市场经济中，凡是存在高度信息不对称，特别是涉及安全、健康、环保、反欺诈以及公共秩序的领域，都会依赖政府或者社会的力量来对信息服务的提供者进行统一规制和信息强制披露。我国政府设置的银监会、保监会、证监会以及医疗卫生管理机构，就是此类的专业机构。技术委员会是从事标准化服务的主体，同样需要借助政府或者社会的力量，通过法律的、制度的有效规制，对其所提供标准服务的资金规模、资质、专业能力、信用评价等进行监管，以保证产出的标准公正有效。政府对技术委员会的监管，要遵循公平的原则，不论是政府组织成立的技术委员会，还是行业协会、企业等其他方组织的技术委员会，政府的监管都应一视同仁，坚持相同的监管标准和要求，维护标准制定的公平有序。

目前，我国虽然形成了以国家标准委为监管主体的政府管理体制，但是，技术委员会具有鲜明的跨行业特性，隶属于多个不同的行政主管部门，既得利益使得各部门之间很难做到有效地沟通和协调，所以政府对众多技术委员会的统一管理非常薄弱。因此，建立对技术委员会的统一管理制度，进一步加强对技术委员会的综合管理，以政府的行政强制力，确保不同性质标准提供主体之间竞争的公平有序，是标准化管理体制的核心。

虽然，通过公平有效的竞争，可以对众多技术委员会进行有效的监管。然而，任何市场中总是不免出现违规者，他们的行为是对整个公平竞争秩序的扰乱，严重的会导致竞争机制的失灵。作为公平竞争规则的制定者，同样也是规则的维护者，为了避免竞争机制的失灵，政府这只"有形的手"必须采取相应的措施对违规的技术委员会进行相应的处罚，建立有效的退出机制。退出机制作为一种结果管理的手段，有助于对众多技术委员会的发展起到"鲶鱼效应"，确保众多技术委员会之间时时存在充分竞争。

通过相应的处罚制度及退出机制，对那些资金规模过小、不具备标准化服务提供资质、缺乏专业能力、丧失公正市场信用以及违反法律法规的技术委员会,都应以政府的行政强制手段将其清理出标准化服务市场。情节严重的,除追究法律责任外,还应禁止其再次进入标准化服务市场。上述一系列措施能够有效地增加技术委员会的违法成本,对技术委员会产生有效的震慑。① 只有建立完善的惩罚措施和退出机制,才能够建立和维护标准化市场中公平的竞争环境,从而保证标准化市场始终具有效率和活力。

三 加大标准化事业发展的服务力度

标准是经济活动活跃、良性竞争的重要手段。政府要保证国家经济的健康高效运转,在世界市场上的国家整体竞争力不断提升,从制造大国转向创造大国的产业升级转换,必须在标准领域为市场经济的参与方提供公共服务。

思想是实践的先导,实施标准化战略需要全社会的共同关注和参与,更要提高全社会对标准化战略重要性的认识,因此,要借鉴国外经验,制定标准化宣传培养计划,其中要重点提高政府工作人员和企业高层管理人员的管理化意识;同时,也要积极举办标准化研讨会、论坛等活动,普及标准化知识并且对重点问题进行研讨。通过上述活动和进行广泛的社会宣传,能够在社会上营造良好的舆论氛围,使得社会各界了解、关心、支持和参与标准化活动,从而在社会上增强实施标准化战略的自觉性。②

标准化管理机构和工作机构要树立服务国家、社会和企业的意识。基于这种服务意识,标准化管理机构和工作机构应当要规范管理制度,提高标准化服务质量,利用媒体和信息化技术解决标准化信息不对称等问题,保障和维护标准用户的知情权。③ 因此,标准化管理和工作机构应当建立标准化信息管理平台,通过网络和其他媒体技术进行定期的、规范的行业标准化信息通报和数据交换工作,从而提高标准化管理的公开度、透明度和工作效率。

---

① 王虎:《出口工业产品检验监管模式探索》,《中国国门时报》2017年10月19日第3版。
② 邝兵:《标准化战略的理论与实践研究》,博士学位论文,武汉大学,2011年。
③ 王翔:《浅谈航标管理中标准化管理模式的应用》,《中国航海学会航标专业委员会沿海航标学组、中国航海学会航标专业委员会无线电导航学组、中国航海学会航标专业委员会内河航标学组、中国航海学会航标专业委员会沿海航标学组、无线电导航学组、内河航标学组年会暨学术交流会论文集》2009年,第202—204页。

(一) 为消费者提供咨询平台

要建成覆盖全国的标准信息网络平台,以互联网、报刊、广播电视等大众媒体为载体,免费为消费者定期发布标准的识别、认证、检测信息,使消费者在各种场合,特别是在商场、超市、酒店、学校、娱乐等场所,可以随时免费获得这些信息,帮助消费者从质量安全的角度解决自己与产品服务的标准信息不对称的问题,以理性决策消费行为,最大限度地规避安全伤害与消费欺诈。

(二) 为社会提供标准化教育

要利用互联网、报纸、广播电视、图书、公益广告等多种手段和形式,基本建成面向消费者的标准化教育网络,特别是面向基层、农村、少数民族地区和贫困地区的消费者。从法律、经济、文化等各个层面普及标准化基础教育,全方位提升消费者乃至全社会的标准化意识,真正实现政府、消费者以及全社会对标准化的齐抓共管。

(三) 进一步完善标准信息化平台建设

要以互联网、报刊、广播电视等大众媒体为载体,基本建成覆盖全国的标准化资源共享平台,任何标准利益相关方可以通过有偿或无偿(根据信息提供主体知识产权及公开意愿)的方式获取任何标准的制定、修改、认证、认可信息,也可以发布产品服务的标准信息,帮助标准化活动中的主体及利益相关方更便捷获取标准化信息,更充分、有效地参与标准化活动。要利用现代信息技术,加强标准化信息平台建设,开发国际标准、区域标准、国家标准数据库、标准工程数据库及标准化支撑数据库,并且与国际标准化和各国的标准化机构进行信息对接。[①] 在国内,全国各地的标准化信息机构应当实现联网,并且开放标准查询网络,为提高标准水平、缩短标准制修订周期提供保障,并且降低市场中的标准化信息不对称的程度。[②]

[①] 《国家质检总局党组书记李传卿在全国标准化工作会议上的讲话》,《水利技术监督》2004 年第 3 期。

[②] 《国家质检总局党组书记李传卿在全国标准化工作会议上提出:标准化工作要跨出六大步》,《船舶标准化与质量》2004 年第 3 期。

第二节　鼓励社会组织参与标准化活动

非营利性、非政府性的社会组织是社会公共服务的提供者和社会公共利益的维护者。在现代社会中，政府、社会组织和企业共同构成了稳定社会的三大支柱。[①] 行业协会是社会组织的典型代表。行业协会在扩大公众参与标准的制修订、反映标准制定中各方的利益诉求、调解矛盾纠纷、指导企业贯彻和执行有关标准的法律法规、推动和监督标准的实施等方面都具有十分重要的意义，在标准化工作中占据了重要的地位。

一　中美行业协会的形成背景

我国行业协会的形成是具有历史基础的，并随着历史不断地调整变化。行业协会这种形式在春秋战国时期就已经出现，被称为"行会"或"行帮"。中国古代的行会是基于当时社会分工和经济发展的需要而产生的，但同时，行会也是政府重农抑商政策下的产物。[②] 这使得中国古代的行会具有明显的官办性质。鸦片战争之后，随着外国资本主义和帝国主义势力逐渐入侵和渗透中国社会，中国传统的小农经济开始瓦解，新的经济成分出现和成长起来。由于这些变化，中国各地涌现了各种不同于中国古代行会的商会和实业团体。这些商会和实业团体具有强烈的独立意识和更加完善的组织形式。它们是当时最具有影响力的新型民间社团，但是这种商会和实业团体仍然依赖于国家法律的制度催化。[③] 中华人民共和国成立后很长一段时间，政府根据国民经济分类体系设立对应的职能部门，对经济活动实行"归口管理"，专业管理部门运用行政手段对行业和企业实施全面管理。这使得社会团体无论是在数量上还是功能上都非常有限，直到改革开放之前，行业协会基本上都不存在。[④] 改革开放后，在发展社会主

[①] 岳金柱、宋珊：《加快推进社会组织管理改革和创新发展的若干思考》，《社团管理研究》2012年第5期。

[②] 孙宝强：《世界历史视角中的行业协会商会发展述评》，《上海商学院学报》2015年第2期。

[③] 鄢雪皎：《市场经济体制下行业协会职能与功能的转变及对策》，《软科学》2003年第2期。

[④] 黄晓军：《试析我国行业协会的制度变迁》，《福建行政学院福建经济管理干部学院学报》2003年第1期。

义市场经济、政府机构改革和职能转变、全球化及国际竞争的影响及推动下,行业协会和其他民间社会组织都获得了新的发展空间,各级政府也把发展行业协会作为一项重要任务来大力推动。

美国行业协会的成立与该历史时期特定的社会经济背景密切相关。19世纪末20世纪初的资本主义社会,垄断使同一行业中的大企业之间的竞争变得更加困难,为了避免恶性竞争导致的两败俱伤,他们更愿意达成相互妥协来保证自己的利益,从而出现了一些大企业组成的行业组织;另外,行业中的中小企业,自知无法与大企业抗衡,为维护自身的利益,也组成了各中小企业的行业组织。为此美国行业协会表现出如下特点:(1)自愿组织、自愿成立、自愿参加;(2)自主活动、自筹经费;(3)协会种类繁多,一个企业可加入多个协会;(4)代表行业与政府沟通。[1]

由此可见,我国行业协会和美国行业协会发展的路径不同,即使在改革开放后,市场经济需求推动了行业协会的进一步发展,但也存在明显的政府行为,和美国的行业协会秉承"自愿组织、自愿成立、自愿参加"的原则,具有明显的差异性。

二 中美行业协会的组织形式

中国的行业协会可分为三种主要类型:第一种是从政府机构演化而来的行业协会。据统计,目前我国行业协会中有95%以上仍然是依托于某一政府职能部门而建立起来的行业社团,保留着浓厚的官方性质,对政府的依赖性很强、行政色彩很浓。第二种是互助合作式的行业协会。这种类型的行业协会虽然是独立的社会中介组织,但由于其对整个行业和会员企业的发展状况往往没有整体的认知,在行业管理理念和行业组织运作等诸多方面没有什么概念,所以对会员企业很难有影响力,因此也就难以有效地发挥综合协调的作用和市场导向作用。[2] 最后一种是在市场经济一体化的激烈竞争中应运而生的由行业中主导企业组建的行业协会。这种类型的行业协会的主要领导者也是由这些企业的主要管理者担任,所以在制定整

---

[1] 张跃:《美国行业协会的特点》,《经贸实践》2003年第3期。
[2] 李恒光、崔丽:《国外商会类行业组织及其发展经验借鉴》,《青岛科技大学学报》(社会科学版)2004年第3期。

体发展方向或做出重大决策时往往从自己企业的利益出发,缺乏整体观念。[1]

美国的行业协会可以分为两类。一类是同业工会。这类企业也会由同业或者相近行业的企业或个人组成,比如拍卖业协会、船东协会。另一类行业协会则是依据市场的某种规则或某一要素而组成的,行业协会中的企业和个人不一定来自相同的行业,比如经纪人协会;有时有的行业协会仅为一些企业针对某个时期、某个区域内的某个或某些具体问题而组成,在这个或这些问题得到解决后,该行业协会自行注销,停止活动。[2]

从上述对比可以看出,国外行业协会成立的动因通常是企业希望能够通过这种企业间联盟合作的方式降低交易成本。这种行业协会是独立于政府的第三方机构,并且采用具有较高的管理效率的企业管理体制。而我国现行的行业协会管理体系实际上还延续和残留着部门管理体制的模式,并不是作为企业间的联盟,而是作为管理部门和企业进行互动的。在这种模式下,我国的行业协会实际上仍然是政府相关部门的附属机构,被纳入了政府体制中。这使得这些行业协会获得了本不应具有的垄断性。同时,这些协会的领导人选、经费等也会受到来自国家的控制。[3]

三 中美行业协会参与标准化活动的对比

中美行业协会参与标准化活动的动机分析揭示不同体制背景下行业协会开展标准化活动的差异性,而从行业协会参与标准化活动现状的比较中我们可以了解两者在标准化活动中的作用和地位。

(一) 中美行业协会参与标准化活动的动机分析

从上述分析对比中不难看出,我国行业协会的形成发展与现实状态都带有极强的政府色彩,为此在参与标准化活动中也必然带着强烈的政府色彩。行业协会在标准化活动中是协助政府开展标准化工作的机构,加之有部分协会是原政府行业标准化研究院的机构转型,[4] 更展现出极强的政府

---

[1] 贾西津、沈恒超、胡文安等:《转型时期的行业协会——角色、功能与管理体制》,社会科学文献出版社2004年版,第68页。
[2] 张跃:《美国行业协会的特点》,《经贸实践》2003年第3期。
[3] 江翠平:《我国出版业公共服务研究》,博士学位论文,武汉大学,2010年。
[4] 王忠敏:《标准化基础知识实用教程》,中国标准出版社2010年版,第45页。

色彩。为此，我国的行业协会参与标准化活动初期多起源于政府任务；改革开放后，市场经济发展，也有部分行业协会参与标准化活动源于企业会员的自发参与与积极推动，然而更多时候，行业协会参与标准化活动都带着浓重的政府色彩，是政府推动下的标准化工作。

而美国行业协会的最大特点就是自愿组织、自愿成立、自愿参加，美国从20世纪80年代末90年代初起就开始标准化运动。出于节约成本、提高效率的原因，政府逐渐减少自己制定具有强制力的技术法规，改为依靠行业协会、学会在各个领域的自愿性标准。行业协会在市场经济运行下自主开展标准化活动，标准化工作作为行业协会推动行业发展进步、统一协调各会员的主要工具，也自发自愿地由行业协会推动起来。

（二）中美行业协会参与标准化活动的现状分析

我国行业协会在标准化活动中起到了一定的作用，主要表现在以下三方面。

首先，行业协会是协助政府制定、实施标准的重要咨询者和信息反馈者。政府制定任何一项标准或出台关于标准的法律法规，都必须经过一系列调查、分析和论证的过程。在此过程中，行业协会是为政府提供决策依据的重要咨询者。对于一些具有争议性的标准，行业协会会代表企业的利益，向有关部门进行信息反馈并提出专业性意见。此外，对于标准及政策在实施过程中好坏与否，行业协会还是除企业外，最直接、最敏感的反应者，也是能提出最全面、最合理修改意见的主体之一。如卫生部2011年发布的国家标准《蜂蜜》（GB14963 – 2011）中有许多理化指标与安全性关联不大，让企业执行起来很困惑，在行业内引起了很大的争议。于是，中国蜂产品协会就该标准中存在的问题向卫生部提出了行业意见，说明了国家标准《蜂蜜》中存在的问题以及可能带来的危害。而根据中国蜂产品协会的反馈，卫生部对该项国家标准进行了修正，并重新发布了更正版本。[①]

其次，行业协会是引导企业参与标准化的重要信息提供者。行业协会能够及时向企业提供市场信息、先进的科技动态、政策法规等，以加强企业的标准化意识，增强企业参与标准化的能力。以石材机械与工具专业委员会为例，"自2010年以来，该协会先后进行了石材加工企业设备调查、

---

① 袁于飞：《假蜂蜜：甜蜜中品出苦涩》，《光明日报》2011年8月3日第5版。

具有一定生产和销售规模的机械与工具企业出口数据统计、到重点企业进行工作调研、在石材机械生产企业和用户间开展'质量与服务'综合评价活动、鼓励支持企业参加石材机械国家标准的起草、组织专业委员会专家进行研讨修订"①。

最后，行业协会是行业标准制定的积极推动者。中国通信企业协会就是一个很好的例子，我国呼叫中心行业在硬件设施等方面已经达到了世界水平，但是在软件水平，比如服务运营、战略规划、行业创新、管理等方面，仍然和世界平均水平存在较大的差距。这导致呼叫行业中各个主体提供的产品和服务水平参差不齐、市场恶性竞争、企业发展面临困难，急需市场主管部门出台相应的政策来解决问题。基于上述考虑，2011年1月，中国通信企业协会向工业和信息化部提出了相关的建议。而后，在工业和信息化部门、部分省电信管理局、电信运营商、行业专家等多方面的支持下，2011年12月《指导要求》编制完成，并且在之后投入了实施。这反映了行业协会在推动制定行业标准中的作用。

然而，行业协会在我国标准化事业中的作用虽然比起以往有了明显的进步，但是整体来看，其作用仍然是有限的。我国现有的行业协会中，只有小部分设有专职负责标准化工作的部门。② 此外，在我国，由行业协会制定的标准占标准总数的比例虽然比起以往有着较大的进步，但是比例仍然较小；并且我国行业协会真正参与制修订的标准数目虽然比起往年有所增加，但是从整体上来看，数目也仍然较少。

美国行业协会在标准化活动中则起着主导作用，主要表现在：

首先，美国的一些行业协会在标准化的过程中一直扮演领导者的角色。SONET同步光纤网络标准的制定就是一个很好的例子。早在1980年，美国就开始为信号的同步传输制定标准，后来在ANSI的深入研究下，美国首先制定出了SONET标准。此后，其他利益集团，尤其是运营商们开始讨论在ITU和ETSI内部制定一个相关的国际标准。ANSI不仅在美国标准化中扮演领导者角色，甚至引领着世界标准化的发展方向。

其次，美国行业协会是主要的标准制定者，由它们制定的标准数量多

---

① 都建立：《科技与标准把握方向　质量与服务引领发展——中国石材协会石材机械与工具专业委员会年会在云浮召开》，《石材》2010年第11期。

② 高秦伟：《私人主体与食品安全标准制定——基于合作规制的法理》，《中外法学》2012年第4期。

且产生的影响大。ANSI 作为美国自愿性标准化体系的核心，通过授权美国各专业标准化团体或协会来制定标准。根据 ANSI 官网上公布的信息，"220 个标准制定组织被 ANSI 认可，拥有接近 10000 个美国国家标准"。① 比如，ASTM 被公认为国际自愿协调一致标准的开发者，涵盖了金属、石油、建筑和环境等方面，被全世界广泛运用于提高产品质量，增强安全性，促进市场贸易和提高顾客信任。② ASME 是国际上制定有关技术、科学和机械工程等方面的规范和标准的领头羊。自 1914 年 ASME 首次发行《锅炉及压力容器规范》以来，如今由 ASME 制定的规范和标准已经有近 600 个印刷在册。这些规范和标准涵盖的范围很广，并且被 100 多个国家广泛地采用。③

再次，美国行业协会制定的标准往往更具有代表性，更能适应市场的需求。这是因为美国的行业协会大多规模很大，会员企业多，如"全美制造业协会具有 100 多年历史，影响力十分广泛，现有会员单位 14000 个以上，波音、杜邦、IBM 等大型企业均为其会员"。④ 此外，美国行业协会汇集了世界各地的专家和技术人员，如 ASTM 的会员中包括来自 135 个国家的 30000 多名世界顶级技术专家和贸易专业人员。⑤ 这些数量庞大、分布广泛的会员企业和技术人员能够帮助行业协会及时地获取市场的发展动态，并以此为依据制定出适应市场需求，具有行业代表性的标准。

最后，美国行业协会在协调标准制修订参与者的利益冲突上发挥了重要的作用。美国行业协会是在协调一致的基础上制定标准的。以 ASTM 为例，ASTM 制定标准的重要原则之一是维持各方利益之间的平衡。ASTM 制定标准是建立在没有界限的协调一致上。ASTM 制定标准的过程保证了所有的利益相关方，包括对其感兴趣的学术界、工业界、产品使用者以及政府的个体或组织在标准内容的决策中都有平等的投票权，并且欢迎来自

---

① ANSI, "Membership: Member Body", ANSI Website (March 2021), https://www.iso.org/member/2188.html.

② ASTM, "About US", ASTM Website (March 2021), https://www.astm.org/ABOUT/overview.html.

③ ASME, "About ASME Standards and Certification", ASME Website (March 2021), http://www.asme.org/kb/standards/standards.

④ 张跃:《美国行业协会的特点》,《经贸实践》2003 年第 3 期。

⑤ ASTM, "About US", ASTM Website (March 2021), https://www.astm.org/ABOUT/overview.html.

世界各地的个体和组织参与其中。① 再以美国的电气和电子工程（IEEE）协会为例，标准的制定过程对所有会员和非会员公开。不仅如此，IEEE协会还为标准制定的参与方提供额外的选票和参股权，让他们更深入地参与到标准的制定过程中。② 相关标准的制定需要得到全部参与方的同意，有时甚至需要通过反复修改标准以满足所有利益相关方的要求。

由此可见，我国行业协会参与标准化还具有一定局限性。美国以市场为导向，充分发挥行业协会自主开展标准化工作的方式，使得美国行业协会在整个标准化活动过程中发挥了巨大的作用。

四　对我国行业协会参与标准化活动的创新性建议

（一）突出我国行业协会在标准化工作中的作用和地位

通过分析中国和美国行业协会发展及标准化工作实际情况可以看出，行业协会在标准化活动中具有重要的地位，主要表现为以下三个方面：

一是标准化工作的主角。作为民间组织的行业协会有其特有的优势。比起政府管理部门和其他的第三方组织，行业协会和企业的联系更加紧密，对企业面临的问题更加了解，并且行业协会中的人员通常具有行业工作经验。因此，行业协会可以作为行业的代表，对本行业面临的问题、发展趋势以及外国同行业的概况和发展趋势进行研究；行业协会也可以充当第三方的平台，让科研院所和企业进行接触，从而实现产、学、研联合；在标准制定方面，行业协会可以在对大量信息的收集和分析的基础上，制定和修订本行业的标准，作为标准化工作的主角发挥作用。③

二是行业标准的推动主体。行业协会作为行业内利益相关企业自发组成的社会组织，也是行业标准的制修订、宣贯、实施的推动主体，它在结合自己的工作性质与业务领域的同时，以本协会的企业产品为主体，市场为导向，业务领域为重点，兼顾与国家标准、企业标准的相互协调，开展

---

① ASTM，"About US"，ASTM Website（March 2021），https：//www.astm.org/ABOUT/overview.html.
② IEEE，"About US"，IEEE Website（March 2021），http：//www.ieee.org/about/today/at_a_glance.html.
③ 彭剑虹：《应该充分重视行业协会在标准化工作中的地位和作用》，《世界标准化与质量管理》2003年第10期。

完全自愿性的标准制修订、宣贯和实施,以促进行业整体标准化水平的提高。①

三是各方利益的协调者。协调和解决标准制定过程中各企业的利益诉求和矛盾冲突已成为行业协会义不容辞的责任。行业协会可以在整个行业的企业当中充分开展协调工作,以最大限度地平衡各方的利益,维护本行业的市场经济秩序。

行业协会对标准化工作也起着非常重要的作用,主要表现在以下三个方面:

一是行业协会能为标准的制定提供科学及时的依据。行业协会是企业自愿联合形成的,这使得行业协会具有成为行业内企业利益代表的天然优势。比起行政部门或其他的第三方部门,行业协会更容易对企业在经营过程和适用标准的过程中遇见的各种情况和问题进行广泛地收集。并且行业协会中的工作人员通常都有本行业的工作背景,这使得行业协会能够在收集到的问题的基础上,通过对大量的信息进行汇总和研究,提炼和概括标准制定的依据。②

二是由行业协会制定的标准更能体现整个行业的利益,也更能满足市场的需求。行业协会比政府和行业外的其他标准组织更加了解和熟悉本行业的市场情况、本行业企业的技术情况等,这使得行业协会在制定标准的时候有着天然的优势。③ 此外,行业协会整合了会员企业的社会资源,形成合力,一大批同行业的顶尖专业人士具有强烈的自我规范意识以及提高协会声誉和水准的愿望,又与行业的实际运行密切相关,拥有广泛的实践基础,因此具备制定行业规定、技术标准的各种优越条件。④

三是行业协会能够在推动和监督标准的实施方面发挥重要的作用。行业协会是相关行业标准的直接制定者,了解这些标准的制定依据和形成背景,在向同行业企业和社会宣传并要求企业贯彻执行标准的时候具有优

---

① 王霞、卢丽丽:《协会标准化研究初探》,《标准科学》2010年第4期。
② 彭剑虹:《应该充分重视行业协会在标准化工作中的地位和作用》,《世界标准化与质量管理》2003年第10期。
③ 徐建敏、任荣明:《外包对服务贸易的影响及承接服务外包的策略》,《经济与管理研究》2006年第11期。
④ 吴文华、曾德明:《论我国中小企业集群中行业协会的技术标准化功能》,《商业研究》2005年第9期。

势。① 此外，行业协会还可以通过实施经常性的行业产品质量检查来监督标准的贯彻执行，对于违反协会章程和行规行约、达不到质量规范服务标准、损害消费者合法权益、致使行业整体形象受损的企业，定期向社会公布，并对这些企业进行惩罚。②

以上所述的行业协会在标准化中的地位和作用，在各国的标准化过程中都有所体现。因此，我们需要做的就是突出行业协会在标准化中的作用和地位，在体制和机制上予以保障。

（二）培育有效竞争的社会组织

基于以上对中国和美国的实证分析可以看出，虽然行业协会在中国的标准化中发挥了一定的积极作用，但相较美国而言，我国的行业协会对标准化事业的发展还存在一些问题。比如，自然成长起来的行业协会参差不齐，如果把标准建立在协会基础上，没法实现标准化工作的全面覆盖；许多行业没有相关标准对比，不明确标准制定到什么程度；目前企业在标准化活动中的角色仅为参与者，没有主导权及发言权，所以没有很大的积极性。究其原因，是我国行业协会内缺乏有效的竞争机制，不仅行业协会内的企业会员之间缺乏竞争，而且协会与协会之间也缺乏竞争，导致了垄断标准或是重复交叉标准的出现。因此，为了促进中国标准化事业向更好的方向发展，加强行业协会对标准化的正面作用，减少甚至消除行业协会对标准化的负面影响，行业协会内部需要建立完善的竞争机制。在存在竞争机制的情况下，行业部门才能够更好地从市场经济体制结构的角度对自己进行审视和定位，认识到其同样需要参与市场竞争。在优胜劣汰的压力下，行业协会或主动或被动地解放思想，突破传统理念的束缚，从而打破"一行一会"的行业协会现状。③ 根据我国行业协会目前存在的问题，可以分别引入两种不同的竞争机制：一类是内部竞争机制，强调行业协会内会员企业之间的竞争；另一类是外部竞争机制，目的在于加强行业协会之间的竞争。

---

① 谢增福：《行业协会功能研究》，博士学位论文，中南大学，2008年。
② 李振凤、窦竹君：《中国行业协会的法律定位与职能构建》，《天津大学学报》（社会科学版）2004年第4期。
③ 《商会经济模式创新——商协社团·万祥军：市场化打造商会品牌》，中国新闻采编网，2014年12月31日，http：//www.xwzgcb.com/v.php？info_id=226，2020年12月6日。

引入内部竞争机制的前提是行业协会内部需要有完善的内部治理结构。这个内部治理结构要求行业内部有合理的权力结构，各个利益主体分别拥有相应的权力并互相约束，从而在会员和管理者之间形成有效的激励、约束和制衡机制。这样才能够保证行业协会的管理者遵守法律法规，并且在标准化的整个过程中以实现行业的整体利益最大化为最终目标。[①] 同时，还要加强内部民主管理。对于行业协会的工作人员，要打破协会工作人员年龄老化、文化素质低的现状，减少兼职的政府行政人员数量，而要面向市场进行公开的人才选聘，吸引一批熟悉行业情况，既有专业知识又有协会工作经验，并且能够进行组织创新的多层次的人才担任协会领导者和专职工作人员，这样才能让行业协会的服务质量和管理水平实现本质的飞跃。对担任行业协会会长、秘书长等职务的人员选聘也要采取民主竞选制，打破以往由上级组织或业务主管部门直接任命的法定制，让行业内精英或有感召力的优秀人士积极地参与到行业协会的管理中去，推动行业协会的健康发展。此外，行业协会监督机制的建立健全也非常重要。这意味着需要提高监事会和普通会员对行业协会日常工作和管理的监督能力，保障行业协会的每一个会员享有平等的选举权、被选举权和表决权，使民主选举能够在行业协会中发挥实际的作用。这样才能够保证行业协会的权力属于广大会员，实现会员对行业协会的控制权，从而调动会员参与协会活动的积极性，尤其是参与标准化活动的积极性，使得每个会员都能为标准的制定和修订出谋划策，推动标准化的快速发展。

除了在行业协会引入内部竞争机制，以保障会员企业在标准化活动中的平等权益外，为了打破"一行一会"传统模式导致的行业垄断，避免相似行业协会制定标准的交叉重复，还需要引入适当的外部竞争，主要包括以下三个方面的内容。

一是建立"一业多会"的制度。根据1998年颁布的《社会团体登记管理条例》，"一地一业一会"成为我国行业协会设立的模式。但是随着市场经济的发展和新行业的出现，各行业对于行业协会的要求，特别是服务质量要求越来越高，"一业一会"模式无法适应这种新需求。因此，应当通过引入外部竞争机制，让行业协会优胜劣汰，促使行业协会进行服务创新，提高服务质量。在行业协会中引入竞争机制的前提就是打破"一

---

① 刘光岭、郭芳：《改善国有商业银行治理结构的政策建议》，《经济纵横》2007年第3期。

业一会"的垄断格局，培育和建立"一业多会"的制度，允许同行业内申请成立同类型的行业协会，并且在名称上予以明确区分，从而促使同行业各个部门之间形成良性竞争。为此，需要放宽行业协会的准入门槛，打破以往行业协会登记管理的"双重管理"制度，打破行业协会现行设立标准的限制，允许对某些大类行业，按国民经济行业分类的小类标准设立行业协会；允许按产业链各个环节、经营方式和服务类型设立行业协会，从而扩大社会的参与，扩大行业协会的覆盖率，推动协会之间在标准化活动中的竞争，避免单个行业协会利用制订行业标准等方式实行行业性垄断，形成非法价格同盟，设置市场障碍。2012年4月25日，广东省印发《关于进一步培育发展和规范管理社会组织的方案》，提出要简化登记程序，打破"一行一会"格局，引入竞争机制。

二是建立和完善对行业协会的服务质量评估制度。通过开展以行业协会质量管理为主要内容的检查评估，采用特定的指标，对照统一的评价标准，按照一定的程序，对行业协会的内部绩效和外部满意度进行考核，作出客观、公正和准确的综合判断，并与一些激励约束机制相结合，从而加大行业协会监管机构对行业协会工作的监督、指导力度，及时发现行业协会存在的问题并督促其改正以此来规范协会的行为。同时，也增强了行业协会的竞争意识，促进其改进内部工作制度、提高自身服务能力。目前，我国社会组织管理评估主体主要有社会组织内部评估部门、行政主管部门和第三方评估组织三大类，前两者为内部评估，是现在行业协会评估中常用的方式，而后者属于外部评估，目前还较少被用到。内部评估通常存在缺少第三方监督、评估程序化和方法单一化、社会和民众参与不足甚至不参与等问题，这导致了两种评估方式产生的评估结果客观性不足，可信度和社会认可度不高。为了解决这个问题，在对现有的内部评估模式进行优化的同时，还应当引入作为外部评估的第三方评估。内部评估和外部评估相结合，能够将"评估标准制定者、评估工作实施者和评估结果决定者"这三种身份分属于政府和第三方组织，从而提高行业协会评估结果的可信度和公信力，有效地促进行业协会之间的公平、良性竞争。

三是建立行业协会的退出机制。要在行业协会之间开展适度的竞争，不仅要适当地降低行业协会的"准入门槛"，赋予更多的社会组织以合法的身份进入一个行业来参与竞争，还要防止行业协会过于泛滥，引起行业的非良性竞争，耗费社会资源。因此，建立行业协会的退出机制，及时淘汰不合格的、公信力较低、管理混乱、效率不高的行业协会是非常必要的。

（三）鼓励行业协会积极承担 TC 秘书处

根据中国标准化研究院所编著的《中国标准化发展年度报告（2019）》和全国标准信息公共服务平台提供的数据，截至 2020 年 6 月，我国共有 1331 个技术委员会，其中 62.61% 的技术委员会秘书处承担单位是研究院所，[①] 其余技术委员会的秘书处承担单位按所占比例的高低顺序排列分别为行政事业单位、协会、企业、检验检测机构以及大学出版社等。以协会、联盟为代表的第三方社会组织在其中所占的比例仅为 6.91%[②]，名列第四。从这种比例分布可以看出，技术委员会秘书处承担单位中研究院所占绝大部分，而以行业协会为代表的第三方组织所占比例却很小。然而，在承担技术委员会秘书处工作、发挥秘书应尽的职责方面，行业协会却有着其他诸如研究院所、行政事业单位等组织所无法匹敌的优势，所以 TC 秘书处承担单位应适时向行业协会转移。

首先，将秘书处设立在以行业协会为代表的中立第三方可以促进标准制修订过程的公平和公正。这是因为行业协会作为中立的第三方，在标准制修订过程中不涉及利益关系，保持客观中立的态度。因而，可以让所有的利益相关方介入到标准化活动中去，保持标准化技术委员会的独立性，避免受主管部委自身职能利益的影响，从而实现推动行业技术进步的目标。

其次，在对各标准参与方进行沟通协调方面，以行业协会为代表的中立第三方更加具有优势。行业协会的职能之一就是对本行业协会的经营行为进行协调。

最后，以行业协会为代表的中立第三方拥有健全的信息渠道，能够及时地为各委员提供国内、国际标准化信息，以鼓励和引导企业委员参与标准化，有效地提高标准的市场适应性，缩短标准的制定周期，推动标准化的发展。目前，我国许多行业协会的网站上都设有如行业动态、企业动态、行业分析等专门的信息收集和处理专栏，为各类标准的制定和调整提

[①]《技术委员会名录》，全国标准信息公共服务平台，2020 年 9 月 30 日，http：//std.samr.gov.cn/org/orgTcQuery，2020 年 12 月 6 日。

[②]《技术委员会名录》，全国标准信息公共服务平台，2020 年 9 月 30 日，http：//std.samr.gov.cn/org/orgTcQuery，2020 年 12 月 6 日。

供信息源泉。例如，中国行业协会商会在其网站上设立了行规行标专栏，为读者提供了中国各行各业关于标准的信息和新闻。

因此，为了更好地发挥技术委员会在标准化工作中的作用，有必要将技术委员会秘书处承担单位设置在以行业协会为代表的中立第三方。国际标准化组织 ISO 就是一个很好的成功范例。在 ISO 官网上公布的技术委员会包括 ISO 和 IEC 的联合技术委员会共有 253 个，其中由德国标准化学会 DIN 承担秘书处工作的技术委员会共有 39 个，由美国国家标准学会 ANSI 承担秘书处工作的技术委员会共有 34 个，由中国国家标准化管理委员会 SAC 承担秘书处工作的技术委员会共有 32 个，由英国标准学会 BSI 承担秘书处工作的技术委员会共有 31 个，由法国标准化协会 AFNOR 承担秘书处工作的技术委员会共有 25 个，由日本工业标准调查会 JISC 承担秘书处工作的技术委员会共有 19 个，由加拿大标准委员会 SCC 承担秘书处工作的技术委员会共有 8 个，由行业协会等第三方担任技术委员秘书处工作的比例超过了 60%。其中制定标准最多的十个技术委员会制定的标准数、秘书处承担单位等信息统计见表 6-1。

从表 6-1 中数据可以看出，制定标准最多的十个技术委员会大部分都由行业协会这样的第三方组织作为秘书处承担单位。

表 6-1 　　　　　标准最多的十个技术委员会信息统计

技术委员会	JTC1	TC22	TC34	TC184	TC61
制定标准数	3244	932	885	857	690
秘书处	ANSI	AFNOR	AFNOR、ABNT	AFNOR	SAC
技术委员会	TC20	TC29	TC45	TC38	TC23
制定标准数	680	463	441	410	379
秘书处	ANSI	AFNOR	DSM	JISC	AFNOR

资料来源：ISO，"Technical Committees"，ISO Website（March 2021），https://www.iso.org/technical-committees.html.

第三节　发挥企业在标准化工作中的主体作用

一　企业是标准化工作的主体

企业是自主经营、自负盈亏的商品生产者、经营者和市场主体。因此，企业有独立的企业利益，并且在企业能够影响的范围内具有决策权，可以根据市场的需求和其他因素的变化对本企业的生产和经营进行调节，以保证企业能够从生产和经营中获得最大的利益。这是企业的市场性和自主性的体现。①

1988年4月我国颁布《中华人民共和国全民所有制工业企业法》（简称《企业法》），从12个方面规定了企业的权利和义务。1992年7月国务院颁布《全民所有制工业企业转换经营机制条例》，围绕企业经营自主权，规定了企业的14项经营权，对《企业法》的原则性规定作了具体的表述和延伸。此后的一系列改革措施都使我国企业逐渐具备了作为市场主体的条件。但企业在竞争中能否取胜，能否在激烈的竞争中发展和壮大自己还须创造自身的竞争优势才行。② 竞争是市场经济的基本特征，是市场经济的基本规律，企业作为市场竞争的主体，不断积累技术，创新管理，在竞争中取胜，从而推动了社会经济的持续发展。

在以往的计划经济体制中，标准化工作完全由政府进行，属于政府的管理职能。政府主导标准化的制定和实施，企业处于从属和被动地位，使得企业失去了本身特有的自主性，对于标准化工作没有了基本的积极性，成为制约我国标准化发展的重要因素。③ 随着改革开放的深入，企业的经济主体地位逐渐清晰，企业在技术积累，管理创新，争取竞争胜利时，为完成自我发展，主动引入标准化组织和规范生产，自然充当起标准化工作的主体。

企业的发展、主体地位的显现，在自由市场经济条件下竞争发展，从本身存在、发展及制胜方面来看，也需要从自发性成长向有序化发展，此时，企业对于标准化的意识逐渐明晰。然而企业自身的自发性、短视性和盲从性局限，单纯的个体利益最大化往往造成整体的合成谬误，导致公共利益的损失，甚至全面崩溃。企业个体的标准化工作，不仅仅是企业作为经济个体通过标准化建立有序化，建立标准化意识，在市场经济中取胜，还是企业参与社会的有序化建设。为此，企业标准化是全社会标准化发展

---

① 李春田：《标准化在市场经济发展中的作用——标准化与竞争》，《上海标准化》2003年第6期。
② 李春田：《第六讲：标准化与竞争——市场经济活力之源》，《中国标准化》2004年第6期。
③ 周珩：《刍议政府在标准化活动中的职能转变》，《世界标准信息》2008年第4期。

的基础核心。

企业标准是由企业制定，并且经过企业内部规定审核和批准后发布的在企业内部适用的标准。企业标准和国家标准的本质区别在于，企业标准是企业根据自身、市场和客户的要求制定，所有权归属于制定企业的无形资产。企业标准的内容、制定的时机、制定的程序等都由企业自行决定，仅以不违反法律的规定为限。[①] 国家标准制定的常规程序依次要经过9个阶段：预研—立项—起草—征求意见—审查—批准—出版—复审—废止，且每个阶段又分为4个步骤的具体工作，即使是快速程序，也只能省略部分阶段工作及其标志性文件，并且适用范围一般为已有成熟标准建议稿的项目，此项目在预研和立项环节，必须全面提供拟采用快速程序的理由，并经过严格的审批。[②] 因此，企业标准较国家标准制修订而言显得简单快速，更具时效性和便捷性。

标准化活动始终是一个组织的行为，这个组织最初是企业。企业是标准化的发源地和最基层组织，最初的企业标准化是与企业技术活动相关的内容，作为企业技术机构的一项任务，标准化活动被认定为技术工作的一部分，记载了工业社会技术进程和发展轨迹。[③] 因此企业标准是以技术标准为核心的，企业作为市场的主体，在竞争中，为了取胜就会不断创新、更新技术、提高质量，这就推动了技术的不断发展，这也正是企业标准得以不断更新进步的原动力。有了这样的动力，企业在寻求生存和胜利的道路上，就会对技术千锤百炼，作为此技术展现的标准，内容和指标上自然也就较国家标准而言更胜一筹，加之国家标准等标准适用范围广，需要协调一致的范围也随之扩展，如此而来的工作重点多在于协商、权衡的过程，而非标准自身内容或技术指标的快速更新和提升，因此企业标准由于所适用范围仅为企业自身，运转迅速，显得更有动力和活力。

二 标准与中小企业

近年来，劳动密集型中小企业成为推动我国经济持续增长的最有活力

[①] 李春田：《标准化概论》，中国人民大学出版社2007年版，第29页。

[②] 虞华强、江泽慧、费本华、段新芳、吕建雄：《我国木材标准体系》，《木材工业》2010年第1期。

[③] 李春田：《标准化概论》，中国人民大学出版社2007年版，第47页。

部分。2018年8月,国务院副总理刘鹤在其主持召开的国务院促进中小企业发展工作领导小组第一次会议上说,我国广大的中小企业"贡献了50%以上的税收,60%以上的GDP,70%以上的技术创新,80%以上的城镇劳动就业,90%以上的企业数量,是国民经济和社会发展的生力军,是建设现代化经济体系、推动经济实现高质量发展的重要基础,是扩大就业、改善民生的重要支撑,是企业家精神的重要发源地。"[①] 我国中小企业在缓解工业化进程加快与就业矛盾方面功不可没,中小企业提供了近80%的城镇就业岗位,成为创造就业的主力军,中小企业在市场经济中有其自身生存和发展的根本法则。

从世界各国的情况来看,对中小企业的划分标准可以分为两种模式。第一种是定量标准模式。这种模式下,根据企业的雇员人数、资产、营业额等客观数据对企业进行划分。第二种是定性标准模式,也被称为质量界定标准。根据这一模式,"独立所有、自主经营"和"较小的市场份额"是中小企业最核心的特征。[②] 80%以上的国家采取的是定量模式。而定量模式又可以被分为"单一定量标准"和"复合定量标准",前者采取的是单一指标作为衡量企业大小的方式,通常采用雇员人数作为衡量标准,而后者采用的是多个指标,包括雇员人数、企业资产、营业额等指标。[③] 我国大中小微企业划分标准采用的是定量标准模式,衡量的指标包括从业人员、营业收入等,见表6-2。

(一)中小企业是供应链中的重要一环

实施供应链战略要求企业要培养核心竞争力。企业竞争力是企业基于其所拥有的资源、技能、实体资产所形成的整体的竞争力。这种竞争力的大小反映出了企业在组织过程中形成的能力组合能够为消费者提供价值的能力的大小。核心竞争力则是企业竞争力中的关键部分,是企业取得市场竞争优势的基础,也是企业生存和发展的基石。核心竞争力的培养要求企业需要根据自身的特点,对某一领域、某一业务进行钻研,最后在某一个

---

① 《刘鹤主持召开国务院促进中小企业发展工作领导小组第一次会议》,中华人民共和国中央人民政府网,2018年8月20日,http://www.gov.cn/guowuyuan/2018-08/20/content_5315204.htm,2020年12月6日。

② 黄朝晓:《中国大企业税收专业化管理问题及改进措施》,《广西经济管理干部学院学报》2013年第1期。

③ 盛意:《我国中小企业国际化关系网络研究》,博士学位论文,中南大学,2010年。

表6－2 统计上大中小微型企业划分标准

行业类别	指标名称	计量单位	大型	中型	小型	微型
农、林、牧、渔业	营业收入 (Y)	万元	Y≥20000	500≤Y<20000	50≤Y<500	Y<50
工业*	从业人员 (X) 营业收入 (Y)	人 万元	X≥80000 Y≥40000	300≤X<1000 2000≤Y<40000	20≤X<300 300≤Y<2000	X<20 Y<300
建筑业	营业收入 (Y) 资产总额 (Z)	万元 万元	Y≥80000 Z≥80000	6000≤Y<80000 5000≤Z<80000	300≤Y<6000 300≤Z<5000	Y<300 Z<300
批发业	从业人员 (X) 营业收入 (Y)	人 万元	X≥200 Y≥40000	20≤X<200 5000≤Y<40000	5≤X<20 1000≤Y<5000	X<5 Y<1000
零售业	从业人员 (X) 营业收入 (Y)	人 万元	X≥300 Y≥20000	50≤X<300 500≤Y<20000	10≤X<50 100≤Y<500	X<10 Y<100
交通运输业*	从业人员 (X) 营业收入 (Y)	人 万元	X≥1000 Y≥30000	300≤X<1000 3000≤Y<30000	20≤X<300 200≤Y<3000	X<20 Y<200
仓储业*	从业人员 (X) 营业收入 (Y)	人 万元	X≥200 Y≥30000	100≤X<200 1000≤Y<30000	20≤X<100 100≤Y<1000	X<20 Y<100
邮政业	从业人员 (X) 营业收入 (Y)	人 万元	X≥1000 Y≥30000	300≤X<1000 2000≤Y<30000	20≤X<300 100≤Y<2000	X<20 Y<100
住宿业	从业人员 (X) 营业收入 (Y)	人 万元	X≥300 Y≥10000	100≤X<300 2000≤Y<10000	10≤X<100 100≤Y<2000	X<10 Y<100
餐饮业	从业人员 (X) 营业收入 (Y)	人 万元	X≥300 Y≥10000	100≤X<300 2000≤Y<10000	10≤X<100 100≤Y<2000	X<10 Y<100

续表

行业类别	指标名称	计量单位	大型	中型	小型	微型
信息传输业*	从业人员（X） 营业收入（Y）	人 万元	X≥2000 Y≥100000	100≤X<2000 1000≤Y<100000	10≤X<100 100≤Y<1000	X<10 Y<100
软件和信息技术服务业	从业人员（X） 营业收入（Y）	人 万元	X≥300 Y≥10000	100≤X<300 1000≤Y<10000	10≤X<100 50≤Y<1000	X<10 Y<50
房地产开发经营	营业收入（Y） 资产总额（Z）	万元 万元	Y≥200000 Z≥10000	1000≤Y<200000 5000≤Z<10000	100≤Y<1000 2000≤Z<5000	Y<100 Z<2000
物业管理	从业人员（X） 营业收入（Y）	人 万元	X≥1000 Y≥5000	300≤X<1000 1000≤Y<5000	100≤X<300 500≤Y<1000	X<100 Y<500
租赁和商务服务业	从业人员（X） 资产总额（Z）	人 万元	X≥300 Z≥120000	100≤X<300 8000≤Z<120000	10≤X<100 100≤Z<8000	X<10 Z<100
其他未列明行业*	从业人员（X）	人	X≥300	100≤X<300	10≤X<100	X<10

说明：带*的项为行业组合类别，其中，工业包括采矿业、制造业、电力、热力、燃气及水生产和供应业；交通运输业包括道路运输业、水上运输业、航空运输业、管道运输业、多式联运和运输代理业，不包括铁路运输业、装卸搬运，仓储业包括通用仓储、低温仓储、危险品仓储、谷物、棉花等农产品仓储、中药材仓储和其他仓储业；信息传输业包括电信、广播电视和卫星传输服务，互联网和相关服务；其他未列明行业包括科学研究和技术服务业，水利、环境和公共设施管理业，居民服务、修理和其他服务业，社会工作，文化、体育和娱乐业，以及房地产中介服务、其他房地产业，不包括自有房地产经营活动。

资料来源：国家统计局：《关于印发〈统计上大中小微型企业划分办法（2017）〉的通知》，国家统计局网站，2018年1月3日，http://www.stats.gov.cn/tjgz/tzgb/201801/t20180103_1569254.html，2021年1月12日。

点上形成自己的核心竞争力。

在经济全球化和一体化加速发展的背景下,越来越多的中小企业意识到,有限的资源和能力决定了它们无法仅依靠自己的力量来满足消费者不断变化的需求。因此,中小企业应当从自身的特点出发,把有限的资源集中在核心业务上,从而培育和提高企业的核心竞争力。[1] 中小企业分布在供应链的各个节点上,各节点企业联合组成完整的供应链。同时,中小企业也是标准的创新源头。供应链管理强调的就是企业的核心竞争力,强调根据企业自身的特点,专研某一项领域,同时与合适的其他企业建立战略合作关系,共同获得在市场上的竞争优势。这样能够有效地保护和发展企业的核心竞争力。[2]

(二) 中小企业是产业链上的配套者

跨国公司通常通过与中小企业建立分工合作的网络与机制来实现其全球发展战略。[3] 在这个分工合作网络中,跨国公司和大企业负责分包生产或集中采购,从而降低生产经营成本,提高经济效益;而中小企业则通过为大企业提供配套服务,拓展生存和发展的空间。[4]

海格集团是中小企业通过为大企业提供配套服务,从而拓展本企业的生存和发展空间的典型例子。位于哈尔滨市的海格集团为飞利浦、沃尔玛等全球知名企业生产提供配套的红外线接收器,即电器遥控器。通过这种方式,海格集团的生产销售范围遍及全球,并且每年增长超过50%。[5] 此外,杭机铸造也通过同样的方式实现了企业的利润增长。杭机铸造长期注重技术创新,这使得它获得了来自日本东洋阀门株式会社、日本三菱重工等跨国公司的订单,并且成功地成为这些跨国公司的全球供应链中的一部分。该企业每年出口额的增长速度达到了35%。[6]

低成本制造能力是我国企业最大的优势。因此,为跨国公司进行配套生产,进入跨国公司的全球供应链这种做法能够在短期内为我国中小

---

[1] 丁俊发:《供应链管理与企业竞争力》,《理论前沿》2008年第20期。
[2] 罗永华、唐炜、江少华、姚翠红:《21世纪民营企业核心竞争力的提升——基于供应链管理的观点》,《价值工程》2007年第3期。
[3] 丁敏:《中小企业已成为全球产业链中的重要环节》,《功能材料信息》2006年第5期。
[4] 汪运栋、邵波:《我国企业参与全球产业链的路径选择》,《商业时代》2008年第19期。
[5] 刘丹栋、焦红艳:《中小企业如何进入跨国公司产业链?》,《中国经贸》2004年第3期。
[6] 刘丹栋、焦红艳:《中小企业如何进入跨国公司产业链?》,《中国经贸》2004年第3期。

企业提供最大的发展空间和利润空间。我国许多中小企业正是因其生产成本低和较好的技术基础成为世界 500 强企业的供应商；而在全球制造业产业结构调整的背景下，许多原本仅作为供应链中的一环为跨国公司进行初级配套生产的中小企业，开始自行从事高新技术的研发，寻求提高企业的研发能力和生产能力，甚至开始为跨国公司生产提供一些更高级和昂贵的设备与配件。① 中小企业越来越成为跨国公司产业链上不可忽视的环节。

（三）标准能让中小企业获得更多市场竞争优势

2011 年 2 月，欧洲电信委员会（ETSI）在欧盟与欧洲自由贸易联盟的资助下对微小企业参与标准化进行调查。被调查对象包括 9000 家欧洲通信领域的企业，主要方式是网络问卷与电话访问相结合。很多公司回复了该问卷，其中 2% 为大型企业，13% 为中型企业，24% 为小型企业（21—50 位从业人员），59% 为微型企业（少于 10 位从业人员）。②

根据调查，欧盟的中小企业参与标准化的程度与积极性很高。超过 40% 的中小企业在标准制定过程中拥有领导地位（如任主席或起草人）；30% 的中小企业是 3 个及 3 个以上的标准化机构的成员；超过 50% 中小企业密切关注 3 个及 3 个以上的标准化机构；30% 的中小企业有 3 个及 3 个以上的人员涉及标准化工作；60% 的中小企业被访者每年参与超过 6 个标准会议。③

欧盟中小企业参与标准化的最主要原因是技术兼容。超过三分之二的企业认为实施标准的原因是技术兼容，超过 40% 的理由还包括：满足客户需求、符合监管、获得市场竞争优势，见图 6-1。

中小企业认为使用标准对其公司表现有积极的影响，如增加利润率（17.6%）、降低进入新市场的难度（16.7%）、提高市场占有率（16.7%），见图 6-2。

---

① 刘丹栋、焦红艳：《中小企业如何进入跨国公司产业链?》，《中国经贸》2004 年第 3 期。
② Franck Le Gall and Martin Prager, "ETSI White Paper No. 6 Participation of SMEs in Standardization", ETSI Website (February 2011), https：//www.etsi.org/images/files/ETSIWhitePapers/WP_No_6_SME_FINAL.pdf.
③ Franck Le Gall and Martin Prager, "ETSI White Paper No. 6 Participation of SMEs in Standardization", ETSI Website (February 2011), https：//www.etsi.org/images/files/ETSIWhitePapers/WP_No_6_SME_FINAL.pdf.

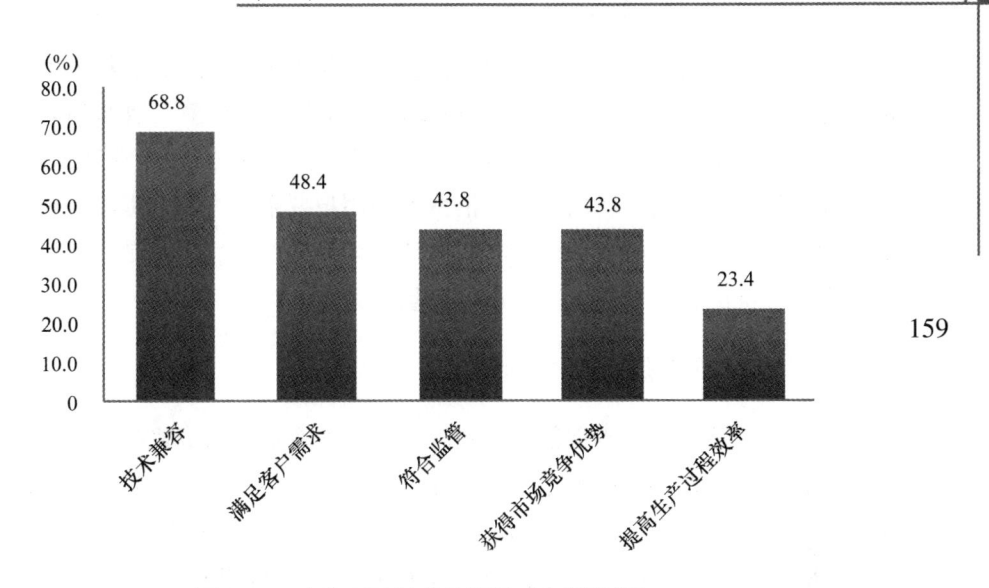

图 6 – 1　实施 ICT 标准的原因（多项选择）

资料来源：Franck Le Gall and Martin Prager, "ETSI White Paper No. 6 Participation of SMEs in Standardization", ETSI Website (February 2011), https://www.etsi.org/images/files/ETSIWhitePapers/WP_No_6_SME_FINAL.pdf.

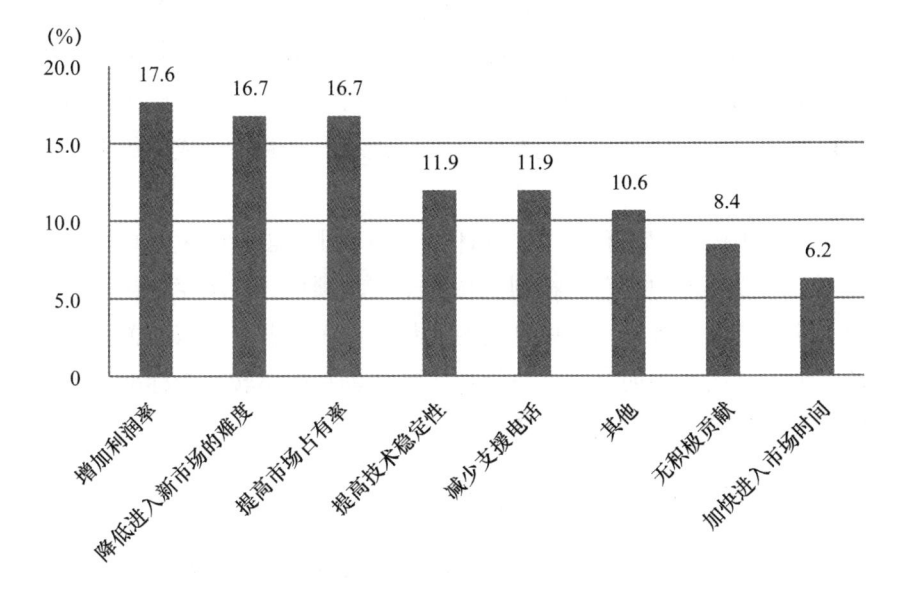

图 6 – 2　使用 ICT 标准对企业的帮助有哪些（多项选择）

资料来源：Franck Le Gall and Martin Prager, "ETSI White Paper No. 6 Participation of SMEs in Standardization", ETSI Website (February 2011), https://www.etsi.org/images/files/ETSIWhitePapers/WP_No_6_SME_FINAL.pdf.

由图 6-2 可得出，企业参与标准化工作的最重要原因都是基于市场的考虑，是为了降低进入新市场的难度，提高市场占有率，增加利润率等。因此，制定标准的基本目的就是取得最佳效益，提高企业管理水平，促进技术进步，从而生产出更符合消费者和用户要求的产品，提高企业的竞争力。标准的实施必须保证最大限度地发挥标准的作用，而是否最大限度地发挥标准的作用就需要基于市场衡量。

（四）中小企业是标准创新的源头

企业组织结构与技术创新有着不解之缘。大企业易形成机械型组织结构，在技术上存在路径依赖和技术惰性，很难产生有开创意义的创新成果，但有利于技术推广和市场成功。[1] 中小企业易构建有机型组织结构，这种结构重视灵活和应变能力，有利于技术发明和成果转换。20 世纪的重大技术创新大多是由中小企业实现的。研究发现，随着全球电子信息化时代的到来，在技术进步较快、产品个性化较强的高新技术领域，中小企业比大企业更有竞争优势。据美国小企业管理局 SBA 统计，1997—2000 年美国 55% 以上的技术创新是由小企业实现的。在德国，有 2/3 以上的专利技术是中小企业研究出来并申请注册的。英国的情况也相仿，Hannall 和 Kany 在研究英国产业集中度时发现，英国的大企业在新技术和新工艺方面并无多大建树，它们主要依靠并购创新产品和工艺成熟的中小企业来扩大市场规模。[2]

依据上述美国、德国和英国的统计，中小企业是创新的主力。标准的创新离不开核心技术的创新，特别是在电子信息领域，技术变更速度非常快，中小企业具有小规模、集中创新的优势。中小企业主要依靠关键领域的创新，如专利的获得而具有竞争优势。这些创新能够转化为标准，通过规模效应使这种技术能得到广泛传播。

（五）中小企业参与标准化的途径

欧洲电信委员会对中小企业参与标准化进行调查的报告显示，中小企

---

[1] 康立：《非对称信息条件下中小企业银行信贷融资研究》，博士学位论文，华东师范大学，2007 年。

[2] 康立：《非对称信息条件下中小企业银行信贷融资研究》，博士学位论文，华东师范大学，2007 年。

业参与标准化的障碍主要表现在：被大型企业主导、差旅费用高、标准化机构的会员费太高、参与成本和跟踪成本过高、程序太缓慢、程序太复杂、增加了知识产权问题、程序缺乏透明度以及使用了外国语言。其中，78%的企业同意程序被大企业主导，76%的企业同意差旅费过高，60%的企业同意参与标准组织的会员费太高，56%的企业同意参与成本和跟踪成本过高，44%的企业同意程序太缓慢，36%的企业同意程序太复杂等。①

因此，对于中小企业参与标准化的工作途径，欧委会报告建议：②

（1）向参与标准化工作的人员提供差旅及会费资助。一旦中小企业的成本减少了，中小企业就会只关注参与标准化的作用和价值，这将有利于中小企业参与标准化。

（2）简化参与程序。中小企业普遍认为参与标准化活动的程序复杂，而且非常耗时耗力，因此有必要简化参与程序，为中小企业提供好的环境。

（3）提高企业参与标准化的意识。中小企业重在创新，对技术创新比较敏感，但对标准化工作积极性还不是很高，认识也不足，参与标准化的意识还有待加强。

（4）采用新技术参与标准化工作，比如网络参与。

（5）重点强调中小企业参与标准化能带来的好处。

三　企业参与标准化工作的创新性建议

（一）提升企业标准化意识与主动性

企业标准化工作是现代化生产的重要手段，逐渐贯穿于企业发展进程的各个阶段、各个环节，企业标准化的完善不仅促进企业技术进步，提高企业管理水平，增强企业生产力，更是一个国家提升经济可持续发展最具潜力的发展策略。③

---

① Franck Le Gall and Martin Prager, "ETSI White Paper No. 6 Participation of SMEs in Standardization", ETSI Website（February 2011），https：//www.etsi.org/images/files/ETSIWhitePapers/WP_No_6_SME_FINAL.pdf.

② Franck Le Gall and Martin Prager, "ETSI White Paper No. 6 Participation of SMEs in Standardization", ETSI Website（February 2011），https：//www.etsi.org/images/files/ETSIWhitePapers/WP_No_6_SME_FINAL.pdf.

③ 曹铭：《对企业标准化工作研究现状及发展探讨》，《中国—东盟博览》2012年第6期。

改革开放初期,企业改革是最早进行的。企业从完全听从政府指挥、盈亏由政府承担转变成了自主经营、自负盈亏的独立法人。为了实现企业的改革,使企业能够完成由计划经济向市场经济转型的任务,我国进行了长达十多年的讨论、立法和改制。在这个改革转型的过程中,计划、生产、销售等以往由政府直接管理的经营活动被逐渐放权给企业。[1] 企业则不负众望,发挥了在经济社会中的主体地位。对于标准化工作而言,国内标准化体制建设也需要政府对企业适度授权,增加企业参与各种标准化活动的主动性,使企业标准成为行业标准和国家标准的基础,达到企业发展、提升国家竞争力的目标;[2] 政府营造有利于企业自主参与标准化的良好环境,做好宣传推广工作,使企业树立起标准化思维和意识;政府建立起有效鼓励机制,积极鼓励企业通过标准化方式管理自身,提升企业产品质量;政府要发挥其技术机构的技术服务作用,引导技术机构为企业提供必要的技术服务,助推企业标准化发展。

作为行业协会,需要做好企业的组织者,为企业标准化工作搭好平台;做好企业的服务,行业协会是行业的风向标和领航人,掌握着整个行业全面发展的大旗,对行业有全面的理解和认识,为此,需要给企业标准化工作做好相关行业的服务,引导企业制定适应于行业和自身良性发展的优良标准;做好企业标准化工作的协调者,行业协会需要充分发挥行业自治的作用,及时有效地按行业内企业标准化发展的目标进行协调,与全体企业共同发展。

(二)建立以需求为根本的企业标准化运行模式

企业的标准化工作存在各种各样的问题,但是这些问题很难一概而论,主要原因是企业标准化工作和实际脱节,这具体体现为:(1)企业和标准化的任务脱节;(2)企业根据市场制定工作计划,但是标准化工作则根据政府和中介组织的要求制定工作计划,双方工作计划不统一;(3)企业和标准化的目标不统一;(4)企业以市场竞争为导向,而标准化工作对市场竞争的关注不够;(5)标准化无法参与企业重大生产活动等。这些问题是标准化工作在企业中不被重视、没有地位的根本原因。这些问题使得企业中的标准化工作通常是"形式重于实质",

---

[1] 李春田:《企业标准化的发展方向》,《品牌与标准化》2011年第18期。
[2] 曹铭:《对企业标准化工作研究现状及发展探讨》,《中国—东盟博览》2012年第6期。

标准化工作自然也就无法给企业带来效益。能够做到标准化工作和企业实际需要相结合的企业，才能够看到标准化工作带来的效益，从而重视标准化工作。①

(三) 企业标准化工作需要分清阶段

标准化工作是一项系统性工作，即使面对的对象已经缩小至企业，依然需要考虑众多的影响因素，时常给人无所适从、不知何处下手的感觉。并且，企业开展标准化工作并不具有固定和统一的模式。企业的管理者根据本企业的管理制度、产品研发流程以及本行业内竞争的特点独立设计本企业的标准化工作模式。② 这就需要我们在面对错综复杂的标准化工作时，有标尺衡量比较，判断清楚企业所处的阶段，同时深入企业标准化工作的各个阶段。

标准化工作的阶段可以划分为标准、标准化、标准体系、标准化战略四个阶段。"标准"阶段主要是企业根据自身发展制修订企业标准的阶段，工作形式主要集中在企业管理和技术沉淀，创造标准文本。该阶段适用于大部分完成求存阶段的企业，这些企业在经济浪潮中取得了生存，上升到了一个台阶，这时通常需要对前期的摸爬滚打进行总结和固化，为此"标准"这个阶段的明显特征就是固化已积累的企业管理和技术，形式单一有序，内容具体。"标准化"阶段，企业的标准化意识已经基本形成，开始开展标准化的相关活动，比如组织企业标准的全员宣贯，举办标准化培训，参与行业内相关标准化机构等，工作形式比较灵活。该阶段企业领导层已树立起牢固的标准化意识，以求通过标准化活动贯彻企业发展目标，通过标准化活动积累和传播标准化意识，其主要特征就是形式多样，有传播和贯彻性。"标准体系"阶段，随着企业标准数量的攀升和企业自身的不断发展，企业开始运用系统性方法管理标准及其运行的系统阶段。其工作形式主要集中在企业构建符合自身的标准体系，科学有效地管理标准，使其在企业运行（生产、科研、管理等）过程中充分发挥实效性，对自身形成的标准进行审视和检查，从而更新并确立下一步发展。该阶段适用于具有一定规模的企业，这部分企业在科学发展和管理的促动下，需要对固有的标准进行全面整合，以促进企业进一步明确发展思路，以备下

---

① 李春田：《企业标准化的发展方向》，《品牌与标准化》2011 年第 18 期。
② 李春田：《企业标准化的发展方向》，《品牌与标准化》2011 年第 18 期。

一次的飞跃和进步。该阶段基本特征是形式系统连贯，方法科学，具有系统性和科学性。"标准化战略"阶段，随着企业标准化意识深入贯彻，企业自身发展目标与标准化目标全然结合，两者共同实现企业在市场竞争中的胜利阶段。其工作形式主要集中在企业文化与标准化文化的融合，企业发展战略目标与标准化战略目标的融合上。该阶段主要适用于龙头企业，这些企业具有长期稳定发展的预期，对于战略定位及目标更具体和细化，其基本特征是形式多元化，具有融合性和远期性。

虽然已有如上标准阶段的划分标尺，企业依然存在着各种发展的可能。一个企业可能同时存在四个阶段的标准化工作，需要同时在四个层面共同发力，且企业需求也不尽相同，发展思路更是千差万别。为此，企业标准化阶段划分的顺序也是各异的，有先设立标准化发展战略再完善标准体系的，也有从标准化活动中激发企业固化自身标准的。即便如此，以这四个阶段去划分企业标准化，还是简单可行的。企业可以根据其工作阶段的明显特征，细化标准化工作，做到标准化工作的切实有效。

（四）企业标准化工作需要分步骤循环运行

从整体上来说，标准化工作是一个不断循环的过程，包括了标准的制定、实施、成效检验、反馈修正。企业基于解决管理生产中的重大问题的经验来制定、实施和提高标准，积累标准化工作经验，同时，促进新标准的产生，再经过实践检验，提升和积累标准。[①] 这就需要企业按步骤操作，将企业的标准化循环运行起来。基本步骤是：首先企业抓住自身发展中的"事关全局的问题"，全面检查标准及其体系，分析、定位、确立出标准化发展的思路；其次企业组织方方面面的力量，贯彻标准化意识和思路；接着运用标准化的各种"武器"（简化、统一化、通用化、系列化、组合化、模块化）直到见到效果，解决实际问题；再次全面审视检查企业标准化过程的结果并予以分析；最后总结标准化过程，固化该成果，形成新标准，补充完善标准体系。

---

① 李春田：《企业标准化的发展方向》，《品牌与标准化》2011 年第 18 期。

第七章 中国特色标准化体制的创新设计

第一节 中国特色标准化体制发展的趋势

中国特色标准化体制发展的总体趋势是遵循中国特色社会主义道路的基本要求，服务于加快转变经济发展方式，立足于完善社会主义市场经济体系，按照政府、市场和社会三方共同治理的理论，以改革开放为动力，增强国家竞争力，构建法律与标准相契合的充满生机与活力的标准化体制。具体而言，中国特色标准化体制发展的趋势体现在以下几个方面。

一 不断与社会主义市场经济相适应的标准化体制

不断推动技术进步，服务于经济建设，是标准化工作的生命力所在。改革开放以来，我国标准化工作正是始终围绕经济社会发展大局，以服务经济、促进发展为目标，谋篇布局，科学定位，全面履行职能，尽职尽责工作。而我国经济建设的根本目标是建设社会主义市场经济，党的十九大报告明确提出要"加快完善社会主义市场经济体制""坚持社会主义市场经济改革方向"。因此，服务于经济建设这一中心任务的标准化体制，应当不断探索我国社会主义市场经济的特点，遵循社会主义市场经济发展的规律，进行体制改革与创新，建立与市场经济相吻合的标准化体制。之所以强调这一发展趋势，主要基于以下理由：

市场经济的核心是企业主体，企业是理性经济人，企业会选择对自己最为有利的行为。在技术变革速度不断加快的时代，技术传播和模仿的速度也不断提升，标准日益成为企业市场竞争的核心要素。企业只有提供高标准的产品才能有竞争力，也只有不断地提供高标准的产品才能长期发展下去。市场经济是信用经济，这种信用有赖于有效的标准信号。在市场交易中，由于消费者永远不可能有生产者的专业知识，商品购买中就可能因为对专业性能的不了解而遭受损失。一个真正完善的市场体系，质量信号的提供是其中重要的基础建设，没有真实质量信号的传递，极端情况下市场会缩小甚至会消失。标准化工作的重要性，就在于它能有效地提供真实的质量信号。无论是进入的许可，还是对产品的监督抽查，其根本目的是要提供正确的质量信号，降低市场质量信息的不对称性，从而引导不同主体根据这一信号做出更加理性的决策。

二 不断促进加快转变经济发展方式的标准化体制

党的十九大报告明确指出，"必须坚持质量第一、效益优先，以供给侧结构性改革为主线，推动经济发展质量变革、效率变革、动力变革，提高全要素生产率"。这就要求在经济发展的过程中，质量是"立足点"，这为实施质量强国战略提供了强大动力，也为推动质量在转变经济发展方式中发挥作用指明了方向。中国特色标准化体制的发展要体现这一新的方向性趋势，主要基于以下理由：

党的十八大报告作出的"加快转变经济发展方式"这一判断，是对中国改革开放三十多年经济发展经验的深刻总结。而在党的十九大报告中，对于"转变经济发展方式"这一问题，进一步说明"我国经济发展进入新常态"，并且"我国经济已由高速增长阶段转向高质量发展阶段，正处在转变发展方式、优化经济结构、转换增长动力的攻关期，建设现代化经济体系是跨越关口的迫切要求和我国发展的战略目标"。这一表达强调的是在经济发展方式转变的过程中需要重视高质量发展。但是长期以来，我国的经济发展是建立在资源、环境、廉价劳动力等带来的比较优势基础之上的。随着时代的发展，高级生产要素和创新的重要性已经超越了自然资源等方面的静态比较优势，这种变化使得我国经济的发展必须从数量型增长向质量型增长转变，由过去单纯追求产出能力和总量规模进一步向提高发展质量和效益转变。① 而衡量中国标准化工作的标准，就是看其是否能够真正地服务于加快转变经济发展方式这条主线。

任何社会的经济活动都必须以物质产品为基础，而物质产品的好坏与产品质量密切相关，物质产品的质量直接影响着产品的需求，也影响着一国的经济发展。质量好，需求数量就大，质量差，需求数量就少，这是市场经济的基本规律。将经济发展的立足点建立在提高质量上，其本质含义在于通过高质量的产品促进经济产出的进一步提高。我国经济目前的发展模式主要依靠的仍是资源的数量投入，"投入—产出"的效率远低于美日欧盟等发达经济体。我国经济结构的转型升级，应当立足于发展实体经济，而实体经济价值的提高又有赖于服务的增值。在生产性服务业中，只有对一个企业品质进行第三方认证和评价，才能提高这个企业产品的价值。在当今国际贸易环境下，任何一个成熟的国家，对其产品都有第三方的评价和认证，这甚至已经成为产品进入市场的通行证。同时，标准化工作已不仅仅局限于产品标准化，而是延伸到社会管理和公共服务标准化，使各个不同的主体提供更好的服务。

三 不断有利于社会各方共同参与的标准化体制

标准化事业是涉及国计民生的系统工程，不仅需要依靠国家战略、政策、纲要，更需要全国各行业、各领域、各系统及全体社会成员的共同参与。党的十九大报告多次强调各行业的共同参与，比如"构建政府为主导、企业为主体、社会组织和公众共同参与的环境治理体系""完善政府、工会、企业共同参与的协商协调机制，构建和谐劳动关系"等。而在标准化事业上，也同样需要政府、企业、社会组织和公众的共同参与。十九大报告明确指出，要"推动社会治理重心向基层下移，发挥社会组织作用，实现政府治理和社会调节、居民自治良性互动"。中国特色的标准化体制应当通过有效的设计，鼓励广大人民群众和各个行业、各个领域的社会组织参与标准化工作，吸收社会各界的力量，形成合力，共同推动标准化事业的发展。之所以强调要建立有利于社会共同参与的标准化体制，主要基于以下理由：

---

① 刘清敏：《转变经济发展方式的内涵及其路径——访中国人民大学经济学教授、博士生导师李义平》，《大连干部学刊》2012 年第 5 期。

标准由企业生产和供应，由消费者购买和使用，因而消费者与标准有着紧密的利益关系。① 我国的标准化工作要有效开展，除了发挥政府的作用和市场的基础作用，还需要发挥消费者的作用。此外，行业协会作为企业与政府之间的纽带，对行业的技术水平、发展状况最为了解，建立有利于社会各方共同参与的标准化体制能够更好地发挥社会对标准化的作用，满足社会对标准化的需要。我国多年以来建立了一批专业化的社会组织，在政府的标准化体制创新中，政府应将更多具有行政性的社会组织推向社会，同时与其承受能力相匹配，渐渐地将某些不适合政府但适合社会力量进行标准化管理的事项，交由社会组织管理，从而弥补政府标准化管理的失灵，形成全社会齐抓共管的良好氛围。

四 不断有利于增强国际竞争力的标准化体制

在经济全球化和一体化的背景下，标准不仅关系人民群众的切身利益，也反映我国的综合国家实力，关系我国的国际形象。加强国家的标准化建设，树立我国企业、产品良好的国际形象，对于提升国家的国际竞争能力尤为重要，这也是未来中国标准化体制发展的趋势。之所以强调这一趋势，是基于以下理由：

随着全球化的日益深化，人才和标准化战略已成为国际新型的竞争战略，每个行业都有其产业链，如果掌握了产业的技术标准，进而掌握了整个产业的标准，也就掌握了这个产业发展的进程。国际竞争就是以标准为核心的规则的竞争，标准是国际贸易中的双刃剑，既可用于促进出口，又可用于抑制进口。② 尤其是关税逐渐降低，非关税措施日益受到限制和约束的情况下，技术标准已越来越成为发展贸易、保护民族产业、规范市场秩序的重要手段。因此，各国政府日益重视标准的作用，将其作为非贸易壁垒的基本手段，同时各国政府也将标准的竞争提升到国家产业战略的高度，借助对标准的垄断获得国家的竞争能力。③ 目前我国的进出口贸易主要来自于美国、欧洲和日本，美国、欧洲和日本一

---

① 尹传刚：《中国质量取决于市场竞争的水平》，《深圳特区报》2013年10月8日。
② 何文江：《实施海峡西岸经济区标准化战略》，《引进与咨询》2005年第7期。
③ 《三大支柱鼎足而立——访武汉大学质量发展战略研究院程虹教授》，《中国质量万里行》2009年第5期。

直处于标准价值链的制高点,而我国由于企业和社会主体力量依然有限,单枪匹马地参与标准领域的国际活动,往往缺乏话语权,一直处于标准价值链的低端,这给我国经济长期稳定的发展造成了重大的隐患。因此,我国标准化工作应发挥战略性统筹和协调能力,集团化地参与重要国际规则与标准的制定,将单个市场主体的分散竞争提升为国家层面的集体竞争,从而提高我国的国际竞争力。

第二节 坚持标准、计量、合格评定相统一的质量技术支撑体系

标准、计量、合格评定是包括产品、工程和服务质量、食品安全、特种设备安全和社会公共安全的重要技术保障,是实施质量强国战略最为关键的质量控制因素。现有标准、计量、合格评定应具有统一性,三者构成质量技术支撑的完整体系。

一 标准、计量、合格评定三者相互联系、密不可分

标准、计量和合格评定构成了在全球经济一体化背景下促进贸易、构建公平市场技术基础的三大支柱。[①] 这三大支柱之间相互联系、密不可分。根据我国《通用计量术语及定义》中的有关规定,所谓计量,是指"实现单位统一、量值准确可靠的活动"。按照《标准化工作指南》的有关定义,标准是指"为了在一定范围内获得最佳秩序,经协商一致制定并由公认机构批准,共同使用和重复使用的一种规范性文件"。根据ISO/IEC 17000:2004《合格评定——词汇和通用原则》的规定,认证是指"与产品、过程、体系或人员有关的第三方证明";认可是指"正式表明合格评定机构具备实施特定合格评定工作的能力和第三方证明"。从系统工程角度看,计量是标准制定及执行过程中的重要基础,标准是合格评定的主要依据,合格评定又是推动标准实施、提高标准化和计量管理水平的重要途径。计量和标准为合格评定提供了手段和依据,合格评定使标准的作用和价值得到发挥和延伸,标准为实施准确测量、取得可靠的测量结果

[①] 刘建立、马开华、吴姬昊:《我国标准化、计量和合格评定现状及在石油装备业的应用思考》,《石油钻探技术》2009年第1期。

提供了方法和保证。因此,三者相互关联、相互作用、相互协调、相互补充、分工协作,有效促进了整个质量管理系统的良好运行。

二 标准、计量、合格评定是现代质量基础设施的三大支柱

标准、计量、合格评定作为质量技术支撑,三者应当保持统一性与完整性。联合国工业发展组织(UNIDO)和国际标准化组织(ISO)将标准、计量与合格评定(其核心是认证认可)定义为现代质量基础设施的三大支柱,三者之间相互关联、密不可分,相得益彰。2012年1月11日国务院召开的关于研究部署进一步加强质量工作的常务会议认为,标准、计量、合格评定和检验检测是质量基础工作,必须予以加强。我国质检工作体系是依托计量、标准、合格评定建立并完善起来的。[①] 其中,标准是质量监管的依据,质量达到什么水平由标准来规定,产品是否合格也应当依据标准来判定,质量监督的过程就是评价和分析产品是否符合标准的过程。计量是质量监管的基础,计量为质量监管提供可靠的数据,质量是否达到了标准的要求,要通过计量的方法和手段来度量判定。合格评定是质量监管的重要手段,是对市场主体和产品、服务的品质及安全进行公证科学评价的制度。基于独立性、规范性、专业性和国际性,它具有较强的公信力,能够在企业、消费者、市场和政府监管之间建立良好的互信关系。三大支柱围绕质量形成闭环,相互依赖,互为支撑,不可分割,共同支撑质量安全和质量发展,保障国家市场监督管理目标的实现。

三 标准、计量、合格评定统一管理是国际上发展中国家的主流做法

通过对国际标准化组织(ISO)成员进行调查,统计分析83个国家标准化、认证认可和计量管理机构的情况。选取的样本国家涵盖五大洲,其中欧洲国家33个(含27个欧盟成员国),亚洲国家29个,美洲国家10个,非洲国家9个,大洋洲国家2个。表7-1的统计数据显示,由一个机构统一管理标准化、计量和合格评定三类业务的国家共计33个,其

[①] 王军荣:《"质量黑名单",有威力才有意义》,《检察日报》2012年1月16日。

中亚洲15个，欧洲8个，美洲5个，非洲5个；由一个机构管理标准化、认证认可两类业务的国家共计31个，其中欧洲14个，亚洲10个，美洲5个，非洲2个；由一个机构管理标准化、计量两类业务的国家共计5个，其中亚洲2个，非洲2个，欧洲1个；由一个机构管理计量、认证认可两类业务的国家共计2个，其中亚洲1个，欧洲1个；由不同机构分别管理标准化、认证认可和计量业务的国家共计12个，其中欧洲9个，亚洲1个，大洋洲2个。进一步分析，发达国家一般由一个机构管理标准化和认证认可两类业务，如美、英、德、法、日等。发展中国家一般由一个机构同时管理标准化、认证认可和计量三类业务，如南非、埃及、中亚五国等。发展中国家在经济社会的发展上具有很多相似性，他们采取的主流做法是将三大支柱统一管理。党的十九大报告指出"中国特色社会主义进入新时代，我国社会主要矛盾已经转化为人民日益增长的美好生活需要和不平衡不充分的发展之间的矛盾。""我国社会主要矛盾的变化，没有改变我们对我国社会主义所处历史阶段的判断，我国仍处于并将长期处于社会主义初级阶段的基本国情没有变，我国是世界最大发展中国家的国际地位没有变"[①]。因此，可借鉴国际上发展中国家主流的管理方式，将标准、计量、合格评定进行统一管理。

表7-1　　83个国家标准化、计量和合格评定管理机构调查统计

地区	统一管理	标准化、认证认可	标准化、计量	计量、认证认可	分别管理
亚洲	15	10	2	1	1
欧洲	8	14	1	1	9
非洲	5	2	2	0	0
美洲	5	5	0	0	0
大洋洲	0	0	0	0	2
总计	33	31	5	2	12

资料来源：ISO网站汇总。

---

① 习近平：《决胜全面建成小康社会　夺取新时代中国特色社会主义伟大胜利——在中国共产党第十九次全国代表大会上的报告》，人民出版社2017年版，第12页。

第三节 建立中国特色社会主义市场经济体制下的标准体系

按制标宗旨,我们将标准分为公标准和私标准,公标准代表的是公共利益,私标准代表的是本企业或本组织的私人利益。根据这一分类,我们将标准根据其利益主体具体分为三大类:一是企业内控标准、事实标准,其利益主体是企业;二是团体标准,其利益主体是协会、研究机构、商业组织等,统称为团体;三是国家标准,其利益主体是公众。只有将标准的利益主体区分清楚,才能有效地发挥不同标准应具有的不同作用。

一 现状:强制性与推荐性标准相结合的标准体系[①]

(一)强制性标准是我国标准体系的重要组成部分

根据 2017 年修订的《标准化法》,我国标准分为国家标准、行业标准、地方标准和团体标准、企业标准四级;也分为强制性标准和推荐性标准两类。经过几十年努力,我国以国家标准为主体,行业、地方和团体、企业标准衔接配套,强制性与推荐性标准相辅相成的标准体系基本形成。总体上,强制性国家标准长期以来得到了较好的贯彻执行,取得了较好的效果。比如,2009 年至 2013 年这五年间,对 534 类 86438 家企业 95427 批次涉及强制性标准的产品进行质量监督抽查的结果显示,产品平均合格率为 83.8%,其中 29 类合格率为 100%,78 类合格率在 95% 以上;在强制性产品认证方面,已列入认证目录的产品达 22 大类 163 种,颁发证书 29 万张,获证企业 4 万多家,认证产品抽查合格率为 90.8%;配合《节约能源法》的实施,制定了 36 项覆盖家用器具、工业设备、照明产品、商用设备等的强制性国家标准。强制性国家标准作为提高产品质量、调整产业结构、节约资源、保护环境、保障健康安全和改善民生的技术支撑,在规范市场经济秩序、促进经济社会发展中发挥了重要作用,特别是我国加入 WTO 后,强制性国家标准已经成为重要的技术性贸易措施,其权威性得到国内外广泛认可。

---

① 参见廖丽《构建中国强制施行的"国家标准体系"(二)》,《中国标准导报》2013 年第 11 期。

（二）强制性标准是技术法规在我国的重要表现形式

WTO/TBT 协定中所称技术法规是 technical regulation，我国译为技术法规，也可译为技术规范、技术规程或技术要求。WTO 各成员技术法规表现形式也是多样的，包括法律、条例、规范、决议、议案。目前我国符合 WTO/TBT 协定所指的技术法规特征的文件散见于法律、行政法规、部门规章、地方性法规、政府规章、行政管理性文件和强制性标准中。强制性标准作为技术法规，在国际上也得到了认可。国际标准化组织在有关文件中明确，"强制性标准在中国是技术法规最重要的形式"，并把我国强制性国家标准与欧盟指令等作为技术法规的典型事例向各国推荐。入世以来，质检总局和国家标准委按规定将强制性国家标准向 WTO 进行通报。2001 年至 2019 年，中国共通报 1169 项强制性国家标准，约占我国 TBT 通报总数的 76.6%。① WTO 成员没有对强制性国家标准的称谓提出异议，也没有提出解决争端的要求。强制性国家标准不仅是我国标准体系的重要组成部分，也是我国技术法规不可替代的组成部分，更是规范经济秩序和社会管理相关法律法规中不可或缺的内容。

二 变化：强制性标准转为国家标准模式②

由于历史原因，我国沿用了苏联的标准体系。1979 年发布的《标准化管理条例》将标准分为国家标准、部标准（专业标准）、企业标准三级。1988 年颁布实施的现行《标准化法》，既尊重历史发展，又充分考虑当时计划商品经济发展需求，打破了部门概念，将部标准改成了行业标准，把标准体系调整为国家、行业、地方和企业四级，并规定国务院有关行政主管部门和省级标准化行政管理部门都可制定强制性标准。2017 年对《标准化法》进行修订的时候，在原有标准体系的基础上，吸收企业实践成果，将标准体系调整为国家、行业、地方和团体、企业四级。将团

---

① 中国对外 TBT 通报，中国 WTO/TBT – SPS 通报资讯网，2020 年 9 月 30 日，http://www.tbt – sps.gov.cn/tbtTbcx/getList.action?pageType=1&tbtsps=1，2020 年 12 月 6 日。根据网页查询显示，从入世至今，中国 TBT 通报总数为 1526 项，其中，通报的强制性国家标准有 1169 项，占比约 76.6%。

② 参见廖丽《构建中国强制施行的"国家标准体系"（二）》，《中国标准导报》2013 年第 11 期。

体标准纳入法定的标准体系，是长期以来实践成果在法律上的体现，并且符合企业对于标准的需要。根据 2017 年修订后的《标准化法》，行业标准应报国务院标准化行政主管部门备案，在公布国家标准后，相应的行业标准即行废止。但实际工作中，行业标准总体备案率不足 60%，有的在已有国家标准的情况下仍重复制定行业标准，有的将同一标准同时申报国家和行业标准，有的行业标准制定时未考虑与相关国家标准的衔接或在相应国家标准公布后未依法废止，造成一些标准之间技术内容不协调、不衔接甚至冲突。

因此，今后应根据公标准和私标准的划分逐步将带有公共性质的强制性标准，都转化成国家标准，国家标准代表国家层面的公标准，体现公共利益，围绕健康、环保、安全等 WTO 规定的五大正当目标。

三 变化：推荐性标准转为由市场和社会主导的团体标准模式①

当前我国的推荐性标准仍为政府主导。尽管政府在标准制定过程中相当程度倚重于各种标准化技术委员会以及科学技术专家，也会采取各种方式听取生产经营企业的意见，但它还是保留着对标准的立项和审批权。但是，在标准制定过程中，行政机关不仅不一定具备足够的科学知识，也不一定有完备的科学信息。标准制定信息更多掌控于企业界和行业协会之手，由于政府掌控了标准制定的进程，一方面，企业可能缺乏将真实完备信息提供给政府的激励，另一方面，由于行政部门缺少畅通快捷的信息搜集与反馈途径，企业的信息难以报送给政府机关。而行政机关在标准制订时，信息更多来自高等院校和科研院所，而非作为标准源泉以及标准使用者的企业。在信息不完全情况下制定出来的标准，无法准确地预见到对企业的利益和战略选择能产生多大影响，对消费者的福祉能有多大改观，因此就会造成标准与市场脱节，适用性较低。在未来，标准制定过程中应当充分发挥行业协会和企业的作用，为行业协会和企业提供通畅的信息和意见渠道，这不仅有利于以真实完备的信息作为标准制定的基础，也有助于推动标准的贯彻执行。

---

① 参见廖丽《构建中国强制施行的"国家标准体系"（二）》，《中国标准导报》2013 年第 11 期。

只要是不涉及健康、安全、环保等公共利益的标准，应更多体现市场和社会的自愿属性，要由团体本身，包括研究院所、协会、联盟等制定符合自身团体利益的标准，并通过市场竞争，最终由市场选出符合时代发展，体现科学技术水平，满足市场需要的标准。这就需要将当前由政府主导的推荐性标准转变为由团体自身主导的团体标准模式。

中国进行改革的特征之一是先在地方进行小范围的试点改革，取得成果之后，吸取试点改革中的经验，进行局部推广，最后才是在全国范围内进行推广，呈现出由点到面、不断总结、观察和反思的特点。无论是自下而上的自发性改革，还是政府推动的自上而下的改革，都存在着这种改革特征，团体标准的出现也体现这一特点。团体标准的出现和发展，说明目前我国的标准化体制中存在需要改革的问题，也说明除了依靠政府对标准化体制进行管理之外，社会组织和市场也应当积极参与到标准化管理中。团体标准这一探索对于我国标准化体制的改革有着重要的意义。这个意义不仅体现在理论创新上，也体现在团体标准探索这一成功经验所带来的成功方法上。团体标准改革和探索的经验充分证明我国的标准化体制沿着共同治理的理论，完全可以找到一条具有中国特色的标准化改革与创新发展之路。

第八章　政策研究

近几年来，在产品、工程、服务等多个领域，相继发生了多起重大质量安全事件。这些事件通常牵涉面广、经济危害性大，并且有很强的社会冲击性。这些质量安全事件的发展具有一定的零散发生性和偶然性，但是也有很强的集聚爆发性和必然性。事后对这些重大质量安全事件的分析普遍认为，法律不细、执法不力、审批不严、标准过低、检测不科学、事前预警不够、企业诚信缺失等问题是质量安全事件发生的原因。这些在不同领域发生的重大质量安全事件，在不同程度上体现了我国法律不完善、质量安全标准偏低，并且法律法规和标准脱节，不能得到很好的执行等问题。法律在质量安全中发挥着重要的作用。法律通过权利义务的设置和安排对质量安全事件具有预防和承接的功能，而标准则是保证质量安全技术的支柱。在维护市场秩序和社会稳定，特别是维护质量安全方面，法律和标准分别发挥着不可替代的作用。随着市场经济改革和发展的不断深入，技术的加速创新以及新产品的层出不穷，如何有效地发挥法律和标准保障质量安全的作用，将两者有效结合，回应现实存在的质量安全问题，成为当前亟待解决的课题。[①]

[①] 参见廖丽、程虹《法律与标准的契合模式研究——基于硬法与软法的视角及中国实践》，《中国软科学》2013年第7期。

第一节　法律与标准的契合模式研究[①]

一　硬法与软法共同治理下的法律与标准

（一）硬法与软法的共同治理

哈特认为："在与人类社会有关的问题中，没有几个像'什么是法？'这个问题一样，如此反反复复地被提出来并且由严肃的思想家们用形形色色，奇特的甚至反论的方式予以回答。"对于什么是"法"或"法律"，如哈特所言，在法学界存在诸多争议，但"法是具有法律约束力的行为规范"这一属性，学界认识还是比较一致的。这种具有法律约束力的法，又称为"硬法"（Hard Law）。近些年，国内外学界针对法的最新发展以及现实社会的需要，提出了"软法"（Soft Law）概念。对于软法，最常引用的是法国学者 Francis Snyder 的定义，即"软法是原则上没有法律约束力但有实际效力的行为规则"[②]。

从上述定义可以看到，硬法与软法的区别主要集中于效果层面的考察，即是否具有法律约束力，是否具有严格的实施力。硬法具有严格的法律效力或实施力，通过明确而清晰的语言规定各主体间权利义务关系，使各类主体基于一种外在强制力承担相应的责任，其具有强制性、稳定性、可预期性和普适性，对整个法治系统来说必不可少。可以说，硬法通过提供宏观的强制性制度框架，对限制权力的偏离和保障权利的行使具有根本性作用。软法则通过建议性的弹性语言，在一定范围内规定主体间的行为准则，使各类主体基于一种内在理性而遵守，其具有柔性、灵活性、自愿性和协商性。正因为硬法具有严格的法律约束力，必须具有稳定性、可预期性的特征，因此，面对科学技术的发展和社会的不断变化，硬法呈现的这种静态特征就会导致"立法僵滞"和"立法空白"，而软法通过动态的调整则能够弥补硬法的这一缺陷。在软法的规制下，被规范行动对象将参照各成员方的策略不断调整自己的策略，

[①] 参见廖丽、程虹《法律与标准的契合模式研究——基于硬法与软法的视角及中国实践》，《中国软科学》2013 年第 7 期。

[②] Francis Snyder, "The Effective of European Community Law: Institutions, Process, Tools and Techniques", *Modern Law Review*, Vol. 56, No. 1, January 1993, p. 32.

一方面各成员方在行为上逐渐达成共识，各方利益得到改善，软法的作用在被规范对象的动态博弈过程中得到发挥；另一方面，软法也在成员方动态合作博弈过程中变化和调整，不断"试错"和优化，成为更为人们所接受和合意的行为规则。①

硬法与软法各自所具有的强制性和自愿性、稳定性和灵活性、普适性和具体性的特征，使两者在社会经济的治理过程中，越来越呈现共同治理的态势。这一态势的产生主要源于社会的全球化和多元化发展，不仅社会利益日趋多元化，各种事务也交错复杂。复杂性社会的发展，更要一种多元化的治理方式，在治理主体、结构、功能和方式上都要适应这种多元治理的发展态势。硬法与软法共同治理的法治模式，一方面能增强法制的开放性与弹性，使法制能通过自我修正更好地回应社会的愿望与需要。另一方面，把个人的自治与法律的引导结合起来，能更有效地解决现实问题。②

（二）标准作为软法的一种分析视角

按照国际标准化组织 ISO/IEC 的定义，标准是指"通过标准化活动，按照规定的程序经协商一致制定，为各种活动或其结果提供规则、指南或特性，供共同使用或重复使用的文件"。标准本身是一种社会自治，是各利益相关方基于市场的需要，采取多元化、网络共享的方式形成的合作治理。此外，标准还具有以下特征：标准的产生是经协商一致和公开透明的程序制定的；标准制定的主体具有多元性，标准的制定主体包括国际组织、区域组织、国家、行业协会、企业、消费者、技术专家、研究人员等，这些主体集合在一起共同制定不同类型的标准；标准的表现形式具有多元性，标准并不拘泥于单一化的规则表现形式，包括国际标准、区域标准、国家标准、协会标准、联盟标准、企业标准等。按照 WTO 的规则，标准具有自愿采用的特征。

如前所述，软法最基本的特征是不具有法律约束力，但又具有实际上的效力。软法同时还具有参与主体多元性的特征，即软法侧重于表达和反映国家意志之外的其他共同体的意志，其中政府并非唯一的主体，

---

① 姚迈新：《软法之于公共治理的作用机制探析》，《探求》2009 年第 5 期。
② 罗豪才、宋功德：《认真对待软法——公域软法的一般理论及其中国实践》，《中国法学》2006 年第 2 期。

行业协会、社会组织、民间团体都能组织利益攸关方共同制定规范。软法的形成过程强调一种自愿和合意，即相关利益方在软法形成的过程中都会表达自己的利益诉求，通过多方博弈形成一种基于共识和合意之上的制度安排或规范；由于这种制度安排或规范在过程中就体现了自愿和合意，因此在实施过程中不需要国家强制力保证，基于一种利益诱导各方就会自愿服从。

综上不难看出，标准体现了一种软法理念，将标准定位于一种软法属性，能有效地发挥软法所具备的民主、协商一致、公开透明、灵活性的特征，从而适应经济和科学技术的发展。标准作为一种软法，在国内国外都能得到很好的验证。

（三）国际经济法与国际标准

WTO框架下的协议是政府间签订的国际协定，对成员国具有法律约束力，而国际标准则由非政府组织（ISO、IEC、ITU）及国际食品法典委员会等制定，不具有法律上的强制性。在对待国际标准的态度上，WTO鼓励各成员方积极采用已经存在或即将拟就的国际标准作为本国技术法规的基础。WTO《技术性贸易壁垒协议》（TBT协议）明确规定，"当需要制定技术法规并且已有相应国际标准或者其相应部分即将制定出来时，缔约方均应以这些国际标准或其相应部分作为制定本国技术法规的基础。"《实施卫生与植物卫生检疫措施协议》（SPS协议）第3.1条规定，"国际标准、准则或建议是国际动植物检疫措施的协调基础，任何一个WTO缔约方如果其本国措施符合国际标准化组织所制定的标准，可以认为其履行了SPS协议所规定的义务。"此外，在WTO争端解决过程中，只要某一成员方证明其遵循了任何一种国际标准，该WTO成员方就不会被认为违反了TBT协议或SPS协议项下的义务，即使该国际标准没有被争端双方尤其是被诉方接受或认可。专家组或上诉机构对国际标准的认可或采纳实际上使得WTO规则的外延得以扩展。国际标准被"柔性"地添加到WTO的规则之中。[①] 国际标准也因为WTO规则的援引，而具有了事实上的约束力。

随着国际标准化组织ISO、IEC和ITU的发展，这种自愿性的国际

[①] 王海峰：《论WTO的"硬法"约束与"软法"治理》，《世界贸易组织动态与研究》2011年第6期。

标准得到了蓬勃发展，并且在全球经济治理中发挥着越来越重要的作用。比如国际标准化组织 ISO 推行的 ISO9000 质量管理体系认证和 ISO14000 环境管理体系认证在全球范围内具有极大的权威，在 170 多个国家和地区有 100 多万家公司和组织通过了 ISO 9001 认证，而 ISO14000 系列中的 ISO14001 认证在全球 171 个国家和地区被实行了 300000 多次。[①] 这些国际标准体系的共同特征是都以市场需求为导向，强调对利益相关方的关注，强调一种合意，强调透明度以及可持续发展。这种由自身利益驱动，以市场为基础自愿达成的，具备柔性性质的规范，其形式往往公开、透明、合意，并且包括政府、公司和公民社会在内的多重利益关系人都会参与。这种以需求为导向的规则，在实施过程中也往往由于当事人的合意，当事人会主动执行。实际上由于国际标准制订过程吸纳了本领域的具有代表性的成员，经讨论或博弈后投票表决，故其标准体系在世界上具有很强的合意性、通用性和指导性。国际标准所具有的上述特征，以及其被国际上广大成员认可的实施效果，充分体现了软法的治理理念和治理优势。

WTO TBT/SPS 协议是一种国际硬法，对成员方具有法律约束力，而 WTO 协议鼓励援引国际标准的架构，是国际硬法与国际软法共同治理国际问题的典范。这一模式，不仅给予了成员方条约上的约束力，而且基于变动的市场和技术，给予了成员方很大的灵活性。

（四）域内法与域内标准

在国际层面，国际条约与国际标准相互配合，互为补充，共同治理国际社会；在域内层面，美国和欧盟的法律和标准的逐步发展也体现了硬法与软法共同治理的模式。

在 20 世纪 90 年代以前，美国联邦政府主要是以法律手段，即颁布具体技术法规，来实现保护人类健康和安全的目标，但随着科学技术的迅速发展和法律所涉及的具体技术性规定越来越多，美国政府在 1993 年的管理与预算办公室（OMB）A‐119 通告[②]中，确定联邦政府在监

[①] ISO，"ISO Homepage"，ISO Website，http：//www.iso.org/iso/home.html.

[②] Office of Management and Budget，"The office of Management and Budget Circular A‐119 Revised，February 10，1998"，Whitehouse government Website（February 1998），https：//www.whitehouse.gov/wp‐content/uploads/2017/11/Circular‐119‐1.pdf.

管和采购中"依靠自愿性标准",并于 1996 年发布《国家技术转让与推动法案》(NTTAA)[①],进一步明确政府在技术法规中采用或引用自愿性标准。在美国与质量安全有关的具体法律中,也明确规定应尽量采用自愿性标准,比如 1981 年修订的《消费品安全法案》规定,"委员会应依靠自愿性消费产品安全标准,而不是颁布消费品安全标准规范要求""只要这些自愿性标准符合消除或尽量减低受伤的风险,就很可能被采用"。[②] 美国法律与标准结合的基本原则是首先对现存的自愿性标准进行审查,以确定一个合适的自愿性标准,如果没有适用的自愿性标准,美国政府则制定特有的标准。在采用自愿性标准时,一般会采取直接适用、强烈遵照、作为制定法规的基础、法规制定导则、指南、用遵照代替制定强制性标准的方式。

欧共体在 1985 年通过《关于技术协调和标准化新方法》(85/C136/01)的理事会决议中,决定实行新的制定欧共体技术法规的方法。此前,欧共体一直以颁布技术法规的形式为主,并且技术法规中会涉及详细而又具体的技术要求。《新方法》颁布之后,欧共体的技术法规只规定有关安全、健康、消费者权益以及可持续发展的基本要求,详细的技术规范和定量指标则由相关的协调标准规定。协调标准可作为符合《新方法》指令的符合性推断依据,即如果产品满足了有关的协调标准,则可推断该产品符合相关指令规定的基本要求。协调标准是为使《新方法》指令的基本要求具体化、定量化而由欧盟委员会授权制定的,因此,《新方法》赋予协调标准特殊含义,即满足协调标准的可直接推断为符合相关指令规定的基本要求,而其他标准或技术规范一般不具备这一效力。

从美国与欧盟技术法规和标准的发展历程不难看出,美国经历了一个由颁布具体技术法规,转向法律越来越多援引标准的变迁过程,同时,自愿性标准逐步取代政府特有标准。这一过程体现了美国由依靠政府强制保障的硬法治理,转向更多依靠行业协会、社会自治组织的软法治理。ANSI 是美国最大的非营利性社会组织,截至 2019 年,经 ANSI

[①] US Congress, *National Technology Transfer and Advancement Act of* 1995 (*Public Law* 104 - 113), *March* 7, *1996*, Washington, D. C.: US Congress, 1996, Section 12 (d) (1).

[②] US Congress, *The Consumer Product Safety Act* (*Public Law* 92 - 573), *October 27, 1972*, Washington, D. C.: US Congress, 1972, Section (b) (1).

批准的国家标准就达 13136 项。① 欧盟对其法律即技术法规也作出了巨大的变革，不再在技术法规中规定详细具体的技术要求，而是通过基本要求和协调标准的引入，将这些技术要求更多交由社会组织制定。社会组织主要包括欧洲标准化委员会、欧洲电工标准化委员会和欧洲电信标准化学会三个标准化团体。总之，美国和欧盟都逐步减少法律所涵盖的技术性强制要求，而通过自愿性标准和协调标准的援引，由行业协会、学会等社会组织基于市场的需求在自愿、协商一致的基础上制定标准。这一模式既保证了国家法律的硬法约束，又充分发挥了软法标准的灵活性，并且美国和欧盟的发展趋势是越来越转向自愿性标准和协调标准的软法治理。

以上的研究证明，无论是从法律和标准的内涵和特征性角度的理论分析，还是从 WTO 框架下国际协定援引国际标准、美国和欧盟的法律标准模式的实证分析，都能得出法律与标准的基本逻辑关系是硬法与软法共同治理经济社会的关系。

二 中国法律与标准的契合模式

（一）法律与标准契合的模式和特征

一般而言，法律与标准契合的模式可以分为以下几类：一是并入模式，即标准被逐字并入法律或其附件中，成为法律条款的主要部分，并成为强制性法律规则；二是静态参照模式，即在法律条款中，参照正式标准的一个特定版本——通常是最新版本；三是动态参照模式，即参照标准不同的有效版本；四是通用条款模式，即法律条款要求遵守"一般认可的技术准则"，要求考虑"科学和技术状况"，及要求应用"最可行技术"，或使用类似的模糊的法律术语或"通用条款"。② 第一种模式在国际上通常以技术法规的形式存在，即一部法律中既有权利义务的法律设置，又有技术性的详细规定。这一模式的优点在于法律和技术性规定都很具体，适

---

① ANSI, "Annual Report 2018 – 2019", ANSI Website (March 2021), https: // share. ansi. org/Shared% 20Documents/News% 20and% 20Publications/Brochures/Annual% 20Report% 20Archive/2018 – 2019 – Annual – Report. pdf.

② ［德］努特·布林德：《标准经济学——理论、证据与政策》，高鹤等译，中国标准出版社 2006 年版，第 68 页。

用起来很方便。但缺点在于一旦技术发生变化，就需要修改整部法律，而法律的修订则非常繁琐和耗时，频繁修订法律也有损法律的稳定性和严肃性。第二种和第三种模式是法律援引标准的模式，这种模式的优点在于立法机关不需要寻找解决技术问题的办法，技术问题都由相关标准化组织的技术人员解决，而且当技术发生变化时，只需要修改相关标准，无须修改法律。但这种模式引起一个事实矛盾，即标准化组织会削减立法机关的权力。① 第四种"通用条款"模式，制定起来比较方便，但实际操作过程中会因为条款过于抽象而存在适用上的困难。

  法律与标准的契合模式会基于不同国家不同的法律体系和标准体系而有所不同，但无论采用哪种契合模式，两者的契合都体现了一些基本特征，具体表现在：（1）国家与社会组织的契合。在制定主体上，法律是国家制定或认可并由国家强制力保障实施的行为规范，标准则是由公认机构批准，共同使用的和重复使用的一种规范性文件，两者的契合体现了国家与社会组织的契合。（2）法律与科技的契合。随着科学技术的发展，法律不再只关注"价值理性"，只是从道德层面或哲学层面适用一种思辨性论证解决人与人之间的关系，而是开始在立法、司法、执法过程中考虑科学技术。标准是科学技术的经验总结，是科学技术的一个集合体，法律与标准的契合体现了法律与科技的融合。（3）抽象与具体的契合。法律由于受到时间和人力、物力的限制，其最重要特点之一就是强调规则性，通过规则性可以大大减少判断所需要的大量精确信息，而这一规则性往往是通过比较抽象的语言加以确定。标准则是针对具体产品或者流程制定的规范，具体的技术性规定是标准的最重要特征，法律与标准的契合就体现了抽象与具体的契合。（4）稳定性与灵活性的契合。法律是设定人们权利义务关系的一种明确、肯定、普遍的行为规范，人们在法律规定中可以清楚地知道自己或他人的行为是合法还是违法，因此，法律必须在一定时期内具有一定的稳定性，从而使法律关系处于相对稳定的状态。但是，社会是不断变动的，法律也需要跟随社会的变动，而标准由于制修订程序比较简单，没有法律那么复杂，具有灵活的特点，并且随着科技的变动而变动。法律与标准的契合正好发挥了法律的稳定性和标准的灵活性特征。

---

① ［德］努特·布林德：《标准经济学——理论、证据与政策》，高鹤等译，中国标准出版社2006年版，第68页。

(二) 中国法律与标准契合的现状

1. 中国强制性标准模式

中华人民共和国成立之初到改革开放前，我国的技术标准多是国家对微观经济进行管理，对产品质量加以改进的一种手段，很少有人探讨法律与标准的关系。此时，标准的制定和颁布并不拘泥于形式，有的以单项标准形式出现，有的则附随在相关文件中，既是一种法律形式，又是一种标准形式。比如1953年颁布的《关于统一调味粉含麸酸钠标准的通知》和《清凉饮食物管理暂行办法》。

改革开放以后，我国法律和标准的关系开始被逐步规范，这一关系重点反映在法律与强制性标准的关系上。1979年国务院发布《中华人民共和国标准化管理条例》，其第十八条规定："标准一经发布，就是技术法规，各级生产、建设科研、设计、管理部门和企业事业单位，都必须严格贯彻执行"，这种规定符合当时计划经济体制的特征，这时的强制性标准等同于技术法规。随着市场经济的逐步发展，我国1988年《标准化法》明确规定："保障人体健康，人身、财产安全的标准和法律、行政法规定强制执行的标准是强制性标准""强制性标准，必须执行""生产、销售、进口不符合强制性标准的产品的，由法律、行政法规规定的行政主管部门依法处理。"1988年《标准化法》明确规定了强制性标准在我国标准体系中的地位，并且这时已认识到标准与法规的区别，不再直接认定强制性标准等同于技术法规。中国"入世"前夕，国家质量技术监督局发布《关于强制性标准实行条文强制的若干规定》，并在该规定的编制说明中宣称"强制性标准在我国具有强制约束力，相当于技术法规"。此时，国家规定强制性标准"相当于"技术法规，这一用语既表明强制性标准不是技术法规，但又说明强制性标准与技术法规的内在联系，即两者在强制执行力上是一致的、相当的。

2. 中国法律援引标准的模式

除强制性标准模式外，中国还采取了法律援引标准的模式，我们以涉及产品质量安全的法规标准体系为例。我国涉及产品质量安全的法律有18部[①]，

---

① 18部法律分别为：《产品质量法》《标准化法》《计量法》《消费者权益保护法》《刑法》《侵权责任法》《进出口商品检验法》《进出境动植物检疫法》《动物防疫法》《药品管理法》《食品安全法》《农产品质量安全法》《种子法》《烟草专卖法》《道路交通安全法》《特种设备安全法》《中医药法》《疫苗管理法》。

法规有 51 部[①]。我国法律援引标准的模式主要有以下四种：

第一种是法律援引"国家标准"模式，比如《乳品质量安全监督管理条例》第六条规定，生鲜乳和乳制品应当符合乳品质量安全国家标准。第三十二条规定，生产乳制品使用的生鲜乳、辅料、添加剂等，应当符合法律、行政法规的规定和乳品质量安全国家标准。

第二种是法律援引"技术规范"模式，比如《特种设备安全监察条例》第十条规定，特种设备生产单位，应当依照本条例规定以及国务院特种设备安全监督管理部门制定并公布的安全技术规范的要求，进行生产活动。

第三种是法律援引"标准"模式，比如《食品安全法》第三条规定，食品生产经营者应当依照法律、法规和食品安全标准从事生产经营活动，对社会和公众负责，保证食品安全，接受社会监督，承担社会责任。《食品安全法实施条例》第二十七条规定，食品生产企业应当就下列事项制定并实施控制要求，保证出厂的食品符合食品安全标准。

第四种是法律援引"国家标准、行业标准、企业标准"等除前三种外的模式，比如《武器装备质量管理条例》第五条规定，武器装备论证、研制、生产、试验和维修应当执行军用标准以及其他满足武器装备质量要求的国家标准、行业标准和企业标准；鼓励采用适用的国际标准和国外先进标准。

以每条法律法规为 1 个单位，统计分析与产品质量安全有关的其中

---

① 51 部法规分别为：《工业产品质量责任条例》《标准化法实施条例》《进出口商品检验法实施条例》《进出境动植物检疫法实施条例》《认证认可条例》《生产许可证管理条例》《特种设备安全监察条例》《棉花质量监督管理条例》《计量法实施细则》《强制检定的工作计量器具检定管理办法》《进口计量器具监督管理办法》《水利电力部门电测、热工计量仪表和装置检定、管理的规定》《国务院关于加强食品等产品安全监督管理的特别规定》《食品安全法实施条例》《乳品质量安全监督管理条例》《粮食流通管理条例》《食盐专营办法》《生猪屠宰管理条例》《药品管理法实施条例》《医疗器械监督管理条例》《化妆品卫生监督条例》《烟草专卖法实施条例》《植物检疫条例》《农药管理条例》《饲料和饲料添加剂管理条例》《兽药管理条例》《种畜禽管理条例》《农业转基因生物安全管理条例》《农业机械安全监督管理条例》《道路交通安全法实施条例》《报废汽车回收管理办法》《民用爆炸物品安全管理条例》《烟花爆竹安全管理条例》《危险化学品安全管理条例》《易制毒化学品管理条例》《民用核安全设备监督管理条例》《电信条例》《船舶和海上设施检验条例》《渔业船舶检验条例》《铁路运输安全保护条例》《民用航空器适航管理条例》《武器装备质量管理条例》《校车安全管理条例》《放射性药品管理办法》《食盐加碘消除碘缺乏危害管理条例》《建设工程质量管理条例》《学校食品安全与营养健康管理规定》《进口药材管理办法》《基本医疗保险用药管理暂行办法》《化妆品监督管理条例》《麻醉药品和精神药品管理条例》。

14部法律和47部法规[①],可以得出第一种法律援引"国家标准"模式下的法条有103条,第二种法律援引"技术规范"模式下的法条有79条,第三种法律援引"标准"模式下的法条有173条,第四种法律援引"国家标准、行业标准、企业标准"等模式下的法条有58条。

(三) 中国法律与标准契合存在的问题及原因

1. 强制性标准模式实施力不强

强制性标准虽然是技术法规在我国最重要的表现形式,但它并不等同于技术法规,不属于法律。这两者最主要的区别在于:一是制定程序上,强制性标准由技术委员会和相关归口单位制定;技术法规则由立法机构或有立法权限的行政机关制定,必须符合法律规定的立法程序。二是法律效力上,强制性标准虽然被《标准化法》赋予强制执行力,但内容基本都是技术性要求,性质上是一种技术规范,缺乏责任承担及处罚的规定;技术法规则因其法律性质和法律责任条款的规定,具有严格的法律效力,其实施具有法律保障。三是强制性标准主要遵从《标准化法》;技术法规作为法律的一种形式,则遵照《立法法》《行政法规制定程序条例》和《规章制定程序条例》的规定要求。因此,强制性标准在性质上不同于属于硬法范畴的技术法规,但是强制性标准又要求国家强制力保障实施,也不同于一般的属于软法范畴的自愿性标准。

强制性标准模式是我国在法律与标准两者关系上的一种探索和实践,其产生离不开我国特有的政治经济体制。随着我国法治社会的完善以及我国市场经济的发展,强制性标准模式也显露出其固有的缺陷,即一方面缺乏硬法的法律约束力,另一方面又不具备软法所具有的灵活性。因此,如何有效地发挥强制性标准模式在我国治理中的作用,是需要进一步深入研究的问题。

2. 法律法规援引标准的模式比较混乱

我国目前法律法规亦采用了援引标准的模式,但如本文开篇所述,援引模式还比较混乱,国家标准、技术规范、行业标准、地方标准、企业标准都可能被援引,法律法规和标准并未完全一一对应,整个法规标准体系

---

① 统计并未涵盖《标准化法》《计量法》《刑法》和《进出境动植物检疫法》4部法律,也不包括《标准化法实施条例》《烟草专卖法实施条例》《植物检疫条例》《民用航空器适航管理条例》4部法规。《标准化法》和《标准化法实施条例》是专门涉及标准的法律法规,所以不予统计,其他法律法规不涉及标准的内容。

存在不规范性，导致企业和执法人员存在适用上的困难。此外，有些法律法规援引的标准类型也比较宽泛，比如《武器装备质量管理条例》援引的标准除了国家标准和行业标准外，还包括企业标准，企业标准被强制性的纳入法律法规中是否合适，尚值得探讨。

我国法律法规援引标准的模式之所以比较混乱，一是因为我国标准体系自身存在混乱的地方，比如国家标准与国家标准、国家标准与行业标准、行业标准与行业标准之间还存在重复交叉甚至重名的问题，整个标准体系还不够完善。二是因为制定法律法规的人员一般是法学专家，而制定标准的人员一般是技术专家。在制定过程中，两者缺乏协调机制，并未使法律法规和标准作为一个系统来整体规划。这就要求今后在制定法律和相应标准的过程中，应将两者有机结合起来，统筹规划，协调发展，以硬法与软法共同治理的形式，构成质量安全法规标准和谐统一的体系。

（四）校车安全案中的法律与标准契合模式

2011年甘肃发生"11·16"特大校车安全事故。针对该事件和前后发生的其他校车安全事件，2012年4月，国务院公布了《校车安全管理条例》，同月，国家质量监督检验检疫总局、国家标准化管理委员会批准发布了《专用校车学生座椅系统及其车辆固定件的强度》（GB24406-2012）和《专用校车安全技术条件》（GB24407-2012）两项强制性国家标准，两项标准于2012年5月1日正式实施。2012年6月，工业和信息化部发布了《专用校车生产企业及产品准入管理规则》，该管理规则于2012年8月1日起施行。

该案对于我国法律与标准的契合模式研究具有很好的借鉴意义。一方面，针对该案件，政府同时发布行政法规和标准，将法律与标准结合起来，共同治理校车安全事件，这样既从权利义务的设置方面予以了规范，也从技术层面对校车安全予以了保障。另一方面，此次《校车安全管理条例》援引标准的模式非常清晰，比如我国《校车安全管理条例》第二条规定，接送小学生的校车应当是按照专用校车国家标准设计和制造的小学生专用校车。第四十三条规定，生产、销售不符合校车安全国家标准的校车的，依照道路交通安全、产品质量管理的法律、行政法规的规定处罚。《校车安全管理条例》援引校车安全国家标准，援引对象非常明确，这有利于相关利益方在实践中的操作。可以说，我国以《校车安全管理条例》和校车安全国家标准共同颁布的方式回应了当前各利益方对校车安全的关注。这种硬法和软法互为补充的公共治理模式，不仅解决了安全问题，从技术层面上也解决了法律抽象而标准难以得到有效执行的问题。

三 结语与启示

基于硬法与软法的视角，对法律与标准的研究并不仅仅是为了研究而研究，而是用硬法与软法理论分析国家治理过程中维护社会秩序的两个最有力工具，并通过理论和实证的分析，探讨如何将法律与标准有机结合，更好地为我国频繁爆发的质量安全事件提供因应之道。从以上有关硬法与软法的研究以及法律与标准的契合研究中，或可得出以下更具一般意义的讨论和启示。

（一）当今的社会治理需要硬法与软法的共同治理

在社会多元化发展的背景下，硬法和软法在很多情形下是互补的。硬法是一种公权力的象征，软法则代表了一种社会自治；硬法提供了软法通常欠缺的正当性、强大的监督和执行机制以及资源，软法则提供了硬法通常欠缺的灵活性、合意性、选择性和自我约束性。质量安全涉及的面非常广，链条、环节非常多，如果靠国家机关强制力去保证法律在各个环节都得到遵守和执行，显然是做不到的。而作为一种特殊的法源形式，软法标准所倡导的价值在质量安全治理中发挥着硬法不能替代的作用。现代的共同治理不仅需要国家创制的规则，还需要各种政治共同体和社会共同体创制的自律性规则。因此，为更好地解决现实问题，就需要实现软法和硬法的有效对接，充分发挥两者在共同治理过程中相辅相成、协同共生的作用，扬长避短、各展其才。

（二）更好地发挥标准作为一种软法的治理作用

政府作为一个履行公共管理责任的组织，促进社会总体质量的发展，对质量安全进行有效的监管，为所服务的公民创造一个质量安全的环境，是它的基本职责。[①] 在履行这一基本职责时，政府会使用法律和标准这两

---

① 程虹：《宏观质量管理的基本理论研究——一种基于质量安全的分析视角》，《武汉大学学报》（哲学社会科学版）2010年第1期。

种规制手段，一方面通过权利义务的设置规范主体行为，另一方面从技术上予以保障。以往有关标准的研究，大多基于技术的角度，探讨标准中的技术性问题，但随着经济社会以及科学技术的日益发展，标准作为一种规范社会秩序的制度作用凸显，成为一种越来越重要的治理手段。由于科学技术的发展存在不确定性和变化性，现代经济社会发展又具有高度的风险性，政府无法全面防范风险，也不可能及时掌握最新的科学技术，因此，有必要更好地发挥标准作为一种软法的治理作用。

（三）我国法律与标准的契合模式要兼具科学性和可操作性

从对产品质量安全的法律法规进行实证分析的结果可以看出，目前我国法律援引标准的模式还比较混乱，法律与标准的契合模式尚需理性分析、科学规划。一方面契合模式形式要简便、易操作，比如欧盟就采用协调标准的模式，我国也可选择最重要的关乎国家安全、环境、人民生命健康和安全的国家标准援引模式，只援引此类"国家标准"，在安全层面体现国家意志，纳入硬法范畴，通过硬法约束保障其实施；另一方面要根据时代特征和科学技术发展的规律，充分发挥标准作为软法自治的一种形式，将标准逐步交由社会组织或市场主体，在自愿、协商一致和自我约束的特征下，以自治的方式解决社会管理的问题。应该说，我国《校车安全管理条例》和校车安全国家标准共同颁布的方式体现了硬法和软法互为补充的共同治理模式，并且统一援引国家标准的模式具有科学性和可操作性，这一模式应当成为今后我国治理上的发展趋势。

第二节　团体标准研究

一　团体标准发展现状

2017年11月4日，第十二届全国人民代表大会常务委员会第三十次会议通过了新修订的《中华人民共和国标准化法》。新修订的《标准化法》将我国的标准化体系由原来的"国家标准、行业标准、地方标准和企业标准"四级，修改为了"国家标准、行业标准、地方标准和团体标准、企业标准"四级，将团体标准定义为"学会、协会、商会联合会、产业技术联盟等社会团体协调相关市场主体共同制定"并且"满足市场和创新需求"的标准。根据国务院印发的《深化标准化工作改革方案》："在标准管理上,对团体标准不设行政许可,由社会组织和产业技术联盟自主制定发布,通过市场竞争优胜劣汰。国务院标准化主管部门会同国务院有关部门制定团体标准发展指导意见和标准化良好行为规范,对团体标准进行必要的规范、引导和监督""支持专利融入团体标准,推动技术进步"①。由此可见,目前国家对于团体标准的发展持支持和鼓励的态度,现在是发展团体标准的良好时机。2019年1月9日,国家标准化管理委员会、民政部制定了《团体标准管理规定》。

根据全国团体标准信息平台查询的数据,截至2020年8月31日,社会团体在平台共计公布17511项团体标准,其中民政部登记注册的社会团体公布6093项,地方民政部门登记注册的社会团体公布11418项。②而在2020年7月31日时,社会团体在平台共计公布16902项团体标准,其中民政部登记注册的社会团体公布5837项,地方民政部门登记注册的社会团体公布11065项。③在一个月内,团体标准数增加了609项、并且如图8-1所示,2020年4月至8月我国团体标准数目保持逐步稳定增长,月平均团体标准增加数目约为747项,增长速度较快。

从国民经济行业分类分布上来看,截至2020年8月31日,团体标准数量最多的前五名分别为:制造业,农、林、牧、渔业,卫生和社会工作类,信息传输、软件和信息技术服务业以及科学研究和技术服务业。其中,制造业中团体标准的数量远超另外四个行业,有7103项团体标准;而数量位于第二位的农、林、牧、渔业则只有2312项团体标准。④这和实践中对团体标准的需要是相符合的。首先,制造业最早对团体标准进行探索和制定,在团体标准的制定上累积了一定的经验。其次,制造业对于产品质量和高新技术有着极高的要求。制定团体标准能够提高我国制造业整体的生产水平,促使高新技术的市场化和产业化,并且激发市场主体的创新活力。这能够有效地推动我国制造业整体实现高质量发展,在世界市

---

① 国务院:《深化标准化工作改革方案》(国发〔2015〕13号)。
② 《团体标准大数据(2020年8月)》,全国团体标准信息平台,2020年8月31日,http://www.ttbz.org.cn/Home/Show/17782,2020年12月6日。
③ 《团体标准大数据(2020年7月)》,全国团体标准信息平台,2020年7月31日,http://www.ttbz.org.cn/Home/Show/16381,2020年12月6日。
④ 《团体标准大数据(2020年8月)》,全国团体标准信息平台,2020年8月31日,http://www.ttbz.org.cn/Home/Show/17782,2020年12月6日。

场上更加具有竞争力。[①] 制造业对团体标准不仅有着实践经验，更有着现实的需求。因此，制造业中团体标准的数量远超其他行业是一个必然现象。

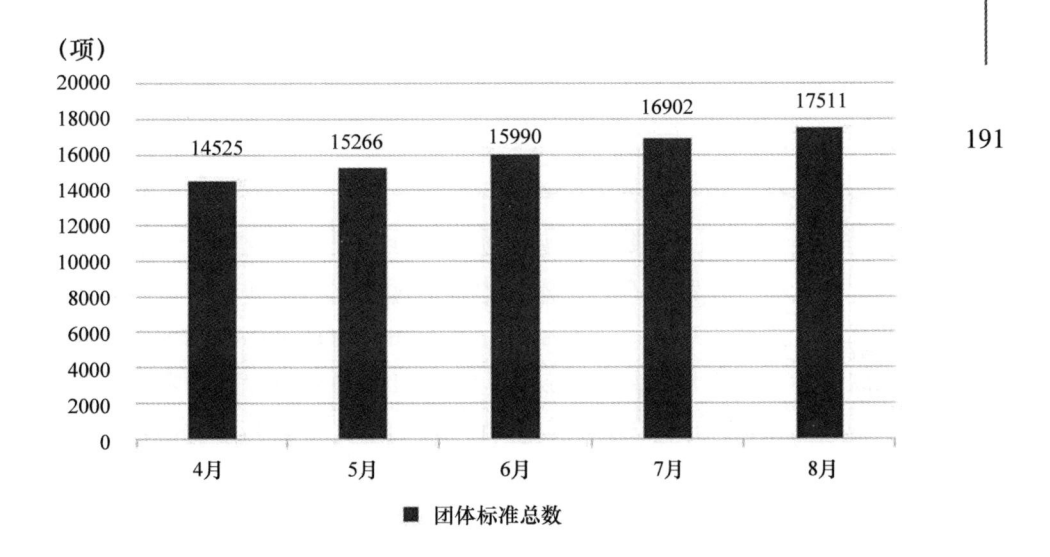

```
(项)
20000
18000                                    16902    17511
16000           15266    15990
         14525
14000
12000
10000
 8000
 6000
 4000
 2000
    0
         4月      5月     6月      7月      8月
                    ■ 团体标准总数
```

图 8-1　2020 年 4 月至 8 月我国团体标准数量变动情况

资料来源：全国团体标准信息平台，2020 年 9 月 30 日，http：//www.ttbz.org.cn/Home/List/21，2020 年 12 月 6 日。

二　团体标准发展中存在的问题

虽然团体标准发展迅速，但是在发展的过程中，也存在着一些非常明显的问题，如果这些问题长期存在，就会降低团体标准的质量，从而对团体标准的使用和团体标准体系产生负面影响。

（一）团体标准制定过程中的程序问题

目前，团体标准的制定仍然处于起步阶段，各个社会团体在制定团体标准的时候都是根据其内部规章制定的，没有形成一个基本统一的团体标准制定程序。比如，大部分社会团体在制定团体标准的时候，通常缺少向

[①] 马中东、王肖利：《团体标准推进我国制造业高质量发展的对策分析》，《中国标准化》2018 年第 17 期。

本行业内的标准实践者和公众征求意见的环节,而参考其他国际知名的团体标准制定机构的标准,向本行业内的标准实践者和社会公众征求对标准的意见通常都是制定团体标准的必要环节。因此,目前,我国各个社会团体制定团体标准的程序仍然需要规范和引导。《团体标准管理规定》第八条、第九条对此作了相应规定。

(二) 社会团体标准化能力不足

目前,我国大部分社会团体都缺乏开展标准化工作,制定、修订和维护标准的能力。除了早期开始实践联盟标准的部分企业联盟和企业之外,大部分社会团体都没有建立团体内部的标准化制定和管理机制,也缺乏对标准化进行管理和维护的制度。社会团体内从事标准化工作的成员往往缺乏标准化工作的经验和技术,同时社会团体也会获得来自外部的高水平标准化机构的帮助。[①] 这限制了社会团体制定团体标准的能力,也使得现有的团体标准水平参差不齐,这会对团体标准的实施效果产生负面影响。《团体标准管理规定》第十条对此作了相应规定。

(三) 团体标准质量高低不一,缺乏有效的团体标准评估机制

目前,我国对团体标准采取的是鼓励和扶持的态度,基本不对团体标准设置门槛。缺乏有效的团体标准评估机制导致团体标准质量不一,这会损害团体标准的公信力,影响团体标准的实施。目前,我国虽然鼓励和支持团体标准的发展,但是缺乏有效的团体标准评估机制来引导社会团体按照有关的规定和对团体标准的要求来制定团体标准。[②] 只有建立有效的团体标准评估机制,才能够有效地引导和促进社会团体按照有关的规定和标准目标来制定团体标准,提升团体标准的质量和水平,增强团体标准的公信力,促进各个行业团体标准健康有序发展。

(四) 团体标准认可度不高

我国标准化体制很长时间以来都是政府主导模式。除了在部分地区的部分行业之外,很少有社会团体制定团体标准并且被较为广泛地适用。企

---

① 王章虎:《推进团体标准的认识与思考》,《工程与建设》2020 年第 4 期。
② 郑巧英、张小霞、陈雪莲、常丽艳:《团体标准评价指标体系构建研究》,《标准科学》2020 年第 8 期。

业等实施标准的主体仍然倾向于使用政府制定的标准，而拒绝使用团体标准。虽然新修订的《标准化法》在法律上将团体标准纳入了标准体制中，政府也推出各类政策来促进团体标准的发展，但是要使得团体标准能够在事实上被标准实施主体认可、接受并投入使用，还需时日。

（五）团体标准存在交叉重复

我国各个行业领域存在较多的社会团体，这些社会团体关注的具体业务领域存在交叉重复的情况。这就意味着，在缺乏社会团体之间互相沟通机制的情况下，这些社会团体单独制定的团体标准通常也存在内容交叉重复的情况。这种情况不仅造成资源的浪费，而且会导致标准实践主体在选用团体标准上面临困难，不利于团体标准的长期发展。

三 团体标准发展的建议

（一）严格团体标准制定的程序要求，提升社会团体的标准化能力

2019年，《团体标准管理规定》规定了团体标准制定的程序。在此基础上，同行业的社会团体还应当通过沟通、协商等方式成立团体标准工作技术机构、组建行业内的标准审查委员会，建立健全团体标准制定的程序要求和管理要求，从而提升行业内社会团体整体的标准化能力。[1] 不仅如此，社会团体还应当有意识地吸纳有标准化知识和经验的人才，为本社会团体制定团体标准提供理论和标准化技术支持。

（二）建立和完善团体标准评估机制，对团体标准质量进行审核

国家应当建立和完善团体标准评估机制，对团体标准质量进行审核，保证团体标准的质量水平，从而促进团体标准长期健康发展。对于建立和完善团体标准评估机制，学者们提出了基于不同理论的团体标准评估机制的设计方案。有学者提出基于CIPP模式构建团体标准评价指标体系的设想。CIPP模式由背景评价、输入评价、过程评价和结果评价四个部分构成，根据这种模式制定的团体标准评价指标体系也包括了四个部分，即对团体标准的背景、输入、制定过程以及制定和实施成果进行评价。这种模

---

[1] 王章虎：《推进团体标准的认识与思考》，《工程与建设》2020年第4期。

式强调对团体标准的系统性、过程性、发展性的评价,评价涵盖团体标准的全生命周期,着重强调过程评价和结果评价。①

（三）完善团体标准管理机制,推动建立同行业内团体标准协调机制

如上所述,我国社会团体众多,并且分布广泛,同一行业内存在分布于全国各地的社会团体。地理上的距离会对这些团体之间的实际沟通和合作产生限制。因此,依靠社会团体自身来建立团体标准协调机制从而解决团体标准的交叉重复问题是不现实的。国家应当完善团体标准管理机制,推动建立同行业团体标准协调机制。通过统筹协调、协作联动、共建合作平台、共享合作成果,并且以遵守共同的行为准则和行为规范的模式,来对社会团体制定的团体标准进行管理。② 同时,需要加强中央、地方标准管理部门和行业之间的联系与沟通,增强团体标准和国家强制性标准的协调性。这样,能够解决团体标准和团体标准之间、团体标准和政府标准之间的协调问题。

---

① 郑巧英、张小霞、陈雪莲、常丽艳：《团体标准评价指标体系构建研究》,《标准科学》2020年第8期。
② 王章虎：《推进团体标准的认识与思考》,《工程与建设》2020年第4期。

附　　录

中华人民共和国标准化法

（1988年12月29日第七届全国人民代表大会常务委员会第五次会议通过　2017年11月4日第十二届全国人民代表大会常务委员会第三十次会议修订）

目录

第一章　总则
第二章　标准的制定
第三章　标准的实施
第四章　监督管理
第五章　法律责任
第六章　附则

第一章　总则

第一条　为了加强标准化工作，提升产品和服务质量，促进科学技术进步，保障人身健康和生命财产安全，维护国家安全、生态环境安全，提高经济社会发展水平，制定本法。

第二条　本法所称标准（含标准样品），是指农业、工业、服务业以及社会事业等领域需要统一的技术要求。

标准包括国家标准、行业标准、地方标准和团体标准、企业标准。国家标准分为强制性标准、推荐性标准，行业标准、地方标准是推荐性标准。

强制性标准必须执行。国家鼓励采用推荐性标准。

第三条　标准化工作的任务是制定标准、组织实施标准以及对标准的制定、实施进行监督。

县级以上人民政府应当将标准化工作纳入本级国民经济和社会发展规划，将标准化工作经费纳入本级预算。

第四条　制定标准应当在科学技术研究成果和社会实践经验的基础上，深入调查论证，广泛征求意见，保证标准的科学性、规范性、时效性，提高标准质量。

第五条　国务院标准化行政主管部门统一管理全国标准化工作。国务院有关行政主管部门分工管理本部门、本行业的标准化工作。

县级以上地方人民政府标准化行政主管部门统一管理本行政区域内的标准化工作。县级以上地方人民政府有关行政主管部门分工管理本行政区域内本部门、本行业的标准化工作。

第六条　国务院建立标准化协调机制，统筹推进标准化重大改革，研究标准化重大政策，对跨部门跨领域、存在重大争议标准的制定和实施进行协调。

设区的市级以上地方人民政府可以根据工作需要建立标准化协调机制，统筹协调本行政区域内标准化工作重大事项。

第七条　国家鼓励企业、社会团体和教育、科研机构等开展或者参与标准化工作。

第八条　国家积极推动参与国际标准化活动，开展标准化对外合作与交流，参与制定国际标准，结合国情采用国际标准，推进中国标准与国外标准之间的转化运用。

国家鼓励企业、社会团体和教育、科研机构等参与国际标准化活动。

第九条　对在标准化工作中做出显著成绩的单位和个人，按照国家有关规定给予表彰和奖励。

第二章　标准的制定

第十条　对保障人身健康和生命财产安全、国家安全、生态环境安全以及满足经济社会管理基本需要的技术要求，应当制定强制性国家标准。

国务院有关行政主管部门依据职责负责强制性国家标准的项目提出、组织起草、征求意见和技术审查。国务院标准化行政主管部门负责强制性国家标准的立项、编号和对外通报。国务院标准化行政主管部门应当对拟制定的强制性国家标准是否符合前款规定进行立项审查，对符合前款规定的予以立项。

省、自治区、直辖市人民政府标准化行政主管部门可以向国务院标准化行政主管部门提出强制性国家标准的立项建议，由国务院标准化行政主管部门会同国务院有关行政主管部门决定。社会团体、企业事业组织以及公民可以向国务院标准化行政主管部门提出强制性国家标准的立项建议，国务院标准化行政主管部门认为需要立项的，会同国务院有关行政主管部门决定。

强制性国家标准由国务院批准发布或者授权批准发布。

法律、行政法规和国务院决定对强制性标准的制定另有规定的，从其规定。

第十一条　对满足基础通用、与强制性国家标准配套、对各有关行业起引领作用等需要的技术要求，可以制定推荐性国家标准。

推荐性国家标准由国务院标准化行政主管部门制定。

第十二条　对没有推荐性国家标准、需要在全国某个行业范围内统一的技术要求，可以制定行业标准。

行业标准由国务院有关行政主管部门制定，报国务院标准化行政主管部门备案。

第十三条　为满足地方自然条件、风俗习惯等特殊技术要求，可以制定地方标准。

地方标准由省、自治区、直辖市人民政府标准化行政主管部门制定；设区的市级人民政府标准化行政主管部门根据本行政区域的特殊需要，经所在地省、自治区、直辖市人民政府标准化行政主管部门批准，可以制定本行政区域的地方标准。地方标准由省、自治区、直辖市人民政府标准化行政主管部门报国务院标准化行政主管部门备案，由国务院标准化行政主管部门通报国务院有关行政主管部门。

第十四条　对保障人身健康和生命财产安全、国家安全、生态环境安全以及经济社会发展所急需的标准项目，制定标准的行政主管部门应当优先立项并及时完成。

第十五条　制定强制性标准、推荐性标准，应当在立项时对有关行政主管部门、企业、社会团体、消费者和教育、科研机构等方面的实际需求进行调查，对制定标准的必要性、可行性进行论证评估；在制定过程中，应当按照便捷有效的原则采取多种方式征求意见，组织对标准相关事项进行调查分析、实验、论证，并做到有关标准之间的协调配套。

第十六条　制定推荐性标准，应当组织由相关方组成的标准化技术委员会，承担标准的起草、技术审查工作。制定强制性标准，可以委托相关标准化技术委员会承担标准的起草、技术审查工作。未组成标准化技术委员会的，应当成立专家组承担相关标准的起草、技术审查工作。标准化技术委员会和专家组的组成应当具有广泛代表性。

第十七条　强制性标准文本应当免费向社会公开。国家推动免费向社会公开推荐性标准文本。

第十八条　国家鼓励学会、协会、商会、联合会、产业技术联盟等社会团体协调相关市场主体共同制定满足市场和创新需要的团体标准，由本团体成员约定采用或者按照本团体的规定供社会自愿采用。

制定团体标准，应当遵循开放、透明、公平的原则，保证各参与主体获取相关信息，反映各参与主体的共同需求，并应当组织对标准相关事项进行调查分析、实验、论证。

国务院标准化行政主管部门会同国务院有关行政主管部门对团体标准的制定进行规范、引导和监督。

第十九条　企业可以根据需要自行制定企业标准，或者与其他企业联合制定企业标准。

第二十条　国家支持在重要行业、战略性新兴产业、关键共性技术等领域利用自主创新技术制定团体标准、企业标准。

第二十一条　推荐性国家标准、行业标准、地方标准、团体标准、企业标准的技术要求不得低于强制性国家标准的相关技术要求。

国家鼓励社会团体、企业制定高于推荐性标准相关技术要求的团体标准、企业标准。

第二十二条　制定标准应当有利于科学合理利用资源，推广科学技术成果，增强产品的安全性、通用性、可替换性，提高经济效益、社会效益、生态效益，做到技术上先进、经济上合理。

禁止利用标准实施妨碍商品、服务自由流通等排除、限制市场竞争的行为。

第二十三条 国家推进标准化军民融合和资源共享，提升军民标准通用化水平，积极推动在国防和军队建设中采用先进适用的民用标准，并将先进适用的军用标准转化为民用标准。

第二十四条 标准应当按照编号规则进行编号。标准的编号规则由国务院标准化行政主管部门制定并公布。

第三章 标准的实施

第二十五条 不符合强制性标准的产品、服务，不得生产、销售、进口或者提供。

第二十六条 出口产品、服务的技术要求，按照合同的约定执行。

第二十七条 国家实行团体标准、企业标准自我声明公开和监督制度。企业应当公开其执行的强制性标准、推荐性标准、团体标准或者企业标准的编号和名称；企业执行自行制定的企业标准的，还应当公开产品、服务的功能指标和产品的性能指标。国家鼓励团体标准、企业标准通过标准信息公共服务平台向社会公开。

企业应当按照标准组织生产经营活动，其生产的产品、提供的服务应当符合企业公开标准的技术要求。

第二十八条 企业研制新产品、改进产品，进行技术改造，应当符合本法规定的标准化要求。

第二十九条 国家建立强制性标准实施情况统计分析报告制度。

国务院标准化行政主管部门和国务院有关行政主管部门、设区的市级以上地方人民政府标准化行政主管部门应当建立标准实施信息反馈和评估机制，根据反馈和评估情况对其制定的标准进行复审。标准的复审周期一般不超过五年。经过复审，对不适应经济社会发展需要和技术进步的应当及时修订或者废止。

第三十条 国务院标准化行政主管部门根据标准实施信息反馈、评估、复审情况，对有关标准之间重复交叉或者不衔接配套的，应当会同国务院有关行政主管部门作出处理或者通过国务院标准化协调机制处理。

第三十一条 县级以上人民政府应当支持开展标准化试点示范和宣传

工作，传播标准化理念，推广标准化经验，推动全社会运用标准化方式组织生产、经营、管理和服务，发挥标准对促进转型升级、引领创新驱动的支撑作用。

第四章　监督管理

第三十二条　县级以上人民政府标准化行政主管部门、有关行政主管部门依据法定职责，对标准的制定进行指导和监督，对标准的实施进行监督检查。

第三十三条　国务院有关行政主管部门在标准制定、实施过程中出现争议的，由国务院标准化行政主管部门组织协商；协商不成的，由国务院标准化协调机制解决。

第三十四条　国务院有关行政主管部门、设区的市级以上地方人民政府标准化行政主管部门未依照本法规定对标准进行编号、复审或者备案的，国务院标准化行政主管部门应当要求其说明情况，并限期改正。

第三十五条　任何单位或者个人有权向标准化行政主管部门、有关行政主管部门举报、投诉违反本法规定的行为。

标准化行政主管部门、有关行政主管部门应当向社会公开受理举报、投诉的电话、信箱或者电子邮件地址，并安排人员受理举报、投诉。对实名举报人或者投诉人，受理举报、投诉的行政主管部门应当告知处理结果，为举报人保密，并按照国家有关规定对举报人给予奖励。

第五章　法律责任

第三十六条　生产、销售、进口产品或者提供服务不符合强制性标准，或者企业生产的产品、提供的服务不符合其公开标准的技术要求的，依法承担民事责任。

第三十七条　生产、销售、进口产品或者提供服务不符合强制性标准的，依照《中华人民共和国产品质量法》、《中华人民共和国进出口商品检验法》、《中华人民共和国消费者权益保护法》等法律、行政法规的规定查处，记入信用记录，并依照有关法律、行政法规的规定予以公示；构成犯罪的，依法追究刑事责任。

第三十八条　企业未依照本法规定公开其执行的标准的，由标准化行政主管部门责令限期改正；逾期不改正的，在标准信息公共服务平台上公示。

第三十九条　国务院有关行政主管部门、设区的市级以上地方人民政府标准化行政主管部门制定的标准不符合本法第二十一条第一款、第二十二条第一款规定的，应当及时改正；拒不改正的，由国务院标准化行政主管部门公告废止相关标准；对负有责任的领导人员和直接责任人员依法给予处分。

社会团体、企业制定的标准不符合本法第二十一条第一款、第二十二条第一款规定的，由标准化行政主管部门责令限期改正；逾期不改正的，由省级以上人民政府标准化行政主管部门废止相关标准，并在标准信息公共服务平台上公示。

违反本法第二十二条第二款规定，利用标准实施排除、限制市场竞争行为的，依照《中华人民共和国反垄断法》等法律、行政法规的规定处理。

第四十条　国务院有关行政主管部门、设区的市级以上地方人民政府标准化行政主管部门未依照本法规定对标准进行编号或者备案，又未依照本法第三十四条的规定改正的，由国务院标准化行政主管部门撤销相关标准编号或者公告废止未备案标准；对负有责任的领导人员和直接责任人员依法给予处分。

国务院有关行政主管部门、设区的市级以上地方人民政府标准化行政主管部门未依照本法规定对其制定的标准进行复审，又未依照本法第三十四条的规定改正的，对负有责任的领导人员和直接责任人员依法给予处分。

第四十一条　国务院标准化行政主管部门未依照本法第十条第二款规定对制定强制性国家标准的项目予以立项，制定的标准不符合本法第二十一条第一款、第二十二条第一款规定，或者未依照本法规定对标准进行编号、复审或者予以备案的，应当及时改正；对负有责任的领导人员和直接责任人员可以依法给予处分。

第四十二条　社会团体、企业未依照本法规定对团体标准或者企业标准进行编号的，由标准化行政主管部门责令限期改正；逾期不改正的，由省级以上人民政府标准化行政主管部门撤销相关标准编号，并在标准信息公共服务平台上公示。

第四十三条　标准化工作的监督、管理人员滥用职权、玩忽职守、徇私舞弊的，依法给予处分；构成犯罪的，依法追究刑事责任。

第六章　附则

第四十四条　军用标准的制定、实施和监督办法，由国务院、中央军事委员会另行制定。

第四十五条　本法自2018年1月1日起施行。

团体标准管理规定

第一章　总则

第一条　为规范、引导和监督团体标准化工作，根据《中华人民共和国标准化法》，制定本规定。

第二条　团体标准的制定、实施和监督适用本规定。

第三条　团体标准是依法成立的社会团体为满足市场和创新需要，协调相关市场主体共同制定的标准。

第四条　社会团体开展团体标准化工作应当遵守标准化工作的基本原理、方法和程序。

第五条　国务院标准化行政主管部门统一管理团体标准化工作。国务院有关行政主管部门分工管理本部门、本行业的团体标准化工作。

县级以上地方人民政府标准化行政主管部门统一管理本行政区域内的团体标准化工作。县级以上地方人民政府有关行政主管部门分工管理本行政区域内本部门、本行业的团体标准化工作。

第六条　国家实行团体标准自我声明公开和监督制度。

第七条　鼓励社会团体参与国际标准化活动，推进团体标准国际化。

第二章　团体标准的制定

第八条　社会团体应当依据其章程规定的业务范围进行活动，规范开展团体标准化工作，应当配备熟悉标准化相关法律法规、政策和专业知识的工作人员，建立具有标准化管理协调和标准研制等功能的内部工作部门，制定相关的管理办法和标准知识产权管理制度，明确团体标准制定、实施的程序和要求。

第九条　制定团体标准应当遵循开放、透明、公平的原则，吸纳生产者、经营者、使用者、消费者、教育科研机构、检测及认证机构、政府部门等相关方代表参与，充分反映各方的共同需求。支持消费者和中小企业代表参与团体标准制定。

第十条　制定团体标准应当有利于科学合理利用资源，推广科学技术成果，增强产品的安全性、通用性、可替换性，提高经济效益、社会效益、生态效益，做到技术上先进、经济上合理。

制定团体标准应当在科学技术研究成果和社会实践经验总结的基础上，深入调查分析，进行实验、论证，切实做到科学有效、技术指标先进。

禁止利用团体标准实施妨碍商品、服务自由流通等排除、限制市场竞争的行为。

第十一条　团体标准应当符合相关法律法规的要求，不得与国家有关产业政策相抵触。

对于术语、分类、量值、符号等基础通用方面的内容应当遵守国家标准、行业标准、地方标准，团体标准一般不予另行规定。

第十二条　团体标准的技术要求不得低于强制性标准的相关技术要求。

第十三条　制定团体标准应当以满足市场和创新需要为目标，聚焦新技术、新产业、新业态和新模式，填补标准空白。

国家鼓励社会团体制定高于推荐性标准相关技术要求的团体标准；鼓励制定具有国际领先水平的团体标准。

第十四条　制定团体标准的一般程序包括：提案、立项、起草、征求意见、技术审查、批准、编号、发布、复审。

征求意见应当明确期限，一般不少于30日。涉及消费者权益的，应当向社会公开征求意见，并对反馈意见进行处理协调。

技术审查原则上应当协商一致。如需表决，不少于出席会议代表人数的3/4同意方为通过。起草人及其所在单位的专家不能参加表决。

团体标准应当按照社会团体规定的程序批准，以社会团体文件形式予以发布。

第十五条　团体标准的编写参照GB/T 1.1《标准化工作导则　第1部分：标准的结构和编写》的规定执行。

团体标准的封面格式应当符合要求，具体格式见附件。

第十六条　社会团体应当合理处置团体标准中涉及的必要专利问题，应当及时披露相关专利信息，获得专利权人的许可声明。

第十七条　团体标准编号依次由团体标准代号、社会团体代号、团体标准顺序号和年代号组成。团体标准编号方法如下：

```
T/XXX XXX - XXXX
         │    │    │    └── 年代号
         │    │    └────── 团体标准顺序号
         │    └─────────── 社会团体代号
         └──────────────── 团体标准代号
```

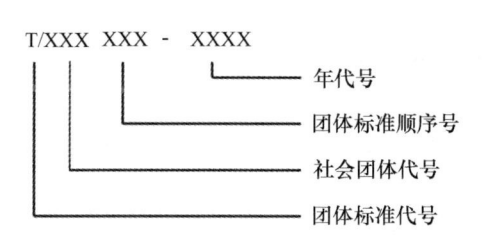

社会团体代号由社会团体自主拟定，可使用大写拉丁字母或大写拉丁字母与阿拉伯数字的组合。社会团体代号应当合法，不得与现有标准代号重复。

第十八条　社会团体应当公开其团体标准的名称、编号、发布文件等基本信息。团体标准涉及专利的，还应当公开标准涉及专利的信息。鼓励社会团体公开其团体标准的全文或主要技术内容。

第十九条　社会团体应当自我声明其公开的团体标准符合法律法规和强制性标准的要求，符合国家有关产业政策，并对公开信息的合法性、真实性负责。

第二十条　国家鼓励社会团体通过标准信息公共服务平台自我声明公开其团体标准信息。

社会团体到标准信息公共服务平台上自我声明公开信息的，需提供社会团体法人登记证书、开展团体标准化工作的内部工作部门及工作人员信息、团体标准制修订程序等相关文件，并自我承诺对以上材料的合法性、真实性负责。

第二十一条　标准信息公共服务平台应当提供便捷有效的服务，方便用户和消费者查询团体标准信息，为政府部门监督管理提供支撑。

第二十二条　社会团体应当合理处置团体标准涉及的著作权问题，及时处理团体标准的著作权归属，明确相关著作权的处置规则、程序和要求。

第二十三条　鼓励社会团体之间开展团体标准化合作，共同研制或发布标准。

第二十四条　鼓励标准化研究机构充分发挥技术优势，面向社会团体开展标准研制、标准化人员培训、标准化技术咨询等服务。

第三章　团体标准的实施

第二十五条　团体标准由本团体成员约定采用或者按照本团体的规定供社会自愿采用。

第二十六条　社会团体自行负责其团体标准的推广与应用。社会团体可以通过自律公约的方式推动团体标准的实施。

第二十七条　社会团体自愿向第三方机构申请开展团体标准化良好行为评价。

团体标准化良好行为评价应当按照团体标准化系列国家标准（GB/T 20004）开展，并向社会公开评价结果。

第二十八条　团体标准实施效果良好，且符合国家标准、行业标准或地方标准制定要求的，团体标准发布机构可以申请转化为国家标准、行业标准或地方标准。

第二十九条　鼓励各部门、各地方在产业政策制定、行政管理、政府采购、社会管理、检验检测、认证认可、招投标等工作中应用团体标准。

第三十条　鼓励各部门、各地方将团体标准纳入各级奖项评选范围。

第四章　团体标准的监督

第三十一条　社会团体登记管理机关责令限期停止活动的社会团体，在停止活动期间不得开展团体标准化活动。

第三十二条　县级以上人民政府标准化行政主管部门、有关行政主管部门依据法定职责，对团体标准的制定进行指导和监督，对团体标准的实施进行监督检查。

第三十三条　对于已有相关社会团体制定了团体标准的行业，国务院有关行政主管部门结合本行业特点，制定相关管理措施，明确本行业团体标准发展方向、制定主体能力、推广应用、实施监督等要求，加强对团体标准制定和实施的指导和监督。

第三十四条　任何单位或者个人有权对不符合法律法规、强制性标准、国家有关产业政策要求的团体标准进行投诉和举报。

第三十五条　社会团体应主动回应影响较大的团体标准相关社会质

疑，对于发现确实存在问题的，要及时进行改正。

第三十六条　标准化行政主管部门、有关行政主管部门应当向社会公开受理举报、投诉的电话、信箱或者电子邮件地址，并安排人员受理举报、投诉。

对举报、投诉，标准化行政主管部门和有关行政主管部门可采取约谈、调阅材料、实地调查、专家论证、听证等方式进行调查处理。相关社会团体应当配合有关部门的调查处理。

对于全国性社会团体，由国务院有关行政主管部门依据职责和相关政策要求进行调查处理，督促相关社会团体妥善解决有关问题；如需社会团体限期改正的，移交国务院标准化行政主管部门。对于地方性社会团体，由县级以上人民政府有关行政主管部门对本行政区域内的社会团体依据职责和相关政策开展调查处理，督促相关社会团体妥善解决有关问题；如需限期改正的，移交同级人民政府标准化行政主管部门。

第三十七条　社会团体制定的团体标准不符合强制性标准规定的，由标准化行政主管部门责令限期改正；逾期不改正的，由省级以上人民政府标准化行政主管部门废止相关团体标准，并在标准信息公共服务平台上公示，同时向社会团体登记管理机关通报，由社会团体登记管理机关将其违规行为纳入社会团体信用体系。

第三十八条　社会团体制定的团体标准不符合"有利于科学合理利用资源，推广科学技术成果，增强产品的安全性、通用性、可替换性，提高经济效益、社会效益、生态效益，做到技术上先进、经济上合理"的，由标准化行政主管部门责令限期改正；逾期不改正的，由省级以上人民政府标准化行政主管部门废止相关团体标准，并在标准信息公共服务平台上公示。

第三十九条　社会团体未依照本规定对团体标准进行编号的，由标准化行政主管部门责令限期改正；逾期不改正的，由省级以上人民政府标准化行政主管部门撤销相关标准编号，并在标准信息公共服务平台上公示。

第四十条　利用团体标准实施排除、限制市场竞争行为的，依照《中华人民共和国反垄断法》等法律、行政法规的规定处理。

第五章　附则

第四十一条　本规定由国务院标准化行政主管部门负责解释。

第四十二条　本规定自发布之日起实施。

第四十三条　《团体标准管理规定（试行）》自本规定发布之日起废止。

附件：团体标准的封面格式

ICS 号
中国标准文献分类号

团 体 标 准

团体标准编号
代替的团体标准编号

标准名称

标准英文译名

xxxx-xx-xx **发布**　　　　　　　　　　xxxx-xx-xx **实施**

社会团体全称　发布

国家标准化发展纲要

标准是经济活动和社会发展的技术支撑，是国家基础性制度的重要方面。标准化在推进国家治理体系和治理能力现代化中发挥着基础性、引领性作用。新时代推动高质量发展、全面建设社会主义现代化国家，迫切需要进一步加强标准化工作。为统筹推进标准化发展，制定本纲要。

一 总体要求

（一）指导思想。以习近平新时代中国特色社会主义思想为指导，深入贯彻党的十九大和十九届二中、三中、四中、五中全会精神，按照统筹推进"五位一体"总体布局和协调推进"四个全面"战略布局要求，坚持以人民为中心的发展思想，立足新发展阶段、贯彻新发展理念、构建新发展格局，优化标准化治理结构，增强标准化治理效能，提升标准国际化水平，加快构建推动高质量发展的标准体系，助力高技术创新，促进高水平开放，引领高质量发展，为全面建成社会主义现代化强国、实现中华民族伟大复兴的中国梦提供有力支撑。

（二）发展目标

到2025年，实现标准供给由政府主导向政府与市场并重转变，标准运用由产业与贸易为主向经济社会全域转变，标准化工作由国内驱动向国内国际相互促进转变，标准化发展由数量规模型向质量效益型转变。标准化更加有效推动国家综合竞争力提升，促进经济社会高质量发展，在构建新发展格局中发挥更大作用。

——全域标准化深度发展。农业、工业、服务业和社会事业等领域标准全覆盖，新兴产业标准地位凸显，健康、安全、环境标准支撑有力，农业标准化生产普及率稳步提升，推动高质量发展的标准体系基本建成。

——标准化水平大幅提升。共性关键技术和应用类科技计划项目形成标准研究成果的比率达到50%以上，政府颁布标准与市场自主制定标准结构更加优化，国家标准平均制定周期缩短至18个月以内，标准数字化程度不断提高，标准化的经济效益、社会效益、质量效益、生态效益充分显现。

——标准化开放程度显著增强。标准化国际合作深入拓展，互利共赢的国际标准化合作伙伴关系更加密切，标准化人员往来和技术合作日益加强，标准信息更大范围实现互联共享，我国标准制定透明度和国际化环境持续优化，国家标准与国际标准关键技术指标的一致性程度大幅提升，国际标准转化率达到85%以上。

——标准化发展基础更加牢固。建成一批国际一流的综合性、专业性标准化研究机构，若干国家级质量标准实验室，50个以上国家技术标准创新基地，形成标准、计量、认证认可、检验检测一体化运行的国家质量基础设施体系，标准化服务业基本适应经济社会发展需要。

到2035年，结构优化、先进合理、国际兼容的标准体系更加健全，具有中国特色的标准化管理体制更加完善，市场驱动、政府引导、企业为主、社会参与、开放融合的标准化工作格局全面形成。

二 推动标准化与科技创新互动发展

（三）加强关键技术领域标准研究。在人工智能、量子信息、生物技术等领域，开展标准化研究。在两化融合、新一代信息技术、大数据、区块链、卫生健康、新能源、新材料等应用前景广阔的技术领域，同步部署技术研发、标准研制与产业推广，加快新技术产业化步伐。研究制定智能船舶、高铁、新能源汽车、智能网联汽车和机器人等领域关键技术标准，推动产业变革。适时制定和完善生物医学研究、分子育种、无人驾驶等领域技术安全相关标准，提升技术领域安全风险管理水平。

（四）以科技创新提升标准水平。建立重大科技项目与标准化工作联动机制，将标准作为科技计划的重要产出，强化标准核心技术指标研究，重点支持基础通用、产业共性、新兴产业和融合技术等领域标准研制。及时将先进适用科技创新成果融入标准，提升标准水平。对符合条件的重要技术标准按规定给予奖励，激发全社会标准化创新活力。

（五）健全科技成果转化为标准的机制。完善科技成果转化为标准的评价机制和服务体系，推进技术经理人、科技成果评价服务等标准化工作。完善标准必要专利制度，加强标准制定过程中的知识产权保护，促进创新成果产业化应用。完善国家标准化技术文件制度，拓宽科技成果标准化渠道。将标准研制融入共性技术平台建设，缩短新技术、新工艺、新材料、新方法标准研制周期，加快成果转化应用步伐。

三 提升产业标准化水平

（六）筑牢产业发展基础。加强核心基础零部件（元器件）、先进基础工艺、关键基础材料与产业技术基础标准建设，加大基础通用标准研制应用力度。开展数据库等方面标准攻关，提升标准设计水平，制定安全可靠、国际先进的通用技术标准。

（七）推进产业优化升级。实施高端装备制造标准化强基工程，健全智能制造、绿色制造、服务型制造标准，形成产业优化升级的标准群，部分领域关键标准适度领先于产业发展平均水平。完善扩大内需方面的标准，不断提升消费品标准和质量水平，全面促进消费。推进服务业标准化、品牌化建设，健全服务业标准，重点加强食品冷链、现代物流、电子商务、物品编码、批发零售、房地产服务等领域标准化。健全和推广金融领域科技、产品、服务与基础设施等标准，有效防范化解金融风险。加快先进制造业和现代服务业融合发展标准化建设，推行跨行业跨领域综合标准化。建立健全大数据与产业融合标准，推进数字产业化和产业数字化。

（八）引领新产品新业态新模式快速健康发展。实施新产业标准化领航工程，开展新兴产业、未来产业标准化研究，制定一批应用带动的新标准，培育发展新业态新模式。围绕食品、医疗、应急、交通、水利、能源、金融等领域智慧化转型需求，加快完善相关标准。建立数据资源产权、交易流通、跨境传输和安全保护等标准规范，推动平台经济、共享经济标准化建设，支撑数字经济发展。健全依据标准实施科学有效监管机制，鼓励社会组织应用标准化手段加强自律、维护市场秩序。

（九）增强产业链供应链稳定性和产业综合竞争力。围绕生产、分配、流通、消费，加快关键环节、关键领域、关键产品的技术攻关和标准研制应用，提升产业核心竞争力。发挥关键技术标准在产业协同、技术协作中的纽带和驱动作用，实施标准化助力重点产业稳链工程，促进产业链上下游标准有效衔接，提升产业链供应链现代化水平。

（十）助推新型基础设施提质增效。实施新型基础设施标准化专项行动，加快推进通信网络基础设施、新技术基础设施、算力基础设施等信息基础设施系列标准研制，协同推进融合基础设施标准研制，建立工业互联网标准，制定支撑科学研究、技术研发、产品研制的创新基础设施标准，促进传统基础设施转型升级。

四　完善绿色发展标准化保障

（十一）建立健全碳达峰、碳中和标准。加快节能标准更新升级，抓紧修订一批能耗限额、产品设备能效强制性国家标准，提升重点产品能耗限额要求，扩大能耗限额标准覆盖范围，完善能源核算、检测认证、评估、审计等配套标准。加快完善地区、行业、企业、产品等碳排放核查核算标准。制定重点行业和产品温室气体排放标准，完善低碳产品标准标识制度。完善可再生能源标准，研究制定生态碳汇、碳捕集利用与封存标准。实施碳达峰、碳中和标准化提升工程。

（十二）持续优化生态系统建设和保护标准。不断完善生态环境质量和生态环境风险管控标准，持续改善生态环境质量。进一步完善污染防治标准，健全污染物排放、监管及防治标准，筑牢污染排放控制底线。统筹完善应对气候变化标准，制定修订应对气候变化减缓、适应、监测评估等标准。制定山水林田湖草沙多生态系统质量与经营利用标准，加快研究制定水土流失综合防治、生态保护修复、生态系统服务与评价、生态承载力评估、生态资源评价与监测、生物多样性保护及生态效益评估与生态产品价值实现等标准，增加优质生态产品供给，保障生态安全。

（十三）推进自然资源节约集约利用。构建自然资源统一调查、登记、评价、评估、监测等系列标准，研究制定土地、矿产资源等自然资源节约集约开发利用标准，推进能源资源绿色勘查与开发标准化。以自然资源资产清查统计和资产核算为重点，推动自然资源资产管理体系标准化。制定统一的国土空间规划技术标准，完善资源环境承载能力和国土空间开发适宜性评价机制。制定海洋资源开发保护标准，发展海洋经济，服务陆海统筹。

（十四）筑牢绿色生产标准基础。建立健全土壤质量及监测评价、农业投入品质量、适度规模养殖、循环型生态农业、农产品食品安全、监测预警等绿色农业发展标准。建立健全清洁生产标准，不断完善资源循环利用、产品绿色设计、绿色包装和绿色供应链、产业废弃物综合利用等标准。建立健全绿色金融、生态旅游等绿色发展标准。建立绿色建造标准，完善绿色建筑设计、施工、运维、管理标准。建立覆盖各类绿色生活设施的绿色社区、村庄建设标准。

（十五）强化绿色消费标准引领。完善绿色产品标准，建立绿色产品分类和评价标准，规范绿色产品、有机产品标识。构建节能节水、绿色采购、垃圾分类、制止餐饮浪费、绿色出行、绿色居住等绿色生活标准。分类建立绿色公共机构评价标准，合理制定消耗定额和垃圾排放指标。

五 加快城乡建设和社会建设标准化进程

（十六）推进乡村振兴标准化建设。强化标准引领，实施乡村振兴标准化行动。加强高标准农田建设，加快智慧农业标准研制，加快健全现代农业全产业链标准，加强数字乡村标准化建设，建立农业农村标准化服务与推广平台，推进地方特色产业标准化。完善乡村建设及评价标准，以农村环境监测与评价、村容村貌提升、农房建设、农村生活垃圾与污水治理、农村卫生厕所建设改造、公共基础设施建设等为重点，加快推进农村人居环境改善标准化工作。推进度假休闲、乡村旅游、民宿经济、传统村落保护利用等标准化建设，促进农村一二三产业融合发展。

（十七）推动新型城镇化标准化建设。研究制定公共资源配置标准，建立县城建设标准、小城镇公共设施建设标准。研究制定城市体检评估标准，健全城镇人居环境建设与质量评价标准。完善城市生态修复与功能完善、城市信息模型平台、建设工程防灾、更新改造及海绵城市建设等标准。推进城市设计、城市历史文化保护传承与风貌塑造、老旧小区改造等标准化建设，健全街区和公共设施配建标准。建立智能化城市基础设施建设、运行、管理、服务等系列标准，制定城市休闲慢行系统和综合管理服务等标准，研究制定新一代信息技术在城市基础设施规划建设、城市管理、应急处置等方面的应用标准。健全住房标准，完善房地产信息数据、物业服务等标准。推动智能建造标准化，完善建筑信息模型技术、施工现场监控等标准。开展城市标准化行动，健全智慧城市标准，推进城市可持续发展。

（十八）推动行政管理和社会治理标准化建设。探索开展行政管理标准建设和应用试点，重点推进行政审批、政务服务、政务公开、财政支出、智慧监管、法庭科学、审判执行、法律服务、公共资源交易等标准制定与推广,加快数字社会、数字政府、营商环境标准化建设,完善市场要素交易标准,促进高标准市场体系建设。强化信用信息采集与使用、数据安全和个人信息保护、网络安全保障体系和能力建设等领域标准的制定实施。围绕乡村治理、综治中心、网格化管理,开展社会治理标准化行动,推动社会治理标准化创新。

(十九)加强公共安全标准化工作。坚持人民至上、生命至上,实施公共安全标准化筑底工程,完善社会治安、刑事执法、反恐处突、交通运输、安全生产、应急管理、防灾减灾救灾标准,织密筑牢食品、药品、农药、粮食能源、水资源、生物、物资储备、产品质量、特种设备、劳动防护、消防、矿山、建筑、网络等领域安全标准网,提升洪涝干旱、森林草原火灾、地质灾害、地震等自然灾害防御工程标准,加强重大工程和各类基础设施的数据共享标准建设,提高保障人民群众生命财产安全水平。加快推进重大疫情防控救治、国家应急救援等领域标准建设,抓紧完善国家重大安全风险应急保障标准。构建多部门多区域多系统快速联动、统一高效的公共安全标准化协同机制,推进重大标准制定实施。

(二十)推进基本公共服务标准化建设。围绕幼有所育、学有所教、劳有所得、病有所医、老有所养、住有所居、弱有所扶等方面,实施基本公共服务标准体系建设工程,重点健全和推广全国统一的社会保险经办服务、劳动用工指导和就业创业服务、社会工作、养老服务、儿童福利、残疾人服务、社会救助、殡葬公共服务以及公共教育、公共文化体育、住房保障等领域技术标准,使发展成果更多更公平惠及全体人民。

(二十一)提升保障生活品质的标准水平。围绕普及健康生活、优化健康服务、倡导健康饮食、完善健康保障、建设健康环境、发展健康产业等方面,建立广覆盖、全方位的健康标准。制定公共体育设施、全民健身、训练竞赛、健身指导、线上和智能赛事等标准,建立科学完备、门类齐全的体育标准。开展养老和家政服务标准化专项行动,完善职业教育、智慧社区、社区服务等标准,加强慈善领域标准化建设。加快广播电视和网络视听内容融合生产、网络智慧传播、终端智能接收、安全智慧保障等标准化建设,建立全媒体传播标准。提高文化旅游产品与服务、消费保障、公园建设、景区管理等标准化水平。

六　提升标准化对外开放水平

（二十二）深化标准化交流合作。履行国际标准组织成员国责任义务，积极参与国际标准化活动。积极推进与共建"一带一路"国家在标准领域的对接合作，加强金砖国家、亚太经合组织等标准化对话，深化东北亚、亚太、泛美、欧洲、非洲等区域标准化合作，推进标准信息共享与服务，发展互利共赢的标准化合作伙伴关系。联合国际标准组织成员，推动气候变化、可持续城市和社区、清洁饮水与卫生设施、动植物卫生、绿色金融、数字领域等国际标准制定，分享我国标准化经验，积极参与民生福祉、性别平等、优质教育等国际标准化活动，助力联合国可持续发展目标实现。支持发展中国家提升利用标准化实现可持续发展的能力。

（二十三）强化贸易便利化标准支撑。持续开展重点领域标准比对分析，积极采用国际标准，大力推进中外标准互认，提高我国标准与国际标准的一致性程度。推出中国标准多语种版本，加快大宗贸易商品、对外承包工程等中国标准外文版编译。研究制定服务贸易标准，完善数字金融、国际贸易单一窗口等标准。促进内外贸质量标准、检验检疫、认证认可等相衔接，推进同线同标同质。创新标准化工作机制，支撑构建面向全球的高标准自由贸易区网络。

（二十四）推动国内国际标准化协同发展。统筹推进标准化与科技、产业、金融对外交流合作，促进政策、规则、标准联通。建立政府引导、企业主体、产学研联动的国际标准化工作机制。实施标准国际化跃升工程，推进中国标准与国际标准体系兼容。推动标准制度型开放，保障外商投资企业依法参与标准制定。支持企业、社会团体、科研机构等积极参与各类国际性专业标准组织。支持国际性专业标准组织来华落驻。

七　推动标准化改革创新

（二十五）优化标准供给结构。充分释放市场主体标准化活力，优化政府颁布标准与市场自主制定标准二元结构，大幅提升市场自主制定标准的比重。大力发展团体标准，实施团体标准培优计划，推进团体标准应用示范，充分发挥技术优势企业作用，引导社会团体制定原创性、高质量标准。加快建设协调统一的强制性国家标准，筑牢保障人身健康和生命财产安全、生态环境安全的底线。同步推进推荐性国家标准、行业标准和地方标准改革，强化推荐性标准的协调配套，防止地方保护和行业垄断。建立健全政府颁布标准采信市场自主制定标准的机制。

（二十六）深化标准化运行机制创新。建立标准创新型企业制度和标准融资增信制度，鼓励企业构建技术、专利、标准联动创新体系，支持领军企业联合科研机构、中小企业等建立标准合作机制，实施企业标准领跑者制度。建立国家统筹的区域标准化工作机制，将区域发展标准需求纳入国家标准体系建设，实现区域内标准发展规划、技术规则相互协同，服务国家重大区域战略实施。持续优化标准制定流程和平台、工具，健全企业、消费者等相关方参与标准制定修订的机制，加快标准升级迭代，提高标准质量水平。

（二十七）促进标准与国家质量基础设施融合发展。以标准为牵引，统筹布局国家质量基础设施资源，推进国家质量基础设施统一建设、统一管理，健全国家质量基础设施一体化发展体制机制。强化标准在计量量子化、检验检测智能化、认证市场化、认可全球化中的作用，通过人工智能、大数据、区块链等新一代信息技术的综合应用，完善质量治理，促进质量提升。强化国家质量基础设施全链条技术方案提供，运用标准化手段推动国家质量基础设施集成服务与产业价值链深度融合。

（二十八）强化标准实施应用。建立法规引用标准制度、政策实施配套标准制度，在法规和政策文件制定时积极应用标准。完善认证认可、检验检测、政府采购、招投标等活动中应用先进标准机制，推进以标准为依据开展宏观调控、产业推进、行业管理、市场准入和质量监管。健全基于标准或标准条款订立、履行合同的机制。建立标准版权制度、呈缴制度和市场自主制定标准交易制度，加大标准版权保护力度。按照国家有关规定，开展标准化试点示范工作，完善对标达标工作机制，推动企业提升执行标准能力，瞄准国际先进标准提高水平。

（二十九）加强标准制定和实施的监督。健全覆盖政府颁布标准制定实施全过程的追溯、监督和纠错机制，实现标准研制、实施和信息反馈闭环管理。开展标准质量和标准实施第三方评估，加强标准复审和维护更新。健全团体标准化良好行为评价机制。强化行业自律和社会监督，发挥市场对团体标准的优胜劣汰作用。有效实施企业标准自我声明公开和监督制度，将企业产品和服务符合标准情况纳入社会信用体系建设。建立标准实施举报、投诉机制，鼓励社会公众对标准实施情况进行监督。

八　夯实标准化发展基础

（三十）提升标准化技术支撑水平。加强标准化理论和应用研究，构建以国家级综合标准化研究机构为龙头，行业、区域和地方标准化研究机构为骨干的标准化科技体系。发挥优势企业在标准化科技体系中的作用。完善专业标准化技术组织体系，健全跨领域工作机制，提升开放性和透明度。建设若干国家级质量标准实验室、国家标准验证点和国家产品质量检验检测中心。有效整合标准技术、检测认证、知识产权、标准样品等资源，推进国家技术标准创新基地建设。建设国家数字标准馆和全国统一协调、分工负责的标准化公共服务平台。发展机器可读标准、开源标准，推动标准化工作向数字化、网络化、智能化转型。

（三十一）大力发展标准化服务业。完善促进标准、计量、认证认可、检验检测等标准化相关高技术服务业发展的政策措施，培育壮大标准化服务业市场主体，鼓励有条件地区探索建立标准化服务业产业集聚区，健全标准化服务评价机制和标准化服务业统计分析报告制度。鼓励标准化服务机构面向中小微企业实际需求，整合上下游资源，提供标准化整体解决方案。大力发展新型标准化服务工具和模式，提升服务专业化水平。

（三十二）加强标准化人才队伍建设。将标准化纳入普通高等教育、职业教育和继续教育，开展专业与标准化教育融合试点。构建多层次从业人员培养培训体系，开展标准化专业人才培养培训和国家质量基础设施综合教育。建立健全标准化领域人才的职业能力评价和激励机制。造就一支熟练掌握国际规则、精通专业技术的职业化人才队伍。提升科研人员标准化能力，充分发挥标准化专家在国家科技决策咨询中的作用，建设国家标准化高端智库。加强基层标准化管理人员队伍建设，支持西部地区标准化专业人才队伍建设。

（三十三）营造标准化良好社会环境。充分利用世界标准日等主题活动，宣传标准化作用，普及标准化理念、知识和方法，提升全社会标准化意识，推动标准化成为政府管理、社会治理、法人治理的重要工具。充分发挥标准化社会团体的桥梁和纽带作用，全方位、多渠道开展标准化宣传，讲好标准化故事。大力培育发展标准化文化。

九 组织实施

（三十四）加强组织领导。坚持党对标准化工作的全面领导。进一步完善国务院标准化协调推进部际联席会议制度，健全统一、权威、高效的管理体制和工作机制，强化部门协同、上下联动。各省（自治区、直辖市）要建立健全标准化工作协调推进领导机制，将标准化工作纳入政府绩效评价和政绩考核。各地区各有关部门要将本纲要主要任务与国民经济和社会发展规划有效衔接、同步推进，确保各项任务落到实处。

（三十五）完善配套政策。各地区各有关部门要强化金融、信用、人才等政策支持，促进科技、产业、贸易等政策协同。按照有关规定开展表彰奖励。发挥财政资金引导作用，积极引导社会资本投入标准化工作。完善标准化统计调查制度，开展标准化发展评价，将相关指标纳入国民经济和社会发展统计。建立本纲要实施评估机制，把相关结果作为改进标准化工作的重要依据。重大事项及时向党中央、国务院请示报告。

参考文献

一　中文文献

（一）专著

程虹：《宏观质量管理》，湖北人民出版社 2009 年版。

李春田：《标准化概论》（第六版），中国人民大学出版社 2014 年版。

李玫、赵益民：《技术性贸易壁垒与我国技术法规体系的建设》，中国标准出版社 2007 年版。

王忠敏：《标准化基础知识实用教程》，中国标准出版社 2010 年版。

中国标准化协会编著：《2016—2017 标准化学科发展报告》，中国科学技术出版社 2018 年版。

中国标准化研究院：《2015 中国标准化发展研究报告》，中国质检出版社和中国标准出版社 2017 年版。

中国标准化研究院编著：《2009 中国标准化发展研究报告》，中国标准出版社 2010 年版。

中国标准化研究院编著：《标准化若干重大理论问题研究》，中国标准出版社 2007 年版。

中国标准化研究院编著：《国家标准体系建设研究》，中国标准出版社 2007 年版。

（二）译著

［美］E. S. 萨瓦斯：《民营化与公司部门的伙伴关系》，周志忍译，中国人民大学出版社 2002 年版。

［德］哈贝马斯：《在事实与规范之间：关于法律和民主法治国的商谈理论》，童世骏译，生活·读书·新知三联书店 2003 年版。

［德］努特·布林德：《标准经济学——理论、证据与政策》，高鹤等译，中国标准出版社 2006 年版。

全球治理委员会：《我们的全球伙伴关系》，牛津大学出版社 1995 年版。

［美］小贾尔斯·伯吉斯：《管制和反垄断经济学》，冯金华译，上海财经大学出版社 2003 年版。

［美］约瑟夫·M. 朱兰、约瑟夫·A. 德费欧主编：《朱兰质量手册——通向卓越绩效的全面指南》（第六版），焦叔斌等译，中国人民大学出版社 2014 年版。

［美］詹姆斯·Z. 罗西瑙：《没有政府的治理》，张胜军等译，江西人民出版社 2001 年版。

（三）期刊报纸

安佰生：《标准化中的知识产权问题：认知、制度与策略》，《科技进步与对策》2012 年第 5 期。

［英］鲍勃·杰索普、漆燕：《治理的兴起及其失败的风险：以经济发展为例》，《国际社会科学杂志》（中文版）2019 年第 3 期。

陈爱军：《广州番禺质监局：实施标准化战略》，《中国质量万里行》2008 年第 9 期。

陈颢：《公共治理与和谐社会构建》，《武汉大学学报》（哲学社会科学版）2009 年第 1 期。

陈恒庆：《法国标准化的现状及 AFNOR 的标准化活动》，《世界标准化与质量管理》1995 年第 1 期。

陈晓阳、杨同卫：《论医生的双重角色及其激励相容》，《医学与哲学》（人文社会医学版）2006 年第 2 期。

陈展展、黄丽华：《德国标准化发展现状及中德标准化合作建议》，《标准科学》2018 年第 12 期。

程虹、范寒冰、罗英：《美国政府质量管理体制及借鉴》，《中国软科学》2012 年第 12 期。

程虹：《宏观质量管理的基本理论研究——一种基于质量安全的分析视角》，《武汉大学学报》（哲学社会科学版）2010 年第 1 期。

丁昌东：《论标准与质量的关系》，《大众标准化》2009年第11期。

丁俊发：《供应链管理与企业竞争力》，《理论前沿》2008年第20期。

丁敏：《中小企业已成为全球产业链中的重要环节》，《功能材料信息》2006年第5期。

都建立：《科技与标准把握方向 质量与服务引领发展——中国石材协会石材机械与工具专业委员会年会在云浮召开》，《石材》2010年第11期。

范春梅：《法国标准化协会（AFNOR）》，《世界标准化与质量管理》2003年第7期。

房庆、汤万金、杨赛、程顺：《关于我国技术标准管理体制转型战略重点的思考》，《中国标准化》2003年第12期。

房庆、于欣丽：《中国标准化的历史沿革及发展方向》，《世界标准化与质量管理》2003年第3期。

丰海英、刘素仙：《治理理论视角下的政府改革》，《中共山西省委党校学报》2006年第5期。

付允、刘玫：《企业和产业园区循环经济标准化模式研究》，《标准科学》2011年第8期。

高秦伟：《私人主体与食品安全标准制定——基于合作规制的法理》，《中外法学》2012年第4期。

［美］格里·斯托克：《作为理论的治理：五个论点》，《国际社会科学杂志》（中文版）2019年第3期。

龚月芳、刘冬暖：《开放型经济新体制下标准化助推国家治理体系与治理能力现代化建设浅析》，《中国质量与标准导报》2019年第9期。

顾昕：《换个思路看补偿之争》，《中国卫生》2008年第3期。

顾昕：《新医改的新思路：公立医疗机构补偿政策》，《中国财政》2009年第9期。

郭骛、刘晶、肖承翔、孙婷婷：《国内外标准化组织体系对比分析及思考》，《中国标准化》2016年第2期。

何文江：《实施海峡西岸经济区标准化战略》，《引进与咨询》2005年第7期。

黄朝晓：《中国大企业税收专业化管理问题及改进措施》，《广西经济管理干部学院学报》2013年第1期。

黄海文：《企业联盟标准化创新及发展建议》，《沿海企业与科技》2009

年第 3 期。

黄华、黄丽华:《英国标准化发展现状及中英标准化合作建议》,《标准科学》2018 年第 12 期。

黄晓军:《试析我国行业协会的制度变迁》,《福建行政学院福建经济管理干部学院学报》2003 年第 1 期。

黄志海:《为交通安全提供有力保障——叶俊杰汽车轮胎保险装置获发明专利》,《中国发明与专利》2006 年第 6 期。

江山:《英国认可服务组织（UKAS）》,《标准计量与质量》2003 年第 1 期。

蒋涌:《论新医改"政府主导"的实现路径》,《卫生软科学》2010 年第 3 期。

李爱仙、金明红、赵京新:《发达国家推动技术标准有效实施的机制探讨》,《世界标准化与质量管理》2006 年第 10 期。

李超雅:《公共治理理论的研究综述》,《南京财经大学学报》2015 年第 2 期。

李春田:《第六讲：标准分类理论研究新进展及其意义》,《中国标准化》2012 年第 1 期。

李春田:《标准化与竞争——市场经济活力之源》,《中国标准化》2004 年第 6 期。

李春田:《标准化在市场经济发展中的作用——标准化与竞争》,《上海标准化》2003 年第 6 期。

李春田:《企业标准化的发展方向》,《品牌与标准化》2011 年第 18 期。

李凤云:《美国标准化调研报告》（中）,《冶金标准化与质量》2004 年第 4 期。

李凤云:《美国标准化调研报告》（下）,《冶金标准化与质量》2004 年第 5 期。

李恒光、崔丽:《国外商会类行业组织及其发展经验借鉴》,《青岛科技大学学报》（社会科学版）2004 年第 3 期。

李玲:《医疗卫生管理体制改革从哪儿"开刀"》,《人民论坛》2010 年第 17 期。

李文峰、刘雪涛、贾月芹:《国内外标准化体系比较》,《信息技术与标准化》2007 年第 3 期。

李小娟：《论货币政策国际协调的机制及其选择》，《亚太经济》2006年第3期。

李应建、申滢：《以人为本：现代公共服务型政府的目标——从政府失灵角度谈如何推进政府体制改革》，《特区经济》2005年第5期。

李振凤、窦竹君：《中国行业协会的法律定位与职能构建》，《天津大学学报》（社会科学版）2004年第4期。

梁玉玲、肖明威：《联盟标准助力佛山产业发展》，《中外企业家》2017年第19期。

廖丽、程虹、刘芸：《美国标准化管理体制及对中国的借鉴》，《管理学报》2013年第12期。

林忠：《关于我国在国际区域合作框架下牵头成立国际区域标准化组织的建议》，《中国标准导报》2014年第12期。

刘春青、范春梅：《论NTTAA对美国标准化发展的推动作用》，《标准科学》2010年第7期。

刘春青、季然：《法国标准化的最新发展》，《标准科学》2015年第3期。

刘春青、刘俊华、杨锋：《欧洲立法与欧洲标准联接的桥梁——谈欧洲"新方法"下的"委托书"制度》，《标准科学》2012年第6期。

刘丹栋、焦红艳：《中小企业如何进入跨国公司产业链？》，《中国经贸》2004年第3期。

刘光岭、郭芳：《改善国有商业银行治理结构的政策建议》，《经济纵横》2007年第3期。

刘浩然、汤少梁：《信息不对称条件下医疗服务市场主体间的博弈关系分析》，《医学与社会》2016年第4期。

刘辉、王益谊、付强：《美国自愿性标准体系评析》，《中国标准化》2014年第3期。

刘建立、马开华、吴姬昊：《我国标准化、计量和合格评定现状及在石油装备业的应用思考》，《石油钻探技术》2009年第1期。

刘杰、张水锋：《制定联盟标准是企业争夺标准话语权的核心环节》，《中国标准导报》2008年第2期。

刘君：《政府购买社会工作服务文献综述》，《山东行政学院学报》2012年第6期。

刘连泰：《"公共利益"的解释困境及其突围》，《文史哲》2006年第

2 期。

刘清敏：《转变经济发展方式的内涵及其路径——访中国人民大学经济学教授、博士生导师李义平》，《大连干部学刊》2012 年第 5 期。

刘文静：《公共利益的定义为何不好下》，《检察日报》2004 年 8 月 25 日第 8 版。

娄成武、谭羚雁：《西方公共治理理论研究综述》，《甘肃理论学刊》2012 年第 2 期。

卢丽丽、陈云鹏、张宝林、计雄飞：《标准信息集成研究》，《标准科学》2012 年第 12 期。

罗海林、杨秀清：《标准化体制改革与竞争问题研究》，《西部法学评论》2010 年第 2 期。

罗海林、杨秀清：《标准化体制改革与市场竞争》，《上海市经济管理干部学院学报》2010 年第 3 期。

罗豪才、宋功德：《认真对待软法——公域软法的一般理论及其中国实践》，《中国法学》2006 年第 2 期。

罗虹：《用公共行政理论看中国的标准体制》，《世界标准化与质量管理》2004 年第 12 期。

罗永华、唐炜、江少华、姚翠红：《21 世纪民营企业核心竞争力的提升——基于供应链管理的观点》，《价值工程》2007 年第 3 期。

吕晓莉：《国际非政府组织公共权力的运作分析——以国际标准化组织（ISO）为例》，《公共权力与全球治理——"公共权力的国际向度"学术研讨会论文集》，中国政法大学出版社 2011 年版。

马飞、李天煜、曾红莉、张迪：《东北亚国家标准化战略研究与分析》，《中国标准化》2018 年第 3 期。

马中东、王肖利：《团体标准推进我国制造业高质量发展的对策分析》，《中国标准化》2018 年第 17 期。

梅煜：《市场经济时代我国公共服务的供给模式》，《西安文理学院学报》（社会科学版）2010 年第 5 期。

南军、刘瑾：《论〈标准化法〉修改的历程、重大变化和作用》，《质量探索》2018 年第 2 期。

聂平平、王章华：《公共治理的基本逻辑与有限性分析》，《江西社会科学》2006 年第 12 期。

潘国旗、杨丹妮：《我国地方性公共产品偏好显示与传递机制研究》，《杭州师范大学学报》（社会科学版）2009年第5期。

彭剑虹：《应该充分重视行业协会在标准化工作中的地位和作用》，《世界标准化与质量管理》2003年第10期。

邵海亚、王锦帆：《新医改中多方主体的地位、作用、利益需求及公平效率研究》，《行政论坛》2016年第5期。

施向军：《我的名字叫"小微"——中国小微企业生存现状面面观》，《中国检验检疫》2012年第8期。

舒言：《标准创新：企业联盟标准的调查与思考》，《轻工标准与质量》2009年第1期。

宋霏、张淑慧：《核电人因工程设计和评审标准体系构建的初步研究》，《核标准计量与质量》2016年第2期。

宋华琳：《当代中国技术标准法律制度的确立与演进》，《学习与探索》2009年第5期。

孙宝强：《世界历史视角中的行业协会商会发展述评》，《上海商学院学报》2015年第2期。

孙宪来：《浅谈如何加强生产过程的质量管理》，《石油工业技术监督》2014年第6期。

田千山：《从"单一治理"到"共同治理"的社会管理——兼论公众参与的路径选择》，《广西社会主义学院学报》2011年第5期。

仝君：《公共治理模式在政府管理机制创新中的应用》，中国行政管理学会2011年年会暨"加强行政管理研究，推动政府体制改革"研讨会论文集，2011年11月。

童磊、丁日佳：《基于信息不对称的技术标准作用分析》，《工业技术经济》2004年第5期。

汪运栋、邵波：《我国企业参与全球产业链的路径选择》，《商业时代》2008年第19期。

王海峰：《论WTO的"硬法"约束与"软法"治理》，《世界贸易组织动态与研究》2011年第6期。

王健敏、皇甫立霞、郭开华：《国外经验对我国标准化建设的启示》，《科技管理研究》2010年第20期。

王军荣：《"质量黑名单"，有威力才有意义》，《检察日报》2012年1月

16 日。

王平、梁正、[美]迪特·恩斯特：《我国自愿性标准化体制改革的愿景和挑战——试论市场经济条件下产业标准化自组织》，《中国标准化》2015 年第 9 期。

王平：《从历史发展看标准和标准化组织的性质和地位》，《中国标准化》2005 年第 6 期。

王平：《再论标准与标准化组织的地位和作用（二）——国家、国际标准化组织的产生发展以及 WTO 的影响》，《标准科学》2011 年第 3 期。

王前强：《激励相容与中国医改》，《中国医院管理》2009 年第 3 期。

王淑霞：《论质量与标准的关系》，《大众标准化》2008 年第 1 期。

王霞、卢丽丽：《协会标准化研究初探》，《标准科学》2010 年第 4 期。

王翔：《浅谈航标管理中标准化管理模式的应用》，中国航海学会航标专业委员会沿海航标学组、无线电导航学组、内河航标学组年会暨学术交流会论文集，2009 年 10 月。

王益谊、王金玉：《法国标准化体系深度分析》，《世界标准信息》2007 年第 Z1 期。

王章虎：《推进团体标准的认识与思考》，《工程与建设》2020 年第 4 期。

王忠敏：《标准化的历史分几个阶段？（之一）》，《中国标准化》2012 年第 2 期。

嵬怡、贺加：《新医改背景下卫生资源配置制度伦理研究——以效率与公平的平衡为视角》，《中国医学伦理学》2012 年第 2 期。

魏涛：《公共治理理论研究综述》，《资料通讯》2006 年第 Z1 期。

吴慧英：《武汉光电子产业标准与专利现状及推进策略研究》，《标准科学》2010 年第 5 期。

谢娟娟、梁虎诚：《TBT 影响我国高新技术产品出口的理论与实证研究》，《国际贸易问题》2008 年第 1 期。

徐建敏、任荣明：《外包对服务贸易的影响及承接服务外包的策略》，《经济与管理研究》2006 年第 11 期。

徐京悦：《市场经济条件下标准化体制构想——行业协会如何发挥作用?》，《中国标准化》2001 年第 11 期。

徐京悦：《我国标准化体制评介》，《中国标准化》2001 年第 7 期。

鄢雪皎：《市场经济体制下行业协会职能与功能的转变及对策》，《软科学》2003年第2期。

杨锋：《ISO、ITU及英德标准化战略实施经验及对首都标准化的发展建议》，《标准科学》2011年第9期。

杨锋：《主要发达国家支持标准化发展的财政政策研究》，《标准科学》2012年第3期。

杨立宏、崔岩、乔治、谷松海、朱连、林少敏、刘慧云、陶卫国、杨秀开：《如何强化标准的实施与标准质量的监督》，《品牌与标准化》2014年第16期。

杨善华、刘畅：《日常生活中的"柔性不合作"与社会治理的应对》，《华中科技大学学报》（社会科学版）2015年第5期。

杨小玲：《对新时期中国农村金融改革的思考——基于农村金融问题共性与个性的探讨》，《新疆财经大学学报》2010年第2期。

姚迈新：《软法之于公共治理的作用机制探析》，《探求》2009年第5期。

姚玫玫、袁维海：《社会治理新格局下的政府与社会组织关系构建》，《牡丹江师范学院学报》（哲学社会科学版）2014年第6期。

姚引良、刘波、汪应洛：《网络治理理论在地方政府公共管理实践中的运用及其对行政体制改革的启示》，《人文杂志》2010年第1期。

尹传刚：《中国质量取决于市场竞争的水平》，《深圳特区报》2013年10月8日。

于欣丽：《地域文化差异对标准化工作的影响》，《世界标准化与质量管理》2006年第12期。

俞可平：《论全球化与国家主权》，《马克思主义与现实》2004年第1期。

虞华强、江泽慧、费本华、段新芳、吕建雄：《我国木材标准体系》，《木材工业》2010年第1期。

袁于飞：《假蜂蜜：甜蜜中品出苦涩》，《光明日报》2011年8月3日第5版。

岳金柱、宋珊：《加快推进社会组织管理改革和创新发展的若干思考》，《社团管理研究》2012年第5期。

臧星辰：《医疗改革市场化中的政府职责——以宿迁市医改为例》，《重庆科技学院学报》（社会科学版）2012年第1期。

张宝锋：《治理理论与社会基层的治道变革》，《理论探索》2006年第5期。

张帆：《传统产业集群联盟标准的形成动因》，《改革与战略》2014年第4期。

张光亮、李金刚：《我国医疗卫生行业信息化发展现况》，《医学信息》2020年第8期。

张利飞、曾德明、张运生：《技术标准化的经济效益评价》，《统计与决策》2007年第22期。

张希华、李冰祥：《全球能源互联网发展合作组织中的专利池构建》，《科技与法律》2018年第2期。

张跃：《美国行业协会的特点》，《经贸实践》2003年第3期。

赵云：《公平与效率视角下看病难看病贵的根源与治道》，《中国卫生资源》2010年第4期。

郑巧英、张小霞、陈雪莲、常丽艳：《团体标准评价指标体系构建研究》，《标准科学》2020年第8期。

钟海见：《从市场经济角度看标准化工作的重要性》，《中国质量技术监督》2011年第9期。

周珩：《刍议政府在标准化活动中的职能转变》，《世界标准信息》2008年第4期。

周学馨：《人口发展治理理论视阈中的政府人口管理创新》，《人口与经济》2009年第5期。

周业勤：《公益性的回归路径：公共利益视角下的我国医疗改革》，《中国卫生事业管理》2010年第10期。

朱纪华：《协同治理：新时期我国公共管理范式的创新与路径》，《上海市经济管理干部学院学报》2010年第1期。

二 外文文献

（一）专著

Bob Jessop, "The Dynamics of Partnership and Governance Failure", in Gerry Stroker ed. *New Politics of British Local Governance*, Basingstoke: Palgrave Macmillan, 2000.

Bartosz Misiurek, *Standardized Work with TWI: Eliminating Human Errors in Production and Service Processes*, New York: Productivity Press, 2016.

Elke Loeffler, *Co-Production of Public Services and Outcomes*, Basingstoke: Palgrave Macmillan, 2020.

Patrick Graupp, Skip Steward, and Brad Parsons, *Creating an Effective Management System: Integrating Policy Deployment, TWI, and Kata*, New York: Productivity Press, 2019.

(二) 期刊

Ceren Erdin and Gokhan Ozkaya, "Contribution of Small and Medium Enterprises to Economic Development and Quality of Life in Turkey", *Heliyon*, Vol. 6, No. 2, 2020.

Francis Snyder, "The Effective of European Community Law: Institutions, Process, Tools and Techniques", *Modern Law Review*, Vol. 56, No. 1, January 1993.

G. Akerlof, "The Market for 'Lemons': Quality Uncertainty and the Market Mechanism", *The Quarterly Journal of Economics*, Vol. 84, No. 3, 1970.

Haase and McKenna, "American and Australian Sprint Car Racing: Increasing Standardization As a Motivator for Economic Growth", *International Journal of Motorsport Management*, Vol. 7, No. 1, 2019.

Jody Freeman, "The Private Role in Public Governance", *New York University Law Review*, Vol. 75, No. 3, 2000.

J. ATACK, "The Standardization of Manufacturing: From the American System to Mass Production, 1800-1932", *Science*, Vol. 226, No. 4672, 1984.

J. J. Boddewyn and R. Grosse, "American Marketing in the European Union: Standardization's Uneven Progress (1973-1993)". *European Journal of Marketing*, Vol. 29, No. 1, 1995.

Kort and Michael, "Standardization of Company Law in Germany, Other EU Member States and Turkey by Corporate Governance Rules", *European Company and Financial Law Review*, Vol. 5, No. 4, 2008.

O. Borraz, "Governing Standards: The Rise of Standardization Processes in France and in the EU", *Governamce*, Vol. 20, No. 1, 2007.

R. V. Ree, "The Create Project: Eu Support for the Improvement of Allergen Standardization in Europe", *Allergy*, Vol. 59, No. 6, 2004.

Shintaro, Okazaki, Radoslav and Skapa, "Global Web Site Standardization in the New Eu Member States", *European Journal of Marketing*, Vol. 42, No. 11, 2008.

S. Okazak and R. Skapa, "Global Web Site Standardization in the New Eu Member States: Initial Observations from Poland and the Czech Republic", *European Journal of Marketing*, Vol. 42, No. 11, 2008.

三　网络资源

国际标准化组织（ISO）网站：https://www.iso.org/.

德国标准化学会（DIN）网站：https://www.din.de/.

法国标准化协会（AFNOR）网站：https://www.afnor.org/en/.

国际货币基金组织（International Monetary Fund）网站：https://www.imf.org/en/Home.

美国国家标准与技术研究院（NIST）网站：https://www.nist.gov/.

美国国家标准协会（ANSI）网站：https://webstore.ansi.org/.

欧洲标准化委员会（CEN）网站：https://www.cen.eu/.

欧洲电工标准化委员会（CENELEC）网站：https://www.cenelec.eu/.

欧盟委员会（European Commission）网站：https://ec.europa.eu/.

欧洲电信标准化协会（ETSI）网站：https://www.etsi.org/.

英国商业、能源和产业战略部（BEIS）网站：https://www.gov.uk/government/organisations/department-for-business-energy-and-industrial-strategy.

世界银行（World Bank）网站：https://www.worldbank.org/en/home.

英国标准协会（BSI）网站：https://www.bsigroup.com/.

英国皇家认可委员会（UKAS）网站：https://www.ukas.com/.

后 记

本书的研究是基于国家对宏观质量管理和标准化战略的需要，也是国家加快技术创新，转变经济发展方式的需要。本书内容主要来自作者在国家标准化管理委员会"我国标准化体制创新研究"和科技部公益性科研专项"基于风险的我国标准规制及支撑体系研究"中的成果。

首先要感谢国家市场监督管理总局（原质检总局）和国家标准化管理委员会决策者们的引领，他们对本课题给予了资料搜集、实证调研和经费上的支持，为本书的研究奠定了基础。时任国家标准化管理委员会主任陈钢对项目研究的全过程进行了深入的指导，并把握关键性研究方法。现任国家标准化管理委员会主任田世宏对项目的后期研究给予了大量支持和关心。感谢国家市场监督管理总局标准技术管理司原司长于欣丽同志对项目的指导。中国特种设备检测研究院刘三江院长在本项目的研究中，从文献提供、资料搜集，到调研安排以及整个项目研究思路的把握，都给予了大力帮助。四川、广东、黑龙江、新疆、重庆、北京、湖北省市场监督管理局（原质监局）和标准化研究院的领导，为本项目的调研提供了一流的调研环境，对本项目给予了周到的安排，提供了大量的实证素材。

此外，要特别感谢武大质量院及其所有行政人员，他们为项目的开展和研究提供了良好的科研和工作环境。武大质量院的罗连发老师、刘芸同学、王虎同学、王娟同学、袁凌同学为本书的写作付出了自己的劳动，提供了很好的帮助。也感谢武大法学院池芷欣同学对全书的梳理与贡献。

在此，一并致以最衷心的感谢！

廖丽　程虹

二〇二一年深秋

于武汉大学珞珈山